mentor training XXL

So packst du die
10. Klasse

Deutsch
Mathematik
Englisch

Regeln – Übungen – Lösungen
Mit ausführlichem Lösungsteil

Andreas Mudrak
Herbert Hoffmann
Gerhard Palme
Astrid Stannat
Martina Mattes

Mit praktischen Lerntipps auf der Umschlagklappe!

In Zusammenarbeit mit Langenscheidt

mentor
Eine Klasse besser.

Die Autoren

Andreas Mudrak: Gymnasiallehrer für Deutsch, Italienisch und Sport (Teil I)
Herbert Hoffmann: Oberstudiendirektor a.D. für Mathematik und Physik (Teil II)
Gerhard Palme: Gymnasiallehrer für Mathematik und Physik, langjährige Erfahrung als Nachhilfelehrer (Teil III)
Astrid Stannat: Gymnasiallehrerin für Englisch und Geschichte, Autorin mehrerer didaktischer Werke für Englisch (Teil IV)
Martina Mattes: Gymnasiallehrerin für Englisch und Deutsch, Dozentin für Literatur- und Medienpädagogik, Fachkoordinatorin für Englisch an bayerischen Fachakademien für Sozialpädagogik, Autorin mehrerer didaktischer Werke für Englisch (Teil IV)
Alexander Geist: Lehrer für Deutsch, Psychologie und Ethik an einem Gymnasium, Fachleiter für Deutsch, staatlicher Schulpsychologe (Lerntipps)

Redaktion Carsten Schmidt, Dr. Hans-Peter Waschi, Imprint Verlagsprojekte, Ulrike Timmer

Abbildungen Henning Schöttke, Kiel (Illustrationen, Cartoons); Rudolf Hungreder, Leinfelden-Echterdingen (geometrische Zeichnungen)

Layout mentor Verlag, auf der Basis des Layouts von Barbara Slowik, München

Der deutsche Text dieses Bandes entspricht der seit 1.8.2006 verbindlichen neuen Rechtschreibung.

Umwelthinweis: Gedruckt auf chlorfrei gebleichtem Papier

Printed in Germany
www.mentor.de

ISBN 978-3-580-63840-5

1. 2. 3. 4. 5. 11 10 09 08 07

Inhalt

Willkommen!

Hallo, liebe Schülerin, lieber Schüler,

du möchtest deine Noten in Deutsch, Mathematik und Englisch verbessern? Und zwar möglichst schnell und ohne viel Theorie? Dann bist du hier richtig – vor allem, wenn du eines der Themen dieses Buches speziell für eine Klassenarbeit üben willst.

Du wirst sehen: Hier geht's besonders easy:

Treffsicher Dieses Buch ist in viele **kleine Lernportionen** gegliedert.
→ So findest du dich besonders schnell zurecht.

Übersichtlich Jede Lernportion umfasst genau eine **Doppelseite**.
→ So hast du immer alles auf einen Blick.

Einleuchtend Jede Lernportion beginnt mit einer kurzen, klaren **Regel**.
→ So weißt du immer sofort, worauf es ankommt.

Clever Dann geht's ans **Üben** – ganz locker, Schritt für Schritt.
→ So bereitest du dich optimal vor.

Praktisch Der **Lösungsteil** hinten passt seitengetreu dazu.
→ So kontrollierst du blitzschnell – ohne Suchen und Blättern.

Am besten gleich loslegen!

Viel Spaß und ganz viel Erfolg
wünscht dir
dein mentor Verlag

Noch ein Tipp Du hast noch mehr Nachholbedarf, aber keine Lust auf Nachhilfe? Dann versuch's doch mit den **mentor Lernhilfen**: Schau mal auf die Seite gegenüber!

Teil I:
Deutsch

Protokoll, Referat

Regeln und Übungen

Themenübersicht Teil I

Protokoll

A Bevor es losgeht …

Darum gehts!

Was ist ein Protokoll?

Ein **Protokoll** hält den Inhalt und (manchmal) den Verlauf von Diskussionen, Besprechungen oder Unterrichtsstunden (Stundenprotokoll) in schriftlicher Form fest.
Dabei kann man folgende Formen unterscheiden:
- Im **Verlaufsprotokoll** gibst du ausführlich den gesamten Gesprächsverlauf einer Unterrichtsstunde wieder.
- Im **Ergebnisprotokoll** nennst du nur das Stundenthema und beschreibst kurz, was in einer Stunde neu gelernt oder herausgefunden wurde.
- Das **Mischprotokoll** ist besonders empfehlenswert für die Schule: Es skizziert kurz den Stundenverlauf, informiert aber auch gut über alle Zwischen- und Endergebnisse sowie die Hausaufgaben der Stunde.

Trainingsplan

Was musst du für das Protokollschreiben können?

Vor dem Ausformulieren:
- genau zuhören
- Notizen machen
- nachfragen

Beim Schreiben:
- den richtigen Aufbau beachten
- wörtliche Äußerungen indirekt wiedergeben
- sachlich und neutral formulieren

So klappts!

Was lernst du im Protokoll-Teil?

Das alles kannst du hier lernen und üben. Vieles davon ist ganz einfach, z. B. welche Protokollarten es gibt und wie ein Protokoll aufgebaut ist. Anderes bereitet dir vielleicht mehr Probleme, z. B. wie man das Protokoll gut formuliert. Deshalb werden dir hier besonders viele Übungen zum Schreibtraining (Kapitel D bis F) angeboten. Denn kaum eine Fähigkeit ist so wichtig in der Schule – aber auch im Leben – wie die, sich gut auszudrücken. Und das kann man lernen!

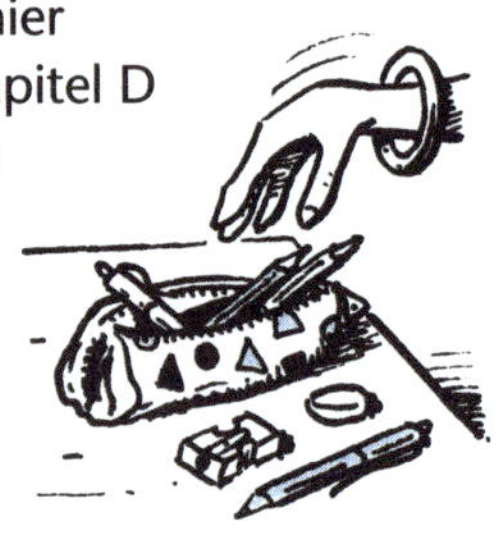

Aufbau

Folgende Punkte dürfen bei einem Protokoll nicht fehlen:

- Protokollkopf (siehe unten!)
- Gliederung der Tagesordnungspunkte (max. 5) mit klaren Überschriften
- ausformulierter Text zu den einzelnen Gliederungspunkten, entweder als Ergebnis- oder als Verlaufsprotokoll abgefasst
- Ort, Datum und (teilweise verlangt) Unterschrift.

Beispiel

Und so sieht die äußere Form aus:

Leonardo-di-Caprio-Gymnasium
Filmstraße 11a
09988 Leinwandhausen

Protokoll der Deutschstunde vom 15. 5. 20..

Thema der Stunde: Charakterisierung des Ingenieurs Walter Faber in Max Frischs Roman „Homo faber"

Beginn:	9.40
Ende:	10.25
Raum:	211
Anwesend:	28 Schüler(innen); Deutschlehrerin Frau Pfefferkorn
Abwesend:	der Schüler Heinrich Platsch

Tagesordnung:
1. Hausaufgabenbesprechung
2. Charakterisierung der Hauptfigur des Romans
3. Schülermeinungen zur Lebenseinstellung Walter Fabers

Zu 1.
[Hier steht der ausformulierte Text!]
Zu 2.
[...]
Zu 3.
[...]

Ort, Datum (und evtl. Unterschrift)

Hinweis: Anstatt *Tagesordnung* kannst du auch *Gliederung* schreiben und statt *Zu 1.* auch *TOP 1* (= **T**ages**o**rdnungs**p**unkt).

B Protokollarten

1. Das Verlaufsprotokoll

Im **Verlaufsprotokoll** wird der gesamte Verlauf einer Diskussion dargestellt:
- in der richtigen Reihenfolge
- mit allen wesentlichen Äußerungen und Handlungen.

Beispiel

Wörtlicher Gesprächsmitschnitt:
Klaus: „Ich möchte einen Vorschlag machen. Wieso besuchen wir denn nicht alle gemeinsam Rolf im Krankenhaus. Darüber wird er sich sehr freuen. Jeder bringt ein kleines Geschenk für ihn mit. Wer dafür ist, hebt die Hand."
(Alle stimmen zu.)
Berta hebt die Hand und fragt: „Darf ich mal aufs Klo gehen?" Klaus nickt.
Gabi: „O.k., ich gehe an die Tafel und schreibe auf, was wir Rolf schenken wollen." (Sie steht auf und geht zur Tafel.) „Ruft mir einfach eure Ideen zu, ich werde sie anschreiben!"

Verlaufsprotokoll:
Klaus schlägt vor, Rolf gemeinsam im Krankenhaus zu besuchen. Darüber werde sich Rolf bestimmt sehr freuen. Und jeder könne ein kleines Geschenk mitbringen. Alle stimmen dem Vorschlag zu. Gabi geht danach zur Tafel, um die Geschenkideen anzuschreiben.

Aber:
Unwichtige Dinge, die nicht zum Thema gehören – wie etwa das Aufs-Klo-Gehen – entfallen!

Klasse!

Hier findest du eine Menge an **Verben des Sagens und Meinens**, mit denen du im Protokoll eine Diskussion präzise beschreiben kannst:

den Einwand vorbringen, dass …
der Ansicht sein, dass …
dagegen sein, dass …
dagegenhalten, dass …
finden, dass …
meinen, dass …
kritisieren, dass …

denken
berichten
erzählen
erläutern
glauben
widersprechen

Übung

Szenen aus dem Schulalltag: Gib sie als Verlaufsprotokoll wieder.

1. Ulla: „Also mich nervt der ganze Kram. Warum müssen wir denn so viel Grammatik pauken? Könnten wir stattdessen nicht mal einen spannenden Roman lesen?"
   Maja: „Ach, du immer mit deiner Meckerei. Immer muss es nach deinem Kopf gehen, wenn du etwas nicht kannst oder nicht verstehst."

2. Mathelehrer Gräulich (schreit mit hochrotem Kopf): „Wie wollt ihr im wirklichen Leben bestehen, wenn ihr nicht einmal die einfache Prozentrechnung versteht."
   Der Schüler Tobias entgegnet: „Aber Herr Gräulich, dann müssten Sie sich etwas mehr Mühe geben und uns den Stoff besser erklären. Außerdem haben Sie uns noch nicht klargemacht, was Ihre mathematischen Aufgaben mit dem „wirklichen Leben" zu tun haben. Vielleicht sollten Sie etwas realistischere Beispiele nehmen."

3. (Nach einer Gruppenarbeit stellt Peter als Gruppensprecher die Ergebnisse seiner Gruppe vor.)
   Peter: „Bei der Textanalyse sind wir zu folgenden Ergebnissen gekommen: Wir haben festgestellt, dass der Autor die Geschichte aus dem Blickwinkel des Vaters erzählt. Es handelt sich also nicht um einen Ich-Erzähler, sondern um einen Er-Erzähler. Und dieser Erzähler berichtet von seinen Erlebnissen, die er während seiner Reise gemacht hat."
   Ein Schüler aus einer anderen Gruppe ergänzt: „Man muss außerdem beachten, dass der Erzähler seinen Erlebnissen in langen Gedankengängen nachhängt. D. h., nur der Leser erfährt sie, jedoch keine anderen Figuren innerhalb der Geschichte. Die wissen nämlich nicht, welche Abenteuer er erlebt hat."

4. (In der Arbeitslehrestunde wird die Gliederung von Praktikumsberichten besprochen.)
   Heiko: „Ich finde es sehr wichtig, dass zuerst die Arbeitsstätte selbst beschrieben wird. Der Leser des Praktikumsberichtes muss doch wissen, wo man gearbeitet hat."
   Paul: „Dazu gehört aber auch, dass der Aufbau des Betriebes skizziert wird. Damit meine ich: Welche Abteilungen gibt es? Wer ist der Chef? Wie viele Mitarbeiter gibt es? Und so weiter."
   Leslie: „Und dann muss man schreiben, welche Tätigkeit man denn eigentlich ausgeübt hat."

Tipp

Bist du fit in der indirekten Rede?
Solltest du bei der Übung Schwierigkeiten haben, schau doch gleich mal in das Kapitel D „Indirekte Rede"!

B 2. Das Ergebnisprotokoll

Das **Ergebnisprotokoll** beschränkt sich auf die Nennung
- des Themas
- des Ergebnisses bzw. der Zwischenergebnisse
- der Hausaufgabenstellung (bei einer Unterrichtsstunde).

Beispiel

Zuerst ein Ausschnitt aus einem **Verlaufsprotokoll**:
TOP 1:
Zur Bekanntmachung des Termins der Schultheateraufführung werden Möglichkeiten für Werbung diskutiert. Peter teilt mit, dass der Stadtanzeiger für eine Kleinanzeige, je nach Buchstabenanzahl und Aufmachung, zwischen 50 und 100 Euro verlange. Es sei deshalb zu bedenken, ob man auf eine derartige Anzeige verzichte und nicht lieber stattdessen selbst Flyer – mit einfachen Kopien – herstelle und an verschiedenen Orten auslege. Lara wirft ein, dass mit Flyern im Grunde niemand richtig erreicht werde. Auch weitere Teilnehmer sprechen sich gegen den Vorschlag Peters aus. Eine Veröffentlichung in einer Tageszeitung sei viel effektiver. Die meisten sind damit einverstanden, sich auch an einem höheren Betrag für eine Kleinanzeige zu beteiligen. Zudem habe ja die Schulleitung eine Unterstützung von 100 Euro zugesagt.
Im Folgenden wird beraten, was denn eigentlich in einer möglichen Anzeige stehen soll. Man einigt sich schließlich auf diesen Text: […]

Und so würde der entsprechende TOP in einem **Ergebnisprotokoll** lauten:
In einer Diskussion über Werbemöglichkeiten für die Schultheateraufführung wird der Vorschlag abgelehnt, Flyer herzustellen. Eine Kleinanzeige im Stadtanzeiger sei effektiver. Jeder will sich an den Kosten beteiligen. Außerdem habe die Schulleitung eine Unterstützung von 100 Euro zugesagt.
Der Text der Anzeige sieht nach Beratung so aus: […]

Merke

Im Vergleich zum Verlaufsprotokoll gibt es also folgende Änderungen:
- Namen (wenn sie nicht wichtig sind) fallen weg.
- Der Diskussionsverlauf wird nicht beschrieben.
- Nur die wichtigsten Beschlüsse oder Ergebnisse werden erwähnt.
- Meinungen und Vermutungen stehen jedoch auch hier im Konjunktiv *(… sei effektiver; … habe die Schulleitung zugesagt).*
  (Schau hierzu ins Kapitel D „Indirekte Rede".)

Beachte

Bei dieser Protokollart ist es besonders wichtig, **sachlich** zu bleiben. Wie das geht, wird im Kapitel E „Fakten nennen" erklärt und geübt.

Übung 1

Streiche hier alle unnötigen Teile aus den Ausschnitten zweier Stundenprotokolle.

1. Es wird das Gedicht „Mondnacht" von Joseph von Eichendorff gelesen. Einige Schüler schildern gleich ihre ersten Leseeindrücke. Tina meint, dass das Gedicht etwas sehr Leichtes an sich habe. Sie könne sich gut in das lyrische Ich hineinversetzen und dessen Gefühle nachvollziehen. Peter hingegen bemerkt, dass ihm das Gedicht sehr gekünstelt vorkomme. Der Klassenleiter Herr F. teilt den Schülern an dieser Stelle mit, dass es sich um ein Gedicht aus der Zeit der Romantik handele. Die formalen Elemente von „Mondnacht" werden kurz angesprochen. Herr F. führt weiter aus, dass das Gedicht als Reimschema den Kreuzreim aufweise und des Weiteren viele Zeilensprünge (Enjambements) enthalte.
2. In einem Unterrichtsgespräch werden Ansichten gesammelt, wie eine gut funktionierende Gruppenarbeit im Deutschunterricht zu gewährleisten ist. Es ergibt sich eine teilweise heftige Diskussion, weil die unterschiedlichen Meinungen von den jeweils anderen Mitschülern nicht immer akzeptiert werden. Ein besonders heikler Punkt ist die Frage, wie viele Schüler denn in einer Gruppe zusammenarbeiten müssen. Es wird eine Anzahl zwischen drei und acht Schülern diskutiert. Nadine ist der Auffassung, dass acht Schüler zu viele seien. Es werde nicht möglich sein, dass alle acht eine sinnvolle Mitarbeit leisten. Sie plädiert für maximal vier Schüler. So könne die Arbeit gut aufgeteilt werden. Frank hat eine andere Auffassung. Er argumentiert, dass man mehr leisten könne, wenn mehr Schüler gemeinsam zusammensitzen. Leider merkt man Frank an, dass er weniger aus Überzeugung dieser Ansicht ist, sondern weil er privat etwas gegen Nadine hat. Das wird durch einige seiner Spötteleien – auch weiteren Mädchen gegenüber – deutlich. Weitere Jungen stellen sich auf Franks Seite und unterstützen ihn. Der Klassenleiter schaltet sich ein und findet, dass diese Art von Diskussion sehr schade sei. Er wolle zwar niemanden ermahnen, aber doch um mehr Sachgespräche bitten.

Übung 2

Schreibe nun die gekürzten Abschnitte als Ergebnisprotokoll in dein Übungsheft.

3. Das Mischprotokoll

Die grundlegenden Protokollarten hast du nun drauf! Aber erst die Mischung machts! Die TOPs eines **Mischprotokolls** sind:
- das Unterthema
- der Verlauf der Diskussion (knapp)
- die Arbeitsformen (knapp)
- die Zwischenergebnisse
- die Hausaufgabenstellung (im letzten TOP).

Merke

Der Schwerpunkt liegt beim Mischprotokoll wie beim Ergebnisprotokoll auf Thema bzw. Unterthemen, Zwischenergebnissen und Hausaufgabenstellung. Nur kurz werden hingegen Diskussionsverlauf und ausgeführte Arbeitsformen beschrieben!

Übung 1

TOPs aus Mischprotokollen: Unterstreiche die Themen (blau) sowie die Zwischenergebnisse (schwarz).

1. Bei der Untersuchung des 1. Bildes bzw. 1. Aktes des Theaterstücks „Andorra" von Max Frisch gehen wir von dem wichtigen Satz aus, den Barblin auf Seite 125 sagt: „Ich weißle, ich weißle, auf daß wir ein weißes Andorra haben, ihr Mörder!" Dies spricht sie nach dem Tod ihres leiblichen Bruders Andri aus. Die meisten Schüler(innen) vermuten, dass sie mit diesem Satz alle Bürger von Andorra meint. Wir stellen fest, dass der gleiche Satz auch am Anfang des Stückes in veränderter Form steht. Dort bezieht sie die Farbe Weiß auf die Farbe der Häuser Andorras. Tim interpretiert die Wiederholung am Ende des Stückes so: Barblin versucht symbolhaft – die Farbe Weiß könnte für Reinheit stehen – die Schuld der Andorraner am Tod Andris zu übermalen. Karolin schließt sich dieser Interpretation an und vertieft sie noch mit der Erläuterung, dass die Andorraner zwar im Laufe des Stückes „scheibchenweise" ihre Schuld zugeben, aber dabei doch immer wieder versuchen, sie von sich zu weisen.

2. Zu Beginn der Stunde unterhalten wir uns über das 12. Bild von „Andorra". Die grundlegende Ausgangsfrage dabei ist: Warum ist diese Szene – die sogenannte Judenschauer-Szene – so wichtig für das gesamte Stück? Einige Schüler meinen, dass in dieser Szene deutlich werde, dass alle Andorraner Angst davor hätten, selbst als Jude vom Judenschauer identifiziert und damit umgebracht zu werden.
In einer Kleingruppenarbeit (mit jeweils drei bis vier Schüler(innen)) wird nun anhand des 12. Bildes herausgearbeitet, welche der Figuren im Stück sich am meisten gegenüber Andri schuldig gemacht haben. Der Wirt und der Soldat erweisen sich als besonders feige und damit gefährlich – ja, wie viele aus der Klasse finden, sogar als verbrecherisch und kriminell. Der Wirt verrät sich: Er hat mit einem Steinwurf die Signora getötet – und nicht der zu Unrecht verdächtigte Andri! Der Soldat ist zu den Besatzern – den Schwarzen – übergelaufen und unterstützt den Mord an Andri.

3. Frau Weinrich präsentiert uns das Gedicht „Sachliche Romanze" von Erich Kästner in Schnipselform und bittet uns, paarweise das Gedicht zu rekonstruieren. Zusätzlich dazu erhalten wir die Aufgabe, aufzuschreiben, wie unsere Vorgehensweise beim Zusammenfügen der einzelnen Versstreifen zu Strophen aussieht. Nach folgenden Anhaltspunkten haben sich die Schüler(innen) gerichtet:
- passende Reimwörter
- zusammengehörige Teile eines Satzes am Ende bzw. Anfang einer Zeile
- [...]

Merke

Beschreibe im Mischprotokoll kurz die Handlungen, die zu bestimmten Ergebnissen geführt haben. Man unterscheidet:

1) Rede- bzw. Denkhandlungen (z. B. *sprechen über etwas; nachdenken über etwas*)
2) Arbeitsweisen (manuelle Handlungen) (z. B. *experimentell untersuchen, ob ...; eine Tabelle ins Heft zeichnen*).

Zusätzlich zu den Arbeitsweisen solltest du auch knappe Angaben dazu machen, ob und wie ihr in einzelnen Unterrichtsphasen zusammengearbeitet habt:
- Einzelarbeit
- Partnerarbeit
- Kleingruppenarbeit.

Übung 2

Schreibe aus den obigen Übungsbeispielen alle Rede- bzw. Denkhandlungen und Arbeitsweisen heraus. (Gehe Satz für Satz vor.)

1. Untersuchung ....

....

....

....

2. sich unterhalten ....

....

....

3. präsentieren ....

....

....

C

Notizen machen

Achte beim Mitschreiben auf folgende Punkte:
- keine vollständigen Sätze notieren (das dauert zu lange!); kurze stichwortartige Sätze sind besser
- alle Tafelbilder oder Folienschriebe ganz genau abschreiben
- zusammenhängende Themen oder Unterthemen bzw. Unterrichtsphasen (= Tagesordnungspunkte) am Rand farbig oder mit einem Strich markieren, damit du zu Hause weißt, was zusammengehört
- Arbeitsanweisungen und Arbeitsweisen notieren
- Zeichen bzw. Abkürzungen verwenden.

Wichtig

Lieber zu viel als zu wenig mitschreiben. Weglassen kannst du ja immer etwas – sich aber später ohne Notizen etwas aus den Fingern zu saugen, ist nicht so einfach …

Übung 1

Eine Schülerin hat in ihren Notizen folgende Zeichen und Abkürzungen verwendet. Was könnten diese bedeuten?

Kurzgeschichte von Margret Steenfatt: „Im Spiegel“ (aus: Deutschbuch, S. 29)

Jana liest laut vor

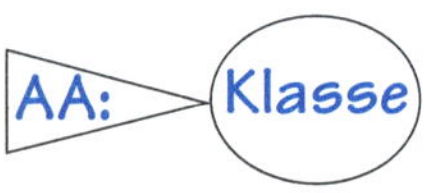

Eindrücke schildern; Interpretationsversuche mit genauen Textstellen belegen:

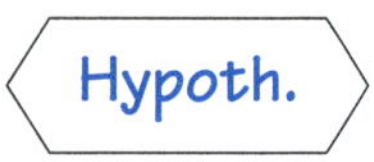

- Achim: verzweifelter Jugendlicher, der vielleicht Selbstmord begehen will (Julia); das ist Julias Gesamteindruck
- Peter erwidert sofort: Julias Aussage zu pauschal und zu krass
- der L. bittet darum, Textbelege anzuführen
- hat kein Selbstbewusstsein; ängstlich; isoliert sich (Kai): Welches Nichts, „fragte sich Achim, unter Decken und Kissen vergraben“ (Zeile 4)
- ist gelangweilt; Leben einförmig (Mira): Draußen gibt es nur „immer dasselbe“ (Z. 18).

Zerschlägt der Junge sein Spiegelbild (= sein Ich, seine Persönlichkeit? [interpretiert Martin]) oder die Maske, die er auf den Spiegel malt?

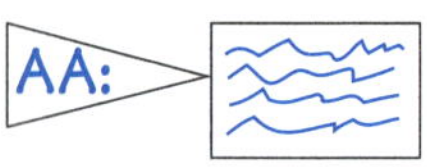

Inneren Monolog schreiben; Gedanken des Jungen bis zum Schlag nachvollziehen; sich mit dem Jungen identifizieren.

Übung 2

Versuche ein Verlaufsprotokoll aus den Aufzeichnungen der Schülerin zu schreiben!

Übung 3

Hier ein Ausschnitt aus einem Unterrichtsgespräch. Fertige Notizen mit Stichpunkten an. Verwende auch folgende Zeichen:

? (Frage) | V | (Vorschläge) | Bsp. | (Beispiel/e)

Tipp

Sprich dieses Gespräch auf Kassette (mit unterschiedlichen Stimmen für alle Personen; oder hast du jemanden, der den Text mit dir auf Band sprechen könnte?). Hör es jetzt wieder an und mach dir Notizen!

Tom: Mir ist noch nicht ganz klar, wie die einzelnen Kleingruppen ihre Arbeitsergebnisse vorstellen können.

Lehrer: Ich stelle mir das so vor, dass jede Gruppe eine unterschiedliche Präsentationsform wählt.

Lara: Meinen Sie damit: Die erste Gruppe schreibt z. B. ihre Ergebnisse an die Tafel, die zweite entwirft ein Plakat usw.?

Lehrer: Genau, du machst schon gute Vorschläge. Ich habe dafür auch einige Materialien mitgebracht. (Er zieht aus einer Tüte eine Plakatrolle, Klebstoff, Farbstift usw.)

Ralf: Ich möchte gern einen weiteren Vorschlag machen.

Lehrer: Ja, bitte?

Ralf: Na ja, zugegeben, es hört sich ausgeflippt an: Wir müssen alle Ergebnisse als eine Art schauspielerischen Dialog vortragen. Das stelle ich mir ziemlich witzig vor.

(Viele Schüler(innen) blicken Ralf etwas skeptisch und lächelnd an.)

Nadine: Wenn schon verrückte Ideen gemacht werden, dann will ich auch eine nennen ... die erscheint mir ganz praktisch ... und man kann dabei die erarbeiteten Sachen besser behalten ...

Udo: Spann uns nicht auf die Folter, Mensch! Also?

Nadine: Spiele herstellen – das wärs doch! Und die Spiele könnten wir dann austauschen ... das heißt jede Gruppe erklärt das Zeug der anderen ... und auf spielerische Weise können wirs dann lernen!

Melanie: Mal ein bisschen genauer, Nadine, an welche Spiele denkst du denn?

Nadine: So Trivial-Pursuit-mäßig, mit diesen Wissens-Quiz-Karten ... [...]

Tipp

Versuche, immer wenn du den Inhalt von wörtlichen Äußerungen aufschreibst, Verben des Sagens und Meinens (siehe Kapitel D, 1. Teil) zu verwenden. Damit kannst du dir später viel Zeit und unnötiges Grübeln zu Hause ersparen!

D Indirekte Rede

1. Überblick

Im Protokoll darf **keine wörtliche Rede** vorkommen. Äußerungen müssen deshalb indirekt wiedergegeben werden. Ein Mittel dazu ist die **indirekte Rede**:
Sie steht in der Regel im **Konjunktiv** (Möglichkeitsform).
Sie kann mit ***dass*** eingeleitet werden, muss es aber nicht unbedingt.

Beispiel

Wörtliche Rede:
Der Außerirdische sagt: „Ich kann nicht Rad fahren."
Indirekte Rede mit *dass*:
Der Außerirdische sagt, dass er nicht Rad fahren könne.
Indirekte Rede ohne *dass*:
Der Außerirdische sagt, er könne nicht Rad fahren.

Wichtig

Um die indirekte Rede zu bilden, brauchst du oft die Formen des **Konjunktivs I + II**. Hier als Beispiele einige Konjunktive I in der 3. Person Singular: *er/sie/es esse, lerne, nehme, komme, rufe, laufe.*
(Die indirekte Rede musst du beherrschen. Erst wenn du hier alles im Griff hast, solltest du dir ansehen, wie man sie auch wieder umgehen kann. Näheres dazu in Kapitel E und F.)

Übung 1

Bilde Sätze in der indirekten Rede mit *dass*.

1. Der Krisenstab beschloss: „Die Bevölkerung muss sofort vor den Außerirdischen gewarnt werden."
   Der Krisenstab beschloss, dass ....

   ....

2. Bürgermeister Rufus meint: „Koriander ist eine gute Waffe gegen böswillige Außerirdische."
   Bürgermeister Rufus meint, dass ....

   ....

3. Oma Hemsbach sagt zu ihrer Enkelin: „Endlich kommt mal Leben in das Dorf!"
   Oma Hemsbach sagt zu ihrer Enkelin, dass ....

   ....

Übung 2

Forme in Sätze ohne *dass* um. Beachte die Satzstellung! Schreibe die vollständigen Sätze in dein Heft.

1. Ein Außerirdischer ruft freudig, dass er die Menschen zum Fressen gern habe.
   Ein Außerirdischer ruft freudig, …
2. Ein Bürger berichtet, dass seine Katze mit den Marsmenschen kommunizieren könne.
   Ein Bürger berichtet, …
3. Der Polizist meint, dass er in einem UFO mitgeflogen sei.
   Der Polizist meint, …
4. Eine Frau sagt aus, dass ein Unsichtbarer sie nachts im Bett ständig kitzele.
   Eine Frau sagt aus, …
5. Eine Katze flüstert einem Außerirdischen ins Ohr, dass sie sich in ihn verknallt habe.
   Eine Katze flüstert einem Außerirdischen ins Ohr, …

Hinweis

Du hast sicher bemerkt, wie wichtig in der indirekten Rede abwechslungsreiche Verben des Sagens sind. In der nächsten Übung erhältst du einen kleinen Vorrat hiervon.

Übung 3

Hier ein Vorrat an Verben des Sagens – aber als Wortsalat. Bastle die Ausdrücke zusammen.

be	schild	kriti	skiz	deuten	lichen	haupten
ern	zieren	an	veran	schau	sieren	

....

....

....

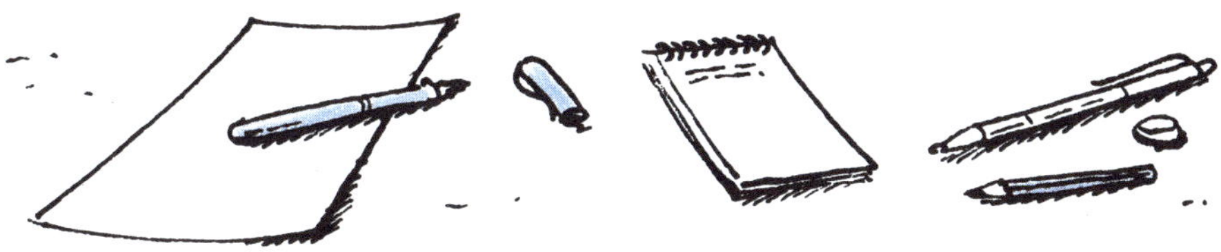

Übung 4

Komplexere Verben des Sagens – verbinde mit einem Strich, was zusammenpasst.

jemanden	sein
aus etwas	bedenken geben
zu	informieren
überzeugt	geben
Auskunft	schließen

D 2. Vertiefung

Wenn sich die indirekte Rede in einem Satz auf mehrere Personen oder Dinge bezieht, also das Verb in der **3. Person Plural** steht, kommt oft der **Konjunktiv II** zum Einsatz.

Beispiel

Wörtliche Rede:
Marion meint: „Die Jungen kommen wieder zu spät ins Zeltlager."
Indirekte Rede:
Marion meint, dass die Jungen wieder zu spät ins Zeltlager ***kämen****.*

Hinweis

Zur Bildung der 3. Person Plural des Konjunktivs II:
Schwache Verben (z. B. *lernen, arbeiten, sagen*) bilden die Formen wie ihr Präteritum (Vergangenheitsform): *sie lernten, sie arbeiteten, sie sagten.*
Anders die starken Verben (z. B. *fahren, kommen, laufen*):
sie führen, sie kämen, sie liefen.

Ein Tipp: Oft kannst du statt des Konjunktivs II auch einfach das Wort ***würden*** verwenden. (Stilistisch ist dies allerdings weniger schön.)
Beispiel:
Er schreibt mir, dass seine Eltern bei der Firma X arbeiten würden.

Übung 1

Schreibe in die indirekte Rede um.

1. Der Leiter des Ferienlagers sagt: „Diebstähle werden aufgeklärt."

   Der Leiter des Ferienlagers sagt, dass ....

   ....

2. Maria und Tobias beschweren sich: „Viele spülen nach Gebrauch Teller und Bestecke nicht."

   Maria und Tobias beschweren sich, dass ....

   ....

3. Egon erwidert trotzig: „Auch die Mädchen haben ihre Surfbretter selbst zu schleppen."

   Egon erwidert trotzig, dass ....

   ....

4. Während der Besprechung mahnt Maria: „Die Jungen müssen auch Wäsche waschen und Töpfe spülen."

   Während der Besprechung mahnt Maria, dass ....

   ....

Wichtig

Häufig ändern sich auch die **Pronomen** (Fürwörter) bei der Umformung in die indirekte Rede.

Beispiel

Wörtliche Rede:
*Markus berichtet seiner Mutter: „Die Nachtwanderungen gefallen **mir** besonders gut."*
Indirekte Rede:
*Markus berichtet seiner Mutter, dass **ihm** die Nachtwanderungen besonders gut gefielen.*

Merke

Die Pronomen richten sich nach dem Standpunkt des Sprechenden!
Dasselbe gilt auch für relative Zeit- und Ortsangaben:
*Er sagt: „Ich bleibe eine Woche länger **hier**."*
*Er sagt, er bleibe eine Woche länger **dort**.*

Übung 2

Schreibe wieder in die indirekte Rede um. Achte auf mögliche Änderungen bei den Pronomen.

1. Sie sagen: „Wir gehen oft morgens an den Strand."

   Sie sagen, dass ....

   ....

2. Luise schreibt: „Wir halten uns seit zwei Wochen hier im Camp auf."

   Luise schreibt, dass ....

   ....

3. Die Jungen sagen zu Jutta und Bärbel: „Wir trauen euch nicht."

   Die Jungen sagen zu Jutta und Bärbel, dass ....

   ....

4. Die Mädchen informierten damals Sven: „Wir kommen heute Nacht zu dir und holen dich ab."

   Die Mädchen informierten damals Sven, dass ....

   ....

5. Melanie und Britta behaupteten: „Hier in der Bucht haben wir vorgestern einen Hai gesehen."

   Melanie und Britta behaupteten, dass ....

   ....

E Fakten nennen

1. Aussagesätze

Zu viele Sätze in der indirekten Rede wirken sehr eintönig. Es gibt eine gute Möglichkeit, wie man sie umgehen kann:
- nur den **Inhalt** einer Aussage wiedergeben
- Verben des Sagens vermeiden.

Beispiel

Indirekte Rede:
Frau Grebenstein erklärt, dass sie die Meinung Udos teile.
Daraus wird:
Frau Grebenstein teilt die Meinung Udos.
(Gemerkt? Einfach einen einzigen Aussagesatz machen! Das Verb steht dann im Indikativ.)

Übung 1 **Kürze die Sätze.**

1. Die Trainerin erklärt, dass sie mit dem Torwart zufrieden sei.

   Die Trainerin ....

2. Der Mittelstürmer teilt mit, dass er in der Halbzeit Tee mit einem Schuss Rum trinken wolle.
   Der Mittelstürmer ....

   ....

3. Karlheinz Rumgekicke macht deutlich, dass er mit den neuen Schuhen der Firma Tiger immer umknicke.
   Karlheinz Rumgekicke ....

   ....

4. Der Masseur der Handballmannschaft teilt mit, dass er auf die Diagnose des Vereinsarztes warte.
   Der Masseur der Handballmannschaft ....

   ....

5. Der zierliche Kopfballspezialist erklärt, dass er das anstrengende Krafttraining nicht mitmachen könne.
   Der zierliche Kopfballspezialist ....

   ....

Merke

In Protokollen müssen nicht nur die Aussagen von Personen, sondern auch die **Begründungen** von Meinungen wiedergegeben werden.

Beispiel

Indirekte Rede:
Rainer bekräftigt, dass er in der Basketball-Schulmannschaft nicht mehr mitspielen wolle. Das Klima untereinander sei schlecht geworden.

Mit Begründungswort *weil*:
Rainer will nicht mehr in der Baskettball-Schulmannschaft mitspielen, weil das Klima untereinander schlecht geworden sei.

Beachte

Durch das Verbleiben des Konjunktivs *(sei)* im Satz wird für den Leser des Protokolls deutlich, dass es sich um die persönliche Meinung von Rainer handelt!

Übung 2

Wende die Gegenstrategie mit Begründungswort an.

1. Der Hallenwart bestätigt, dass er immer heimlich mit Schuhen mit schwarzen Sohlen in der Halle herumlaufe. Er wolle damit die Schüler in Verdacht bringen.

   Der Hallenwart ....

   ....

2. Der dicke Robert erklärt, dass er die Übung am Barren strikt ablehne. Der Barren sei zu hart.

   Der dicke Robert ....

   ....

3. Der Sportlehrer Max Maus sagt, dass er sich von den Schülern nicht verstanden fühle. Sie seien so unfreundlich zu ihm.

   Der Sportlehrer Max Maus ....

   ....

4. Der zwei Meter große Center des Baskettballvereins gibt zu verstehen, dass er die neue Taktik des Trainers ablehne. Die alte habe sich doch gut bewährt.

   Der zwei Meter große Center des Baskettballvereins ....

   ....

5. Lisa meint, dass Jazzgymnastik ihr gut gefalle. Dabei würden Körperbeherrschung und Rhythmusgefühl geschult.

   Lisa ....

   ....

E 2. Passivsätze

Mit **Passivsätzen** kannst du
- den Ablauf einer Handlung betonen
- den Urheber der Handlung „verschweigen".

Beispiel

Aktivsatz:
Melanie stellt uns die Schauspieler der Schultheatergruppe vor.
Passivsatz:
Die Schauspieler der Schultheatergruppe werden uns (von Melanie) vorgestellt.

Tipp

Mit dem Passiv kann man es also ganz einfach vermeiden, in Stundenprotokollen ständig die Namen der Mitschüler zu nennen!

Übung 1

Forme die folgenden Aktivsätze in Passivsätze um und nenne dabei den Urheber. Schreibe die Sätze in dein Heft.

1. Der Regisseur der Fernsehserie „Marienkäfer-Hof" überrascht die beiden Schauspieler während der Drehpause beim Küssen.
2. Der Kameramann vermisst seine Kabel.
3. Die Schminkdame verunstaltet das Gesicht der Hauptdarstellerin.
4. Das Helferteam schiebt den Kamerawagen hin und her.

Übung 2

Forme wieder in Passivsätze um. Nenne diesmal nicht den Urheber. Schreibe die Sätze in dein Heft.

1. Ein Hausmeister räumt das Studio auf.
2. Die Szene in der Badewanne spielten Günther und Melanie gut.
3. In der Drehpause stiehlt ein Unbekannter das Drehbuch.

Tipp

Arbeitsanweisungen können mit ***sollen***- und ***müssen*-Sätzen** wiedergegeben werden.
Passivsatz mit *sollen/müssen*:
*Ein Goldfisch **soll/muss** (von den Helfern) für die Unterwasserkampfszene geholt werden.*

Übung 3 **Forme in Passivsätze um. Lass dabei den Urheber wegfallen.**

1. Die Statisten müssen nur ein lautes „Hallo!“ rufen.

2. Die Techniker sollen ein großes Feuerwerk entzünden.

3. Die Cutter müssen den Film in der richtigen Reihenfolge zusammenschneiden.

4. Die Schauspieler sollen eine ausdrucksstärkere Mimik und zurückhaltendere Gestik verwenden.

Alternative

Der Beispielsatz auf S. 26 unten könnte auch heißen:
***Es** muss ein Goldfisch für die Unterwasserszene geholt werden.*
Die Satzeinleitung übernimmt dann **das unpersönliche *es*.**

Übung 4 **Forme diesmal mit dem unpersönlichen *es* um.**

1. Die beiden Stars sollen auf Kommando weinen.

2. Der Drehbuchautor muss die Mordszene spannender schreiben.

3. Die Maskenbildnerin soll anstatt mit Make-up lieber mit Ketchup arbeiten.

4. Johnny Dorfdepp muss in einem Werbespot für Schokolade auf einer Kuh reiten.

F Am Ausdruck feilen

1. Vom Umgang mit der Quelle

Es gibt im Wesentlichen zwei Arten von Quellen:
- subjektive Meinungsäußerungen von Personen
- sachliche Informationen, die auf Fakten beruhen.

Beides kannst du auch mithilfe bestimmter Wendungen (anstelle der indirekten Rede) deutlich machen.

Beispiel

Subjektiv:
*Nach Auffassung von Maria **darf** man im Unterricht stricken.*
Objektiv:
Laut Schulordnung ist Rauchen auf den Toiletten verboten.

Beachte

Die beiden Sätze stehen hier im Indikativ!

Übung 1 **Sortiere ein.**

nach Ansicht des/der/von – nach Berichten des/der/von – nach Auskunft des/der/von – laut – der/dem/den … zufolge – nach Untersuchungen des/der/von

Wendungen für subjektive Äußerungen	Wendungen für Sachinformationen

Übung 2 **Subjektive oder objektive Quellen? Setze eine Wendung ein.**

1. Frau Schmidt meint, Herr Müller habe ihren Wäschekorb geklaut.

   .... hat Herr Schmidt ihren Wäschekorb geklaut.

2. Europol gibt bekannt, dass der Geldfälscher bereits auf den Bahamas sei.

   .... ist der Geldfälscher bereits auf den Bahamas.

3. Die Deutsche Presse-Agentur (dpa) berichtet, dass ein Computervirus die öffentliche Verwaltung lahmzulegen droht.

.... droht ein Computervirus die öffentliche Verwaltung lahmzulegen.

Merke

Das Verb ***sollen*** kannst du verwenden, wenn du eine **unbestätigte Äußerung oder Vermutung** wiedergeben willst.

Beispiel

Vermutung:
Die Kriminalpolizei vermutet, dass Narben-Eddi sich in Paris aufhält.
Mit *sollen*:
Narben-Eddi soll sich in Paris aufhalten. (Das vermutet die Kriminalpolizei.)

Hinweis

Du musst in deinen Protokollen selbst entscheiden, ob du die Quelle der Äußerung mit angibst.

Übung 3

Schreibe die Sätze mit *sollen* um. Die Quelle der Äußerungen musst du nicht angeben. Schreibe die vollständigen Sätze in dein Heft.

1. Man vermutet, jeder Laie könne den Tresor der Dorfsparkasse „Spielgeld" öffnen.
   Jeder Laie …
2. Es heißt, der Erpresser telefoniere von einer Telefonzelle im Stadtzentrum aus.
   Der Erpresser …
3. Alle Indizien sprechen dafür, dass der Mörder aus dem engeren Freundeskreis des Opfers stammt.
   Der Mörder …
4. Die Lehrer äußern die Befürchtung, dass an der Schule mit Drogen gehandelt wird.
   An der Schule …
5. Es wird gemunkelt, dass der freundliche Kioskbesitzer der Kopf einer Verbrecherbande sei.
   Der freundliche Kioskbesitzer …

F 2. Infinitivsätze mit *zu*

Infinitive sind die Grundformen von Verben. In Verbindung mit *zu* kann man mit ihnen viele Sätze elegant vereinfachen.

Beispiel

Seine Mutter riet ihm, dass er kein weißes T-Shirt für die Mountainbike-Rallye anziehen solle.
Seine Mutter riet ihm(,) kein weißes T-Shirt für die Mountainbike-Rallye ***anzuziehen****.*

Hinweis

Nicht immer steht *zu* **im** Verb. Es gibt auch Verben, bei denen es „draußen“ bleibt – und zwar davor!

Beispiel:
Piero hofft, dass er morgen Maria trifft.
Piero hofft(,) morgen Maria zu treffen.

Übrigens

Zur Kommasetzung: Bei Infinitivgruppen, die mit *um, ohne, statt, anstatt, außer, als* eingeleitet werden oder von einem Substantiv (bzw. *es*) abhängen, *muss* ein Komma stehen!

Übung 1

Bilde Nebensätze mit *zu*. Schreibe die vollständigen Sätze in dein Heft.

1. Sie entschließen sich, dass sie den Fahrradweg direkt am Rhein nehmen.
   Sie entschließen sich(,) …
2. Der Vater riet seinem Sohn, dass er die Stützräder seines Fahrrades endlich abmontiere.
   Der Vater riet seinem Sohn(,) …
3. Sie hoffen, dass sie bis zur Abenddämmerung bei der Herberge ankommen werden.
   Sie hoffen(,) …
4. Sie beschlossen, dass sie übermorgen eine gemeinsame Radtour unternehmen werden.
   Sie beschlossen(,) …
5. Er rief uns zu, dass wir nicht übermäßig stark bremsen sollten.
   Er rief uns zu(,) …

Übung 2

Klappts andersherum? Bilde *dass*-Sätze. Schreibe die vollständigen Sätze in dein Heft.

1. Roland beschließt(,) Maria um 18 Uhr abends mit dem Tandem abzuholen.
   Roland beschließt, dass …
2. Sie hofft(,) sich weiter im Radrenntraining verbessert zu haben.
   Sie hofft, dass …
3. Der Sportreporter hofft(,) Sabine Sattelfest am Ende des Rennens interviewen zu können.
   Der Sportreporter hofft, dass …
4. Die Fahrer des Telegoing-Teams beabsichtigen(,) während des Rennens gemeinsam im Chor deutsche Schlager zu singen.
   Die Fahrer des Telegoing-Teams beabsichtigen, dass …
5. Marco Pantaloni erklärt(,) das Radfahren eigentlich zu hassen und viel lieber Mühle zu spielen.
   Marco Pantaloni erklärt, dass …
6. Er behauptet(,) der Talentierteste zu sein.
   Er behauptet, dass …

Tipp

Auch für **Ratschläge und Forderungen** lässt sich der Infinitiv sehr gut verwenden!

Beispiel

Er empfiehlt mir: „Kauf dir dieses Bike!"
Er empfiehlt mir(,) dieses Bike zu kaufen.

Übung 3

Schreibe in Infinitivsätze um.

1. Sie empfiehlt ihrem Freund: „Öle deine Fahrradkette!"
   Sie empfiehlt ihrem Freund(,) ………………………………………………
   ……………………………………………………………………………
2. Der Arzt rät dem Verletzten: „Schonen Sie sich!"
   Der Arzt rät dem Verletzten(,) ………………………………………………
   ……………………………………………………………………………
3. Der Fahrradhändler fordert den Kunden auf: „Bezahlen Sie in bar!"
   Der Fahrradhändler fordert den Kunden auf(,) ……………………………
   ……………………………………………………………………………
4. Klaus schlägt vor: „Zurück fahren wir mit der Bahn."
   Klaus schlägt vor(,) ………………………………………………………
   ……………………………………………………………………………

F 3. Sachlich bleiben: Power-Wörter

Sogenannte **Substantivierungen** machen deine Sätze sachlicher. Dafür musst du einfach nur **aus Verben Substantive** machen.

Beispiel

Der Vorsitzende des Schwimmvereins „Haiflosse" beantragt, dass abgestimmt werde.
Der Vorsitzende des Schwimmvereins „Haiflosse" beantragt eine Abstimmung.

Übung 1 **Substantiviere die verbalen Ausdrücke.**

1. die Unterwasserscheinwerfer reparieren:

   die ....

2. das Schwimmbecken reinigen:

   die ....

3. die Füße desinfizieren:

   die ....

4. eine Badekappe tragen:

   das ....

Übung 2 **Bilde aus den Verben Substantive und setze sie ein.**

1. Wenn die Sommersaison des Freibads startet, gibt es ein buntes Festprogramm.

   Beim .... der Sommersaison gibt es ein buntes Festprogramm.

2. Er gab zu erkennen, dass er bereit sei(,) loszuschwimmen.

   Er gab zu erkennen, dass er zum .... bereit sei.

3. Der Schüler Peter berichtete seinen Mitschülern stolz, dass er am Turmspringen teilgenommen habe.
   Der Schüler Peter berichtete seinen Mitschülern stolz von seiner .... am Turmspringen.

4. Michael Klein beschließt, dass er den nächsten Olympischen Spielen fernbleiben möchte.

   Michael Klein beschließt sein .... von den nächsten Olympischen Spielen.

Übung 3

Folgende Verben werden sehr oft in Protokollen verwendet. Suche dazu entsprechende Wendungen mit Substantiven.

beantragen: einen .... stellen auf

abstimmen: eine .... vornehmen über

beschließen: einen .... fassen über

äußern: eine .... machen über

vortragen: einen .... halten über

einwenden: einen .... vorbringen gegen

einverstanden sein: sein .... erklären

beweisen: den .... erbringen für

unterscheiden: eine .... treffen zwischen

beziehen: .... nehmen auf

erwägen: etwas in .... ziehen

zweifeln: etwas in .... ziehen

Übung 4

Hier musst du gleich zweimal „powern". Schreibe die vollständigen Sätze in dein Heft.

1. Der Bademeister beantragt, dass er einen Schwimmkurs belegen dürfe.

   Der Bademeister stellt einen .... auf .... eines Schwimmkurses.

2. Die Mitglieder des Tauchklubs „Sauerstofflos" stimmen ab, ob auch bei Landgängen Schnorchel getragen werden müssen.
   Die Mitglieder des Tauchklubs „Sauerstofflos" nehmen eine ....

   über das .... von Schnorcheln bei Landgängen vor.

3. Alle sind damit einverstanden, dass der neue Zehn-Meter-Sprungturm gebaut wird.

   Alle erklären ihr .... mit dem .... des neuen Zehn-Meter-Sprungturmes.

4. Aufgrund der schlechten Ergebnisse der Wasseruntersuchung des Schwimmbeckens wird erwogen, den Chlorgehalt zu reduzieren.
   Aufgrund der schlechten Ergebnisse der Wasseruntersuchung des Schwimmbeckens

   wird eine .... des Chlorgehaltes in .... gezogen.

Referat

A Bevor es losgeht …

Darum gehts!

Der Zweck eines Referats:

- Wissenswertes zu einem Thema zusammentragen
- andere über ein Sachthema informieren
- eine Diskussion über ein Thema vorbereiten

Formen von Referaten:

1) der mündliche Referat-Vortrag
2) das schriftliche Referat

Trainingsplan

Was muss man können, um ein Referat auszuarbeiten?

- einen Zeitplan aufstellen
- Informationsmaterial zum Thema beschaffen und auswerten
- eine sinnvolle Gliederung erstellen
- klare Formulierungen verwenden

Dazu beim mündlichen Referat:
- einen interessanten Vortrag vor der Klasse halten

Und speziell beim schriftlichen Referat:
- die äußere Form beachten

So klappts!

Was lernst du im Referat-Teil?

In der Regel ist es so, dass in der Schule sowohl ein mündlicher Vortrag als auch eine ausformulierte schriftliche Version verlangt werden. Dieses Übungsbuch ist nach diesen Erfordernissen ausgerichtet und wird dich optimal für beide Formen vorbereiten!

Referate in der Schule sind 1a-Lernchancen! Du weißt sicher: Was du dir selbst erarbeitet hast, das bleibt hängen. Doch auch die Zuhörer/Leser haben etwas davon: Wo sonst im Schulalltag kann man so vielfältige Themen entdecken wie in einem Unterricht mit Schülerreferaten …?

Aufbau

Ein Referat sollte dreiteilig angelegt sein:

1) Einleitung
(Zeitdauer: ca. 3–5 Minuten; schriftliches Referat: ca. 1 Seite)
- das Thema kurz vorstellen
- die Gliederung des Referats erläutern
- das Interesse der Zuhörer wecken

2) Hauptteil
(Zeitdauer: ca. 10–15 Minuten; schriftliches Referat: ca. 3–4 Seiten)
- alle Einzelgesichtspunkte des Themas nacheinander ausführlich abhandeln
- die jeweiligen Gesichtspunkte in einzelnen Details mit Beispielen und Zitaten veranschaulichen
- bei Bedarf Kritik an bestimmten Meinungen anderer Autoren üben, die du referierst und mit denen du nicht übereinstimmst

3) Schluss
(Zeitdauer: ca. 3–5 Minuten; schriftliches Referat: ca. 1 Seite)
- eine kurze Zusammenfassung der interessantesten Gesichtspunkte geben
- Schlussfolgerungen ziehen
- eine persönliche Stellungnahme zum Thema oder zu bestimmten Einzelgesichtspunkten äußern
- weitere, noch offene Fragen formulieren

Ideale Zeitdauer / Seitenzahl: 15 Minuten / 5 Textseiten
(Wenn man beim schriftlichen Referat noch Titelblatt, Inhaltsverzeichnis und Quellenverzeichnis dazurechnet, sind das insgesamt ca. 8 Seiten! Siehe Kapitel F 1.)

Wichtig

Da ein Referat ein **Sachbericht** ist, sollte die Schreibperspektive die 3. Person (wie beim Protokoll!) sein.
Eigene Stellungnahmen sind dagegen in der Ich-Perspektive zu formulieren.

B Die Vorbereitung

1. Einen Zeitplan aufstellen

Der Zeitplan für ein Referat umfasst alle **Arbeitsschritte**, die in einem bestimmten **Zeitraum** erledigt werden müssen. Die grundlegende Frage ist zunächst: Wie viel Zeit habe ich für das Anfertigen des Referats? Diesen groben Zeitrahmen unterteilst du dann für deine einzelnen Arbeitsschritte.
Zwei Pläne solltest du anlegen:
1. Wochenplan
2. Tagesplan (für die einzelnen Tage der Woche).

Übung 1

Hier siehst du alle wichtigen Arbeitsschritte und deren sinnvolle Reihenfolge auf einen Blick. Angenommen, du hast für das Anfertigen eines Referats noch genau 12 Stunden zur Verfügung (nicht hintereinander natürlich, sondern verteilt über mehrere Tage): Wie würdest du deine Zeit einteilen? Schreibe Zirkawerte in die Klammern dahinter.

Arbeitsschritte:

1) Thema genau mit dem Lehrer absprechen und den Lehrer um Material (Bücher, Zeitungsartikel usw.) bitten (**15 Minuten**)
2) sich über das Thema grundlegend informieren (.................. **Stunde[n]**)
3) mehr Material besorgen, um sich tiefer einzuarbeiten (.................. **Stunde[n]**)
4) Texte lesen und Wichtiges herausschreiben (.................. **Stunde[n]**)
5) ein Rohkonzept mit einer Gliederung entwerfen (.................. **Stunde[n]**)
6) mehrere Entwürfe schreiben (.................. **Stunde[n]**)
7) das endgültige Referat in Reinschrift schreiben und dabei den äußeren Aufbau beachten (.................. **Stunde[n]**)
8) das Referat für den Vortrag vor der Klasse laut einüben (evtl. vor Freunden, Geschwistern, Eltern) (..................**Stunde[n]**)

Tipp

Kopiere aus einem aktuellen Taschenkalender das Raster für die Woche, in der du das Referat anfertigen musst. Dann schreibst du alle Arbeitsschritte und sonstigen Dinge, die du zu erledigen hast, in die einzelnen Tagesfelder. Vergiss nicht, die Uhrzeiten einzutragen!

Tipp

Optisch perfekt – der Balkenplan.
Für die Tagesplanung bietet sich ein einfaches, aber professionelles Verfahren an: Alle Zeiträume für bestimmte Arbeitshandlungen werden als Balken wiedergegeben.

Beispiel

Zeitraum / Arbeitsaufgaben	Tag: 24. März 20..									
	9.00	10.00	11.00	12.00	13.00	14.00	15.00	16.00	17.00	18.00
Referattext abtippen (Computer)										

Erklärung: Die angegebene Arbeit ist für zwei Stunden geplant (von 10.00–12.00 Uhr)!

Übung 2

Eine Schülerin hat einen Tagesplan aufgestellt. Zur besseren Übersicht möchte sie einen Balkenplan erstellen. Übertrage für sie alle Werte in das Schema.

12. Juni 20..
9.30–9.50: Referat – Themenabsprache mit Herrn Birnbaum am Ende der Deutschstunde
11.20–11.40: Referat – Materialien in der Schulbibliothek besorgen
12.30–13.00: Referat – Lexikonartikel kopieren
14.30–16.00: Hausaufgaben
16.00–16.30: Referat – Lexikonartikel lesen
17.00–18.00: Referat – Stadtbibliothek: im Stichwortkatalog nachsehen

Zeit / Aufgaben	Tag:									

Tipp

Schreibe deine Balkenpläne auf DIN-A4- oder A3-Blätter und markiere die wichtigsten Balken farbig. Über deinem Schreibtisch an der Wand platziert – und du weißt mit einem Blick Bescheid, wie, wo und wann es langgeht!

2. Material besorgen: was und wo?

Folgende Materialien sind empfehlenswert:
1. allgemeinbildendes Lexikon zur Erstinformation über ein Thema
2. spezielles Nachschlagewerk zum Themenbereich
3. aktuelles Buch zum Thema
4. Zeitungs- oder Zeitschriftenartikel zum Thema

Je nach Thema sind insgesamt drei bis vier Materialien meist völlig ausreichend! Mindestens ein Buch sollte dabei sein.

Übung 1

Welche Arten von speziellen Nachschlagewerken und Büchern kennst du? Setze die richtigen Buchstaben ein!

Ein **Sachbuch** ist (..............)

Eine **Biografie** ist (..............)

Eine **Autobiografie** ist (..............)

Ein **Handbuch** ist (..............)

Ein **Fachlexikon** ist (..............)

Ein **Wörterbuch** ist (..............)

(a) ein Buch, in dem eine große Menge an Wörtern einer Sprache alphabetisch aufgelistet ist. Man zieht es heran, wenn man eine Fremdsprache lernen will. Oder wenn man wissen will, wie bestimmte Wörter geschrieben werden.
(b) eine Lebensbeschreibung einer oder mehrerer Personen, die meistens in der Öffentlichkeit bekannt sind. Auch das Leben bereits verstorbener Berühmtheiten (z. B. Schriftsteller, Musiker, Wissenschaftler, Politiker usw.) wird hier dargestellt.
(c) ein Lexikon, in dem Stichwörter zu einem bestimmten Sachbereich (z. B. Kunst, Theater, Musik, Literatur, Technik usw.) aufgeführt sind. Unter diesen Stichwörtern findet man jeweils nur die wichtigsten Daten und Fakten in aller Kürze.
(d) ein Buch über ein bestimmtes Thema – z. B. aus dem Bereich der Naturwissenschaften, der Musik, des Sports, der Literatur usw. Es richtet sich meistens an Nichtfachleute und ist oft verständlich geschrieben.
(e) ein umfangreiches Buch, in dem zu bestimmten Bereichen (z. B. Fotografie, Computeranwendung, Motorradreparatur usw.) neben theoretischen Erläuterungen auch praktische Hinweise gegeben werden.
(f) eine Schilderung, die der Autor von seinem eigenen Leben gibt.

Tipp

Vergiss nicht, deine Lehrerin oder deinen Lehrer nach Materialien zu fragen.

Übung 2

Outdoor-Übung: Interviewe doch gleich morgen die Bibliotheksangestellten in deiner Stadtbibliothek oder stöbere dort herum! Mach dir zu folgenden Fragen Notizen in dein Heft.

- Welche **allgemeinbildenden Lexika** sind vorhanden?
- Gibt es **Lexika auf CD-ROM**?
- Gibt es **Fachlexika** für die Bereiche **Literatur/Theater/Film**?
- Über welche sonstigen Fachlexika verfügt die Bibliothek?
- Zu welchen Themen gibt es **Zeitschriften**?
- Nach welchen **Themengebieten** (z. B. Literatur, Geschichte, Politik, Technik, Naturwissenschaften usw.) sind die Bücher geordnet? Notiere dir die entsprechenden **Signaturen** (die Buchstaben und Ziffern, die auf den Buchrücken aufgeklebt sind) und evtl. auch die Regalnummern!
- Welche unterschiedlichen **Kataloge** zum Nachschlagen gibt es? Wonach sind diese jeweils geordnet?
- Sind **Computerarbeitsplätze** mit Zugang zum Internet vorhanden?

Tipp

Aktuelle Bücher zu deinem Thema erhältst du in jeder noch so kleinen Buchhandlung! Bitte einfach um eine unverbindliche Computerabfrage!

Vielleicht kannst du dir sogar ein unverbindliches Ansichtsexemplar bestellen, in das du reinschauen kannst, bevor du es kaufst – frag mal den Buchhändler.

Bestimmte **Zeitungs- und Zeitschriftenartikel** sind nicht immer leicht zu finden. Am besten holst du sie dir aus dem Internet! Wie und wo? **Schau gleich mal in den Lösungsteil dieses Kapitels. Dort findest du eine Menge an brauchbaren Infos und Internet-Links!**

3. Vor dem Lesen: Inhalts-Check!

Du findest zu einem Thema in der Regel sehr viele Materialien, die du unmöglich alle lesen kannst. Deshalb ist eine gezielte Auswahl nötig, die du mit diesen „Checks" erzielen kannst:

1. Titel-Check
2. Check
   - des Klappen- bzw. Rückseitentextes
   - des Inhaltsverzeichnisses
3. Kapitel-Check

Übung 1

Eine Schülerin will ein Referat über das Schiff „Titanic" schreiben. Dabei gibt es einige Fragen, für die sie sich besonders interessiert. Folgende Buchtitel hat sie nun in der Stadtbücherei gefunden. Welche Titel scheinen dir für ihr Thema geeignet zu sein?

Fragen, die mein Referat beantworten soll:
Warum sind das Schiff „Titanic" und sein Untergang so berühmt geworden? Galt dieses Schiff wirklich als unsinkbar oder war das eine Legende? Gab es nicht auch andere große Unglücke, die eigentlich in Vergessenheit geraten sind?

Literatur, die ich gefunden habe:
- Judith B. Geller: Titanic – Frauen und Kinder zuerst. Bielefeld 1999.
- Peter-Matthias Gaeden (Hrsg.): SOS im Nordmeer. Von der Titanic bis Apollo 13. Dramen, die die Welt bewegten. Hamburg 1997.
- Walter Lord: Titanic – wie es wirklich war. Die Geschichte des Luxusliners und seiner Passagiere. München 1998.
- Robert D. Ballard/Rick Archbold: Lost liners. Von der Titanic bis zur Andrea Doria. Glanz und Untergang der großen Luxusliner. München 1997.
- Daniel A. Butler: Unsinkbar. Die wahre Geschichte der Titanic. Bielefeld 2000.

Übung 2

Checke das Inhaltsverzeichnis einer Ausgabe der Zeitschrift „GEO". Umkreise die Titel der Artikel, die zum Referatsthema der Schülerin passen könnten.

Neues vom berühmtesten Wrack der Welt

Kino, Musical, Ausstellungen, Bücher, Forschung – so viel „Titanic" wie jetzt war noch nie. Was macht diesen Luxusliner so besonders? Wodurch wurde er zum Mythos? Und was wissen wir wirklich über seinen Untergang?
Ein großer GEO-Report:

Merke

Besonders bei **Büchern** gilt: Wenn du über das Inhaltsverzeichnis festgestellt hast, dass ein Buch Informationen zu deinem Thema enthält, schaue dir kurz ein ausgewähltes Kapitel an und lies es mal an bzw. blättere es aufmerksam durch:
- Enthält es genügend Daten und Fakten zu deinem Thema?
- Wie wird der Inhalt präsentiert: eher sachlich-detailliert (wissenschaftlich), erzählend (ähnlich wie eine Geschichte) oder berichtend (wie eine Reportage)?

Übung 3

Im Deutschunterricht wird gerade „Das Tagebuch der Anne Frank" gelesen. Ein Schüler hat sich bereit erklärt, ein Referat zur Frankfurter Zeit der Familie Frank anzufertigen. Hier die Auszüge aus zwei Biografien über Anne Frank. Welche Unterschiede erkennst du?

Text 1: Auszug aus: Melissa Müller: Das Mädchen Anne Frank
Anne meldete sich lautstark ins Leben. Morgens um halb acht am 12. Juni 1929 – die noch schwachen Strahlen der Frühsommersonne kämpften sich gerade durch die Dunstwolkenschicht über Frankfurt – wurde sie in der Klinik des Vaterländischen Frauenvereins geboren. Die Bestimmtheit ihrer ersten Schreie beruhigte die Mutter. [...]
Zwei Tage nach der Geburt durfte die dreijährige Margot ihr Schwesterchen erstmals besuchen. An der Hand ihrer Aachener Oma kam sie in die Klinik. Die Sorge der Eltern, sie könnte mit Eifersucht reagieren, erwies sich als unbegründet. Wie schön, ein Mädchen. Margot lachte begeistert beim Anblick des Neugeborenen mit den lustig abstehenden Ohren und den entzückend zerzausten, schwarzen Haaren auf dem Kopf; so seidig weich, dass man unentwegt darüber streichen mochte. [...]
Nur vier Monate nach Annes Geburt bestätigten sich die bösen Vorahnungen. Der Kurssturz an der New Yorker Börse am Freitag, dem 25. Oktober 1929, dem Schwarzen Freitag, stürzte die Finanzwelt in eine tiefe Krise. [...]
Und immer mehr Menschen standen auf der Straße. Otto [Frank] war in Sorge – nicht nur um seine eigene Familie [...], sondern auch um seine Mutter und seine Geschwister, denn sie alle waren von dem Familiengeschäft abhängig.

Text 2: Auszug aus: Mirjam Pressler: Ich sehne mich so. Die Lebensgeschichte der Anne Frank
[...] Die Familie war eng mit der Stadt Frankfurt verbunden. Erste Vorfahren sind sogar schon Anfang des 16. Jahrhunderts im dortigen Ghetto nachzuweisen. Otto Frank, geboren 1889, wuchs als Sohn einer großbürgerlichen Familie auf. [...]
Nun, Millionär war Michael Frank nicht gewesen, aber wohlhabend – und liberal. Weitaus die meisten alteingesessenen deutschen Juden (ca. 80%) waren, religiös gesehen, liberal, empfanden sich als Deutsche und setzten auf jüdische Integration auf allen Gebieten. [...]
Wie liberal gesinnt die Familie Frank war, geht daraus hervor, dass weder Otto Frank noch seine Geschwister die jüdische Schule besuchten und dass es für die Knaben der Familie auch keine Bar-Mizwa-Feier zum dreizehnten Geburtstag gab. Otto Frank besuchte das Lessing-Gymnasium und lernte Latein und Griechisch, aber Hebräisch hat er nie gelernt. Er wuchs in jener Stadt Deutschlands auf, die den im Vergleich zur Bevölkerung höchsten Anteil jüdischer Bürger hatte, zuweilen 10%. (Der Landesdurchschnitt lag um 1900 bei knapp 1%.) [...]

C Die Gliederung

1. Erstinformation und Grobgliederung

Da man am Anfang meistens kaum mehr als eine blasse Ahnung von einem Thema hat, muss man sich schnell einen Überblick verschaffen. Am besten mithilfe von **allgemeinbildenden Lexika** (auch **Konversationslexika** oder **Enzyklopädien** genannt). Folgende wirst du in deiner Schulbibliothek finden (oder vielleicht sogar bei euch zu Hause):

1. Lexika in Buchform: z. B. „Brockhaus Enzyklopädie", „Meyers Enzyklopädisches Lexikon", „Harenberg Kompaktlexikon" etc.
2. Lexika auf CD-ROM: z. B. „Kompakt-Brockhaus multimedial", „Microsoft Encarta", „LexiROM", „INFOPEDIA" etc.

Übung 1

Was weißt du vom Aufbau eines Lexikons? Teste dein Wissen mit dem folgenden Text, in dem einige wichtige Wörter durcheinandergeraten sind. Schreibe die Wörter richtig.

Ein Lexikon (Mehrzahl: Lexika) ist ein Schelagnachwerk ...., in dem abetalphisch .... aufgelistete Wörtsticher .... zu finden sind. Der Lexikontext gibt zunächst eine knappe Tiofindeni .... des gesuchten Begriffes; dann liefert er mehr oder weniger umfangreiche Informationen. Ein Lexikon bietet in der Regel (1) Erklärwortungen .... an, führt (2) in Gebietsache .... ein und enthält zudem (3) Kurzbiografien von Personen. Im Lexikontext finden sich auch oft kleine Pfeile: Das sind Weiverse .... auf weitere Stichwörter.

Merke

Um dein Sachwissen zu erweitern, solltest du nun nach speziellen Fachlexika, aktuellen Büchern und Zeitungs- bzw. Zeitschriftenartikeln Ausschau halten (vgl. Kapitel B 2).
Hier schreibst du dir alle für dein Thema wesentlichen Gesichtspunkte heraus (vgl. Kapitel D), sodass du eine umfangreiche **Stoffsammlung** erhältst.
Dann bist du so weit, dass du eine **Grobgliederung** erstellen kannst: Fasse die Punkte, die inhaltlich zusammengehören, zu **Hauptthemen** zusammen und suche hierfür passende Überschriften.

Übung 2

Ein Schüler hat zum Thema „Multimedia“ einzelne Gesichtspunkte aus einem Lexikon gesammelt. Anschließend hat er die, die zusammengehören, jeweils untereinander geschrieben und hierfür passende Überschriften gesucht. Jedoch steht jetzt unter jeder Überschrift noch ein Gesichtspunkt, der nicht dorthin gehört. Unterstreiche diesen jeweils.

1. Die multimediale Alltags- und Berufswelt
   - das Alltags- und Berufsleben ist „computerisiert“
   - Digitalkameras zeichnen sich durch hohe Bildqualität aus
   - die Computerindustrie entwickelt ständig leistungsfähigere Computer
   - ....

2. Die Erweiterung der Audio-Compact-Disc: die CD-ROM
   - mehr als 7 Millionen Zeilen Text speicherbar
   - kostengünstige Verbreitung multimedialer Unterhaltungsprodukte
   - Konferenzschaltungen ersetzen Treffen, z. B. von Politikern
   - ....

3. „Sagst du die Wahrheit, Bild?“
   - Bilder können durch den Computer verarbeitet werden
   - durch digitale Verarbeitung lassen sich Bilder perfekt manipulieren
   - beispielsweise nutzt die Druck- und Bauindustrie Multimedia-Anwendungen
   - ....

4. Das Telefon zum Hören und Sehen
   - ISDN-Telefonverbindungen machen es möglich, Bilder zu übertragen
   - man kann sich miteinander über Distanz unterhalten und sich sehen
   - Scheiben aus beschichtetem Polycarbonat
   - ....

Übung 3

Schreibe die unterstrichenen Sätze jeweils in die richtigen Abschnitte.

Beachte

Die Überschriften sollten in prägnanter Weise darüber informieren, was in einem Gliederungsabschnitt zu erwarten ist.

2. Stoffsammlung und Feingliederung

Zu deinem Thema liest du einige Texte und schreibst viele Informationen heraus (wie das effektiv geht, lernst du in Kapitel D). So wird deine Stoffsammlung immer umfangreicher.
Nun müssen alle Gesichtspunkte noch in eine **sinnvolle Feingliederung** gebracht werden:
- Überlege, welche Abschnitte du in der Einleitung, im Hauptteil und im Schluss des Referats unterbringen willst.
- Werte weitere Textmaterialien aus.
- Erstelle ein umfangreiches Gliederungsschema mit allen gesammelten Oberthemen und Unterpunkten.

Übung 1

Eine Schülerin hat für ihr Referat „Unsere multimediale Welt" eine Grobgliederung gewählt. Weshalb will sie folgende Punkte in die Einleitung (1), in den Hauptteil (2) und den Schluss (3) stellen? (Schau noch mal ins Überblicks-Kapitel A des Referat-Teils!) Nenne die Gründe in Stichworten.

1 Die rasante Entwicklung auf dem Computermarkt
2 Multimedia: Was bedeutet das?
2.1 Leistungsstarke Speichermedien
2.2 Möglichkeiten der Bildbearbeitung
2.3 Neue Kommunikationsformen
2.4 Praktische Möglichkeiten von Multimedia in der Schule: eine Multimedia-Präsentation der Schule auf CD-ROM erstellen
3 Meine Spekulationen zu zukünftigen Entwicklungen

(1) ....

(2) ....

(3) ....

Merke

Zwei Gliederungsschemas kannst du verwenden:

A.		1
I.	oder:	1.1
1.		1.1.1
a)		1.1.1.1

Übung 2

Welcher Unterschied besteht zwischen beiden Gliederungsschemas?

....

....

Übung 3

Versuche für den Gliederungspunkt 2.4 aus dem Hauptteil des Referats aus Übung 1 eine Feingliederung der weiteren Unterpunkte auf einem Blatt Papier zu erstellen. Wähle dafür das zweite Gliederungsschema.

2.4 Praktische Möglichkeiten von Multimedia in der Schule: eine Multimedia-Präsentation der Schule auf CD-ROM erstellen

Vorbereitung
Aufstellen eines Projektplanes
Schreiben eines „Drehbuchs"
Arbeitsschritte
Aufteilen von Gruppen gemäß dem Projektplan
Medien auswählen
Texte schreiben
Bilder suchen
Videosequenzen auswählen
Musik auswählen
Medien digitalisieren
Präsentation erstellen
Digitalisierte Medien gemäß „Drehbuch" zusammenfügen
Ablauf der Präsentation testen
Präsentation den anderen Schülern vorführen

Tipp

Lege einen **Ordner für deine Stoffsammlung** an. Darin heftest du ein:
- ein Blatt mit der Themenformulierung
- zwei bis drei leere Blätter mit der Überschrift „Eigene Gedanken/Ideen" für das Eintragen von spontanen Einfällen
- Stoffgliederung: für jedes einzelne Oberthema ein Blatt. So hast du viel Platz für Ergänzungen.

Merke

Wenn du nun stichwortartig unter jeden Gliederungspunkt deiner Feingliederung Einzelgesichtspunkte aus deiner Stoffsammlung in logischer Reihenfolge schreibst, besitzt du deine endgültige Grundlage **(Stichwortzettel)** für deinen Referat-Vortrag!

Tipp

Schreibe deine Gliederung auf große Karteikarten (Format DIN A5)! Pro Oberthema mit Unterpunkten eine Karte! Mit dem geordneten Kartenpäckchen kannst du dann später optimal deinen **Referat-Vortrag** (vgl. Kapitel E) halten, indem du Karte für Karte die Gliederungspunkte mit den gesammelten Informationen durchgehst!

D Mit Texten umgehen

Auf der nächsten Doppelseite findest du Texte zu zwei verschiedenen Themen. Wähle einen Text aus und bearbeite ihn in mehreren Phasen (wie im Folgenden beschrieben). Wenn du Lust und Zeit hast, dann nimm dir beide Texte vor – zu jedem gibt es Lösungsvorschläge!

1. Die Bleistiftphase

Nimm dir bitte zunächst **Zeit** für die **Bleistiftphase**:
- Lies aufmerksam, aber flott Satz für Satz mit dem Bleistift in der Hand.
- Unterstreiche sofort alle Wörter oder (Teil-)Sätze, **die du nicht verstehst** (am besten mit einer Wellenlinie).
- Unterstreiche die Stellen, **die dir spontan wichtig erscheinen,** mit geraden Linien.
- Schlage in einem Lexikon unbekannte Begriffe, Namen, historische Daten usw. nach und schreibe knappe Erklärungen an den Rand.

Hinweis

Bitte nimm keine Unterstreichungen in entliehenen Materialien vor.
Am besten kopierst du dir die Textseiten!

Übung 1

Lies den Text zügig und unterstreiche die für dich wichtigsten Textstellen.

Tipp

Mit folgenden „Randzeichen" kannst du zusätzlich arbeiten:
? = nicht verstandene Textstelle/Inhalt unklar
! = interessante Aussage/wichtige Information
Falls der Rand auf der Kopie des Textes zu schmal für deine Notizen sein sollte, kannst du ihn verbreitern: Klebe einfach einen Streifen Papier an den rechten Rand (von hinten dagegen). Für alle Erläuterungen und Anmerkungen hast du nun direkt neben dem Text genügend Platz.

Übung 2

Schlage alle mit Wellenlinien unterstrichenen Wörter in einem Lexikon nach. Schreibe die Erklärungen an den Rand des Textes.

2. Die Zusammenfassungsphase

Die Bleistiftphase hat einer ersten Annäherung an den Text gedient. Vertieft wird dein Textverständnis jetzt in der **Zusammenfassungsphase:**

- Lies den Text ein zweites Mal.
- Markiere alle Schlüsselwörter mit Farbe.
- Gib den Hauptinhalt eines Absatzes mit eigenen Worten in einer knappen Randnotiz wieder.
- Fasse absatzweise den Inhalt des ganzen Textes stichwortartig (am besten mit Spiegelstrichen) zusammen.

Tipp

Vergiss bitte nicht, den **Namen des Verfassers und den Titel des Textes (den Titel des Buches, evtl. die Kapitelüberschrift, den Namen der Zeitung oder Zeitschrift und die Seitenangabe)** oben auf das Blatt zu schreiben, auf dem du die Zusammenfassung vornimmst. So behältst du die Übersicht und weißt, welche Texte du bereits bearbeitet hast.
Außerdem: Die schriftliche Fassung deines Referates muss dann auch ein Quellenverzeichnis beinhalten (siehe Kapitel F 2). Deshalb ist es gut, wenn du hier schon immer gleich alle Daten notierst, die du dafür brauchst. Das Quellenverzeichnis verfasst du nämlich meistens erst zum Schluss und oft hast du die Bücher (falls du sie dir ausgeliehen hast) dann schon wieder zurückgegeben.

Übung 3

Kreise nun, zusätzlich zu den Unterstreichungen, alle Schlüsselwörter ein und mach dir Randnotizen.

Übung 4

Fasse auf einem Blatt jeden Absatz mit kurzen Sätzen zusammen. Markiere die einzelnen Gesichtspunkte mit Spiegelstrichen:

–

–

oder Punkten:

●

●

Text 1: Auszug aus: Jörg-Uwe Albig: Das Menetekel der Maschine

Warum ausgerechnet die „Titanic"? Warum heute noch diese Aufregung, die Ausstellungen, die Bücher, das Musical, der teuerste Film aller Zeiten? Grob geschätzt eine Million Schiffe sind in den letzten 2000 Jahren untergegangen, noch immer sind es 200 bis 300 im Jahr – aber wer schon erinnert sich noch an die Fähre „Neptuno", die 1993 vor Haiti mit mehr als 1000 Menschen versank? Was macht die „Titanic" so besonders?
Steht ihr Untergang wirklich, wie alle sagen, „für Hybris und Vanitas, für technologische Vermessenheit und katastrophales Scheitern" („Spiegel"-Autor Fritz Rumler), für die „größte Blamage, die der technische Fortschritt je erlitten hat" (GEO-Autor Wolf Schneider)?
Das Desaster, heißt es, war ein Wendepunkt in der Geschichte. „Das blinde Vertrauen in die Technik hat einen schrecklichen Schock erlitten", schrieb der Schriftsteller Joseph Conrad gleich nach dem Untergang. [...]
Bis heute ist die hartnäckigste Moral vom Meeresgrund die Lektion des Zauberlehrlings geblieben: die Moritat vom Menschen im Machbarkeitswahn, das Menetekel der Maschine. Robert Ballard etwa, der Entdecker des Wracks, verglich ihr Los mit dem der Raumfähre „Challenger", die im Januar 1986 in 16 000 Meter Höhe verglühte.
Es sah aus, als wäre mit der „Titanic" ein Fluch auf die Welt gekommen, der nun fortzeugend Böses gebar: der Fluch der Technik.
Dabei hatte die „Titanic" nie so recht als Flaggschiff des Fortschritts getaugt. Gewiss, sie war damals das größte Schiff der Welt – aber nur gerade mal 30 Zentimeter länger als die ein halbes Jahr ältere „Olympic" (die auch schon über die bei der „Titanic" als revolutionär gepriesenen, automatisch schließenden Schotttüren verfügte). Die kühnste Neuerung an Bord waren die elektrischen Kartoffelschälmaschinen – als schneller und stärker unter den Atlantikkreuzern galten dagegen Konkurrenten wie etwa die „Mauretania".
Forderte die „Titanic" auf ihrer Jungfernfahrt, wie immer wieder behauptet wird, über Gebühr die Natur heraus? Doch wohl eher nicht, denn ihr Tempo von 21,5 Knoten war absolut rekordunverdächtig, die Route über den Nordatlantik erprobt und auch nicht riskanter als das Reisen mit der Eisenbahn: Im Schreckensjahr 1912 gab es gleich zwei Zugunglücke in England und den USA, bei denen etwa ebenso viele Menschen ums Leben kamen wie beim Untergang der „Titanic".
Und war es wirklich vermessen, sie „unsinkbar" zu nennen? Unsinkbarkeit – das war in jener Zeit ein leichtfertig vergebenes Prädikat, mit dem sich seit Jahrzehnten jedes Schiff mit Stahlrumpf schmückte (auch jener Luxusdampfer beispielsweise, der 1873 mit 585 Passagieren vor Halifax unterging, weil der Kapitän schlief). Zudem hatten sich die Ingenieure der Belfaster „Titanic"-Werft Harland & Wolff wohlweislich davor gehütet, ihrem Schiff dieses Prädikat zu geben: Der Mythos von der angeblichen Unsinkbarkeit war vielmehr die Erfindung von Reportern gewesen – die ihr eigenes Diktum nach dem Unglück dann ausgiebig zitierten.
In Wirklichkeit habe „das Desaster nichts verändert außer ein paar Schiffahrtsregeln", schreibt der Harvard-Dozent Steven Biel in seiner „Kulturgeschichte des Titanic-Unglücks" – die Frühjahrsroute über den Nordatlantik wurde verändert, die Zahl der vorgeschriebenen Rettungsboote an Bord eines Schiffes erhöht. [...]
Was also macht die „Titanic" so besonders? Es war ihr überbordender Luxus, der sie vor allen anderen Schiffen auszeichnete. [...]
[...] Dröhnend höhnten protestantische Pfarrer gegen „Juwelen mit siebenstelligem Wert", gegen „das vergoldete Mobiliar dieses versunkenen Palastes der Meere", gegen all den „Luxus, der zum Verlust der ‚Titanic' führte".
[...]

Text 2: Auszug aus: Mirjam Pressler: Ich sehne mich so. Die Lebensgeschichte der Anne Frank

Wie liberal gesinnt die Familie Frank war, geht daraus hervor, dass weder Otto Frank noch seine Geschwister die jüdische Schule besuchten und dass es für die Knaben der Familie auch keine Bar-Mizwa-Feier zum dreizehnten Geburtstag gab. Otto Frank besuchte das Lessing-Gymnasium und lernte Latein und Griechisch, aber Hebräisch hat er nie gelernt. Er wuchs in jener Stadt Deutschlands auf, die den im Vergleich zur Bevölkerung höchsten Anteil jüdischer Bürger hatte, zuweilen 10%. (Der Landesdurchschnitt lag um 1900 bei knapp 1%.) [...]

Otto Frank erzählte später, er habe als Kind keinen Antisemitismus erlebt. Das ist [...] schwer vorstellbar, denn auch in Frankfurt wird der längst nicht mehr nur religiös, sondern vor allem rassisch definierte Antisemitismus, der nach 1870 in Deutschland aufkam, zu spüren gewesen sein. Annes Vater wird mit „keinen Antisemitismus erlebt" vermutlich gemeint haben, dass ihm persönlich nie etwas passiert sei.

Im Ersten Weltkrieg diente Otto Frank, wie andere Deutsche auch, als Soldat an der Westfront, er wurde ausgezeichnet und als Offizier der Reserve entlassen. [...]

1925 heiratete Otto Frank, 36 Jahre alt, die 25-jährige Edith Holländer, Tochter eines alteingesessenen Unternehmers in Aachen, der Mitbesitzer einer Metallgroßhandlung war, die sich mit dem Abbau und der Wiederverarbeitung von Alteisen befasste. Am 16. Februar 1926 kam Margot zur Welt. Die Familie zog im Jahr darauf um, aus dem feineren Frankfurter Westend in ein Neubaugebiet, in dem nur wenige Juden wohnten. In diesem Haus, Marbachweg 307, wohnten sie noch, als am 12. Juni 1929 die zweite Tochter geboren wurde, Annelies Marie, die Anne genannt wurde. Die Atmosphäre am Marbachweg wird als liberal und fortschrittlich beschrieben, die Kinder der evangelischen Familien spielten mit den wenigen katholischen, und Anne wuchs in diese Kinderschar hinein, zu der auch schon Margot gehörte. Bedingt durch die Auswirkungen der Weltwirtschaftskrise zogen die Franks 1931 in die Ganghoferstraße um. Das sogenannte „Dichterviertel" ähnelte eher dem Westend, doch die neue Wohnung war kleiner und billiger, und die bürgerliche Umgebung bot möglicherweise auch mehr Schutz vor den immer augenfälliger und brutaler werdenden Aktivitäten der Nationalsozialisten. Schon zum März 1933 kündigten die Franks diese Wohnung „infolge der veränderten wirtschaftlichen Lage", sie wollten wieder zur Großmutter ziehen.

Am 12. März 1933 fanden in Frankfurt Kommunalwahlen statt, die NSDAP erhielt 42 der 85 Mandate in der Stadtverordnetenversammlung, der jüdische Bürgermeister Ludwig Landmann hatte am Tag zuvor seinen Rücktritt erklärt. [...]

Der Vorstand der [jüdischen] Gemeinde sprach sich eindeutig gegen eine Emigration aus. Das zeigt ganz deutlich, dass damals noch niemand ahnte oder glaubte (obwohl Hitlers „Mein Kampf" schon 1925/26 erschienen war), was die Nationalsozialisten letztlich anstrebten: Deutschland „judenfrei" zu machen.

Die Franks dachten trotzdem über Emigration nach. Das unterschied sie von vielen anderen Juden, die erst einmal abwarteten und hofften, der „braune Spuk" würde vorübergehen. Aber Emigrieren, mit zwei kleinen Kindern, das war keine leichte Entscheidung, denn wovon sollten sie leben?

Nun war der Schwager Otto Franks, Erich Elias, bereits vier Jahre zuvor mit seiner Familie nach Basel ausgewandert und fungierte dort als Vertreter der Firma Opekta [einer Handelsfirma für Geliermittel]. Er vermittelte Otto Frank das Angebot, für die Opekta-Werke eine niederländische Auslandsvertretung in Amsterdam aufzubauen. Diese geschäftliche Möglichkeit wird wohl, zusammen mit der Tatsache, dass Otto Frank von der misslungenen Bankgründung her Amsterdam schon kannte und dort Freunde hatte, zu der Entscheidung geführt haben, nach Amsterdam zu emigrieren.

E

Der Vortrag

Versuche, deine Zuhörer zu Beginn auf dein Thema einzustimmen:
- das genaue Referatsthema bekannt geben
- den Aufbau (die Gliederung deiner Hauptthemen) kurz vorstellen (evtl. mit Tafelanschrieb, Gliederung auf Overheadfolie oder auf einer Kopie, die du verteilst)
- evtl. ein Bild, das mit deinem Thema zu tun hat, zur Einstimmung einblenden.

Hinweis

So trägst du dein Referat am wirkungsvollsten vor:
- möglichst frei sprechen
- nur jeweils kurz auf deine Stichwortzettel oder Karteikarten blicken
- ohne Hektik, laut und deutlich sprechen
- die Zuhörer beim Reden langsam der Reihe nach ansehen (lass deinen Blick wandern)
- ab und zu kurze Pausen machen.

Körperhaltung:
- aufrecht sitzen oder stehen
- entspannt bleiben
- gleichmäßig atmen

Übung 1

Versuche, ohne große Vorübung, einen deiner erarbeiteten Texte aus Kapitel D kurz vorzutragen. Beachte dabei alle Punkte für einen wirkungsvollen Vortrag!
Also, Zimmertür zu und los …

Tipp

Wenn du hängen bleibst: keine Panik! Wirf in Ruhe noch einmal einen Blick auf deinen Stichwortzettel, und weiter gehts!

Achte darauf, dass deine Gliederung auch während des Vortrags immer wieder deutlich wird:

- Hinweise zur Gliederung auch während des Vortrags geben (z. B.: „Ich komme jetzt zu einem wichtigen Punkt, nämlich …“ oder: „Hierbei finde ich es interessant, dass …“ usw.)
- den Inhalt längerer Abschnitte noch einmal kurz zusammenfassen und zu einem neuen Gliederungspunkt überleiten (z. B.: „Nachdem ich euch die wichtigsten Stationen des Lebens dieses Schriftstellers dargestellt habe, möchte ich euch jetzt noch etwas über seinen Aufenthalt in New York berichten. Dort lebte er von …“)
- interessante bzw. informative wörtliche Zitate aus den verarbeiteten Texten bringen, die das, worum es bei den einzelnen Gliederungspunkten geht, besonders prägnant veranschaulichen.

Übung 2

Spontan-Vortag – eine gute Übung, die du gar nicht oft genug machen kannst: Such dir einen beliebigen, aber nicht zu langen Zeitungs- oder Zeitschriftentext aus, der dich interessiert. Lies ihn nur einmal aufmerksam durch und versuche gleich darauf, den Inhalt frei wiederzugeben.

Beachte

Beziehe die Zuhörer mit ein:

- 1- bis 2-mal nachfragen, ob die Zuhörer bis zu dieser Stelle alles verstanden haben
- Nachfragen der Zuhörer zulassen
- nach dem Referat Gelegenheit zu Rückfragen und Anmerkungen geben.

Mache (je nach Thema) möglichst viel anschaulich:

- evtl. Bilder, Dias, eigene Tafelskizze verwenden.

Hinweis

Und wie verhält man sich als Zuhörer?

- genau zuhören
- beim Referenten nachfragen, wenn man etwas nicht verstanden hat (aber bitte den Referenten nicht mit Fragen „bombardieren“, sonst kommt er völlig durcheinander)
- Kerngedanken mitschreiben, auch Nichtverstandenes. (Wie? – Ist doch klar: Notizen machen wie beim Protokoll. Sieh nach in Teil I, Kapitel C!)

F Die schriftliche Form

1. Die äußeren Bestandteile eines Referats

Das schriftliche Referat, das zur Abgabe beim Lehrer bestimmt ist, sollte folgende Bestandteile aufweisen:
- ein Titel- bzw. Deckblatt
- ein Inhaltsverzeichnis
- eine Auflistung der verwendeten Materialien (Quellenverzeichnis)
- eine Seitenzählung.

Beispiel

Das Titel- bzw. Deckblatt

Folgender Aufbau ist empfehlenswert:

Friedolin-Fröhlich-Schule

Referat im Fach Deutsch
mit dem Titel:
Die Frankfurter Jahre der Familie Frank

Angefertigt von:
Tobias Dauner
Klasse 10b

Abgegeben am:
19. 07. 20..

Beispiel

Das Inhaltsverzeichnis

Es enthält die endgültige Gliederung des Referats mit Angabe der Seitenzahlen.

INHALTSVERZEICHNIS

A. Einleitung: Das kurze Leben der Anne Frank	3
B. Hauptteil: Die Familie Frank in Frankfurt	4
I. Die Familie Frank	4
1. Die Eltern	5
2. Margot und Anne	6
II. Das Alltagsleben der Franks	7
III. Der Umzug vom Marbachweg in die Ganghoferstraße	7
C. Schluss: Die Situation der Frankfurter Juden	8

Übung 1

Im folgenden Text geht es um die Seitenzahlen. Setze hier in die Lücken folgende Wörter ein: „Titelseite", „Reinschrift", „oben rechts", „Quellenverzeichnis", „Inhaltsverzeichnis".

Die Seitenzählung beginnt mit der .... (= Seite 1) und geht durch bis zur letzten Seite, dem .... Allerdings lässt du bei der Titelseite die Ziffer 1 weg.

Die erste nummerierte Seite ist somit immer das .... (= Seite 2).

Die folgenden Seiten versiehst du dann durchgehend ebenfalls mit Seitenzahlen. Am besten schreibst du die Zahlen .... auf die Seite.

Lege das Inhaltsverzeichnis mit den Seitenzahlen erst dann an, wenn du bereits die endgültige .... der Textseiten vorgenommen und diese mit Nummern versehen hast!

Alle verwendeten Texte oder sonstigen Materialien (Bildbände, Broschüren etc.) müssen am Ende des Referats **alphabetisch** aufgelistet werden – und zwar mit vollständigen Titelangaben.

Übung 2

Du siehst drei Titelangaben. Schreibe in die Klammern, was hier jeweils angegeben ist: ein Buch, ein Zeitschriftenartikel oder ein Zeitungsartikel?

Findeisen, Hans-Volkmar: Schlaflos in Bochum. Am Landesspracheninstitut NRW werden die Schüler an ihre Grenzen geführt. In: Die Zeit, Nr. 15 vom 6. April 2000, S. 61.

(..)

Lakotta, Beata: Doktor Flipper. Delphine im Nürnberger Zoo sollen behinderten Kindern helfen [...]. In: Der Spiegel 3 (2000), S. 192–195.

(..)

Pleticha, Heinrich (Hrsg.): dtv junior Literatur-Lexikon. Sprache, Lebensbilder, literarische Begriffe und Epochen. 6. Auflage. München 1996.

(..)

Hinweis

Die genauen „Baupläne" für die Titelangaben findest du im Lösungsteil!

F

2. Zitieren: So gehts richtig!

Zitate sind Textstellen, die man **wörtlich** wiedergibt.
Folgende formale Punkte sind beim Zitieren zu beachten:
1. Du setzt den zitierten Text in Anführungsstriche.
2. Du gibst die Quelle des Zitats nach dem Zitat an.

Beispiel

„Kurze Zitate (bis zu drei Zeilen) werden wie der normale Referatstext geschrieben – aber eben in Anführungszeichen" (Mudrak 2001, S. 110).

> *„Längere Zitate werden nach rechts eingerückt, damit sie sofort erkannt werden können. Der Einzug sollte etwa einen Zentimeter lang sein. Im handgeschriebenen Referat ist das ungefähr eine Fingerbreite" (ebd., S. 110).*

Hinweis

Zur Quellenangabe nach den Zitaten:

a) In Klammern stehen: **Nachname des Autors** plus **Erscheinungsjahr des Buches, Seitenangabe**.
(Vergiss aber auf keinen Fall, die vollständigen Titelangaben deiner verwendeten Texte im Quellenverzeichnis aufzuführen! Vgl. dazu Kapitel F 1.)

b) Satzende (Punkt) erst **nach der Klammer**!

c) Zitierst du mehrmals hintereinander aus demselben Buch, reicht die Abkürzung **ebd.** (= ebenda) mit der Seitenangabe.

Übung

Welche formalen Fehler liegen in folgenden Zitaten vor? Ergänze die richtigen Satzzeichen (auch die Anführungszeichen an den richtigen Stellen).

1. Die Autorin schreibt in ihrem Vorwort: Als Dreizehnjährige las ich das Tagebuch der Anne Frank zum ersten Mal, Müller: 1998, S. 10.)"
Die Autorin schreibt in ihrem Vorwort: Als Dreizehnjährige las ich das Tagebuch der
Anne Frank zum ersten Mal ……………………………………………………………

2. Weiter führt sie aus: „Diese Biographie will Annes Tagebuch keineswegs ersetzen, vielmehr will sie dieses in seiner Aufrichtigkeit und Klarheit unersetzbare Dokument ergänzen: ebd.", (S. 11).
Weiter führt sie aus: Diese Biographie will Annes Tagebuch keineswegs ersetzen, vielmehr will sie dieses in seiner Aufrichtigkeit und Klarheit unersetzbare Dokument
ergänzen ……………………………………………………………………………

3. „"Anne war sehr gesellig, berichtet Miep, sie liebte Poesiealben, Geheimnisse und Schwätzen" (Pressler, 1992, S. 54."
Anne war sehr gesellig, berichtet Miep, sie liebte Poesiealben, Geheimnisse und

Schwätzen ....

4. „Anfang Juni kam Otto Frank nach Amsterdam zurück, das er ein knappes Jahr vorher verlassen hatte: Ebd. S: 16"
Anfang Juni kam Otto Frank nach Amsterdam zurück, das er ein knappes Jahr vorher

verlassen hatte ....

Du kannst **Zitate kürzen**, wenn du sie nicht vollständig verwenden willst:

1. Du kennzeichnest Auslassungen innerhalb eines Zitates durch drei Punkte in eckigen Klammern, also so: **[...]**.
2. Das Gleiche gilt für Weglassungen am Anfang oder am Ende von Sätzen.

Beispiel

Vollständiges Zitat:
„Die neue Welt, die über uns hereinbricht, ist eine virtuelle Welt, in der die Menschen mehr und mehr verschwinden" (Mies 2010, S. 1).

Zitat mit Auslassungen:
„Die neue Welt [...] ist eine virtuelle Welt [...]" (Mies 2010, S. 1).

3. Klar formuliert und formal o. k.? Super!

Klar und deutlich schreiben ist das A und O in einem schriftlichen Referat.
Deine Sätze sollten nicht zu lang sein und alles so einfach wie möglich ausdrücken.
Grundsätzlich solltest du vermeiden:
- zu viele dass-Sätze
- zu viele Substantivierungen (besonders Substantive auf *-heit*, *-keit* und *-ung*)
- zu unübersichtliche verschachtelte Nebensätze
- zu viele Fremdwörter
- Partizipien (Mittelwörter) (z. B. *essend*).

Beispiel

So ist der Satz zu umständlich:
Von den vom Werbefernsehen beeinflussten Jugendlichen wird, weil sie der Versuchung nicht widerstehen können, häufig das Geld ihrer Eltern in völliger Maßlosigkeit zum Kauf von teuren Computerspielen ausgegeben.

Besser ist der Satz so zu verstehen:
Jugendliche werden vom Werbefernsehen beeinflusst. Sie können häufig der Versuchung nicht widerstehen, maßlos mit dem Geld ihrer Eltern Computerspiele zu kaufen.

Übung 1 **Vereinfache die Sätze.**

1. Billy Eiwigehts, ein durchtriebener Informatiklehrer, verschickt in voller Heimlichkeit, da ihm das Spaß bereitet, an Bösartigkeit nicht zu überbietende Junkmails, um einige ihm verhasste Kollegen zu ärgern.

....

....

....

2. Überforderung ist das Stichwort, mit dem man das Nicht-Mitkommen der meisten Eltern und Lehrer bei der eine immer größere Rolle spielenden Informationstechnologie charakterisieren kann.

....

....

....

3. Viele Wirtschaftsunternehmen haben das Versprechen ausgesprochen, dass bald an jeder Schule, damit der Umgang mit den neuen Medien von den Schülern frühzeitig eingeübt werden soll, Internetanschlüsse, die brauchbar sind, eingerichtet werden sollen.

....

....

....

4. Es wird mit an Sicherheit grenzender Wahrscheinlichkeit in Zukunft möglich sein, Fernsehen und Kino mit Geschmack und Geruch als Gesamterlebnis zu erfahren, mit der nicht ausbleibenden Folge, dass sich die Menschen zu regelrechten Sessel-Tieren entwickeln.

....

....

....

Hinweis

Damit dein ausformulierter Text nicht nur inhaltlich, sondern auch optisch o. k. ist, beachte für die **äußere Form** Folgendes:
Seitenränder des Blattes:
- links und oben ca. 4 cm
- unten und rechts ca. 2,5 cm

Überschriften (Gliederungspunkte) hervorheben durch: Unterstreichen, Großbuchstaben oder Fettdruck.
Lass zwischen Überschrift und Fließtext eine Zeile frei.
Zeilenabstand beim Schreiben mit dem Computer: 1,5 cm (eineinhalbfach)

Übung 2

Nimm dir ein leeres DIN-A4-Blatt und zeichne mit einem Lineal ein Seitenrand-Raster. Miss die Ränder genau ab und beschrifte das Raster mit den Zentimeterangaben.

Tipp

Hefte dein Raster ab – und ein Blick genügt, wenn du mal wieder vergessen hast, welcher Rand wie breit sein soll …

Quellenverzeichnis

Seite	Quelle
40, 218	Inhaltsverzeichnis aus: GEO 12/1997, S. 6.
41, 54	Melissa Müller: Das Mädchen Anne Frank. Die Biographie. Mit einem Nachwort von Miep Gies. Claassen, München 1998, S. 10f. u. 29f.
41, 49, 55, 223	Mirjam Pressler: Ich sehne mich so. Die Lebensgeschichte der Anne Frank. Beltz, Weinheim und Basel 1992, S. 38–42.
43	(Stichworte nach:) Klaus Rebensburg: Die Digitalisierung der Welt – Multimedia. In: Meilensteine der Menschheit: Einhundert Entdeckungen, Erfindungen und Wendepunkte der Geschichte. Hrsg. v. d. Brockhaus-Redaktion. F. A. Brockhaus, Leipzig und Mannheim 1999, S. 402–405.
48, 221f.	Jörg-Uwe Albig: Das Menetekel der Maschine. In: GEO 12/1997, S. 140ff.

Teil II:
Mathematik

Quadratische Gleichungen und Ungleichungen

Regeln und Übungen

Benutzerhinweise

Bei den Beispielen und Übungen ist die Definitionsmenge $\mathbb{D}$ stets Teilmenge der reellen Zahlen $\mathbb{R}$:

$$\mathbb{D} \subseteq \mathbb{R}$$

und ebenso die Lösungsmenge $\mathbb{L}$:

$$\mathbb{L} \subseteq \mathbb{R}$$

Bei Übungen, die neue oder zusätzliche Überlegungen verlangen, die nicht bei den Beispielen besprochen wurden, wird in der Regel eine der Lösungen im Lösungsteil ausführlich vorgerechnet.

Themenübersicht Teil II

1 Quadratische Gleichungen I

- rein quadratische Gleichung: $x^2 = a \wedge a \geqq 0$
  $\Rightarrow \quad x_{1,2} = \pm\sqrt{a} \quad \Rightarrow \quad x_1 = \sqrt{a}\,; \quad x_2 = -\sqrt{a}$
  $\mathbb{L} = \{-\sqrt{a}\,; \sqrt{a}\}$
- gemischt quadratische Gleichung: $ax^2 + bx + c = 0 \wedge a \neq 0$
  $\Rightarrow \quad x_{1,2} = \dfrac{-b \pm \sqrt{b^2 - 4ac}}{2a}$

Beispiele

Ergänze quadratisch:

$$\begin{aligned} x^2 - 4x + 1 &= 6 && \mid +3 \\ x^2 - 4x + 4 &= 9 && \mid (\ldots)^2 \\ (x-2)^2 &= 9 \\ (x-2)_{1,2} &= \pm 3 \end{aligned}$$

$\Rightarrow \quad x_1 = 5\,; \quad x_2 = -1 \qquad \mathbb{L} = \{-1; 5\}$

Verwende die Formel:

$$\begin{aligned} x^2 - 4x + 1 &= 6 \\ x^2 - 4x - 5 &= 0 \\ x_{1,2} &= \frac{4 \pm \sqrt{16 + 20}}{2} \\ x_{1,2} &= \frac{4 \pm 6}{2} \end{aligned}$$

$\Rightarrow \quad x_1 = 5\,; \quad x_2 = -1 \qquad \mathbb{L} = \{-1; 5\}$

Für $a \geqq 0$ ist $\sqrt{a}$ in $\mathbb{R}$ definiert.
Für $a < 0$ ist $\sqrt{a}$ in $\mathbb{R}$ nicht definiert.

Übung 1

Löse die rein quadratischen Gleichungen.

a) $x^2 = 64$ $\quad \mathbb{L} =$
b) $x^2 = 121$ $\quad \mathbb{L} =$
c) $x^2 = 625$ $\quad \mathbb{L} =$
d) $x^2 = 3$ $\quad \mathbb{L} =$
e) $x^2 = 10$ $\quad \mathbb{L} =$
f) $x^2 = 21$ $\quad \mathbb{L} =$
g) $x^2 = 8$ $\quad \mathbb{L} =$
h) $x^2 = 27$ $\quad \mathbb{L} =$
i) $x^2 = 180$ $\quad \mathbb{L} =$

Übung 2

Löse die Gleichungen.

a) $(x+3)^2 = 9$ $\quad \mathbb{L} =$
b) $4 \cdot (x-3)^2 = 100$ $\quad \mathbb{L} =$
c) $(2x+7)^2 = 81$ $\quad \mathbb{L} =$
d) $8 \cdot (x+1)^2 = 18$ $\quad \mathbb{L} =$
e) $75 \cdot (3x-6)^2 = 27$ $\quad \mathbb{L} =$

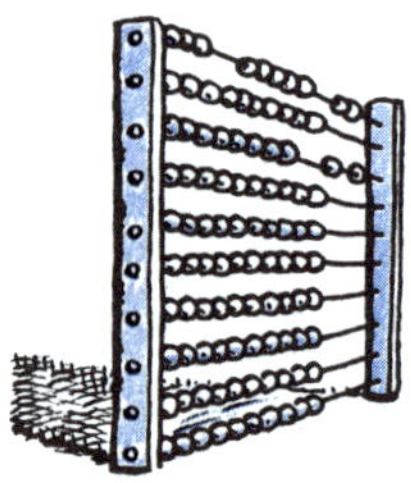

Übung 3

Ergänze die Gleichung quadratisch auf die Form $(x + a)^2 = b$ und löse die Gleichung:

a) $x^2 - 2x = 15$ $(x - 1)^2 =$ ____ $\mathbb{L} =$ ____

b) $x^2 + 3x - 10 = 0$ ____ $\mathbb{L} =$ ____

c) $x^2 - 4x - 1 = 2x + 6$ $\mathbb{L} =$ ____

d) $x^2 + 30x + 111 = 1 - 2x - x^2$ $\mathbb{L} =$ ____

Übung 4

Löse zuerst in a) mit einer quadratischen Ergänzung, dann in b) mit der Formel. Vergleiche die Ergebnisse und die jeweils für die Lösung benötigte Zeit:

$x^2 + 20x + 30 = 9x + 2$

a) (____ $)^2 =$ ____ $\mathbb{L} =$ ____ Zeit: ____

b) ____ $= 0$ $\mathbb{L} =$ ____ Zeit: ____

Übung 5

Verwende nur die Formel:

a) $2x^2 - 3x - 5 = 0$ $\mathbb{L} =$ ____

b) $2x^2 - x - 6 = 0$ $\mathbb{L} =$ ____

c) $5x^2 + 4x - 1 = 0$ $\mathbb{L} =$ ____

d) $4x^2 + 5x + 1 = 0$ $\mathbb{L} =$ ____

Übung 6

Bringe die Gleichung zunächst auf die Form $ax^2 + bx + c = 0$ und verwende dann zur Lösung die Formel.

a) $2x^2 + 7x - 1 = 3x^2 - x - 10$ $\mathbb{L} =$ ____

b) $x \cdot (x - 8) + 8 \cdot (x - 2) = 0$ $\mathbb{L} =$ ____

c) $x \cdot (x - 14) + 8x - 7 = 0$ $\mathbb{L} =$ ____

d) $x \cdot (10 - x) = 2x + 15$ $\mathbb{L} =$ ____

e) $5 \cdot (x^2 + x - 12) - 2x \cdot (x + 1) = 0$ $\mathbb{L} =$ ____

Übung 7

Wiederhole bei dieser Gelegenheit auch die binomischen Formeln.

a) $(x - 1)^2 - 4x = 17$ $\mathbb{L} =$ ____

b) $(x + 4)^2 - 6x - 16 = 35$ $\mathbb{L} =$ ____

c) $2 \cdot (x - 2)^2 - x \cdot (x - 9) = 20$ $\mathbb{L} =$ ____

d) $(2x - 10)(2x + 10) + 10 = x \cdot (x + 3)$ $\mathbb{L} =$ ____

e) $(2x + 3)^2 - 2 \cdot (x + 2)^2 = 31$ $\mathbb{L} =$ ____

f) $5 \cdot (x - 1)^2 - (2x - 8)(2x + 8) = 80$ $\mathbb{L} =$ ____

2 Quadratische Gleichungen II

Für $a \geqq 0$ ist $|a| = a$ $\Rightarrow$ $|7| = 7$
Für $a < 0$ ist $|a| = -a$ $\Rightarrow$ $|-7| = -(-7) = 7$

a^2 ist immer positiv oder null, daher gilt: $|a|^2 = a^2$

Beispiel 1

$|x-4| = 5$ | Wegen $|x-4|^2 = (x-4)^2$ ist:
$(x-4)^2 = 25$
$(x-4)_{1,2} = \pm 5$ $\Rightarrow$ $x_1 = 9$; $x_2 = -1$; $\mathbb{L} = \{-1; 9\}$

Es ist $(\sqrt{a})^2 = a$ aber auch $(-\sqrt{a})^2 = a$. Daraus folgt:

Werden Wurzelterme beim Lösen einer Gleichung quadriert, so ist mit einer Probe festzustellen, ob die Lösung die Gleichung erfüllt.

Beispiel 2

Substitution!
$(4x^2 - 8x - 1) - \sqrt{4x^2 - 8x - 1} - 2 = 0$

Wir setzen (substituieren): $\sqrt{4x^2 - 8x - 1} = u$

$u^2 - u - 2 = 0$ $\Rightarrow$ $u_1 = -1$; $u_2 = 2$

aus u_1: $\sqrt{4x^2 - 8x - 1} = -1$ (in $\mathbb{R}$ nicht definiert)
aus u_2: $\sqrt{4x^2 - 8x - 1} = 2$ $\quad |(\ldots)^2$
$4x^2 - 8x - 1 = 4$
$4x^2 - 8x - 5 = 0$ $\Rightarrow$ $x_1 = -\frac{1}{2}$; $x_2 = 2\frac{1}{2}$

Probe: $x_1 = -\frac{1}{2}$ $\Rightarrow$ $\sqrt{4 \cdot \frac{1}{4} + 8 \cdot \frac{1}{2} - 1} = 2$
$\sqrt{1 + 4 - 1} = 2$ (wahr)

$x_2 = 2\frac{1}{2}$ $\Rightarrow$ $\sqrt{4 \cdot \frac{25}{4} - 8 \cdot \frac{5}{2} - 1} = 2$
$\sqrt{25 - 20 - 1} = 2$ (wahr)

$\Rightarrow$ $\mathbb{L} = \left\{-\frac{1}{2}; 2\frac{1}{2}\right\}$

Übung 1

Löse die Betragsgleichungen durch Quadrieren.

a) $|x-1| = 1$ $\quad \mathbb{L} =$

b) $|x-1| = |x|$ $\quad \mathbb{L} =$

c) $|x+1| = |x-1|$ $\quad \mathbb{L} =$

d) $|x+3| = |x+2|$ $\quad \mathbb{L} =$

e) $|2x-3| - |3x-2| = 0$ $\quad \mathbb{L} =$

f) $|x+3| = 2 \cdot |x-1|$ $\quad \mathbb{L} =$

g) $|x-3| = 2x$ $\quad \mathbb{L} =$

h) $|x-3| = -2x$ $\quad \mathbb{L} =$

Übung 2 **Substituiere den Klammerausdruck.**

a) $(x+5)^2 + 2\cdot(x+5) - 35 = 0$ $\mathbb{L} =$

b) $(2x-3)^2 + 6\cdot(2x-3) = 27$ $\mathbb{L} =$

c) $(x-5)^2 + 2x - 10 = 80$ $\mathbb{L} =$

Übung 3 **Setze $x^2 = u$.**

a) $x^4 - 13x^2 + 36 = 0$ $\mathbb{L} =$

b) $x^4 - 10x^2 - 11 = 0$ $\mathbb{L} =$

c) $x^4 + 9x^2 + 20 = 0$ $\mathbb{L} =$

Übung 4 **Erinnere dich an: $|a|^2 = a^2$**

a) $|x^2 - 2| = 2$ $\mathbb{L} =$

b) $|x^2 + 4| = |4x|$ $\mathbb{L} =$

c) $|2x^2 - 3x| = |3x|$ $\mathbb{L} =$

d) $|x^2 - 2x| = |x^2 + 2|$ $\mathbb{L} =$

Übung 5 **Substituiere $\sqrt{x}$.**

a) $x = 2\sqrt{x}$ $\mathbb{L} =$

b) $x + 2\sqrt{x} = 0$ $\mathbb{L} =$

c) $x - 9\sqrt{x} = 5\cdot(\sqrt{x} - 9)$ $\mathbb{L} =$

d) $x - \sqrt{x} + 5 = 7\sqrt{x} - 2$ $\mathbb{L} =$

Übung 6 **Suche auch bei den folgenden Gleichungen nach der passenden Substitution.**

a) $(x-4) - 5\sqrt{x-4} + 6 = 0$ $\mathbb{L} =$

b) $9\sqrt{x+5} - 8 = x + 5$ $\mathbb{L} =$

c) $x - 3 - 5\sqrt{x-3} = 6$ $\mathbb{L} =$

d) $(x-1)^4 - 13\cdot(x-1)^2 + 36 = 0$ $\mathbb{L} =$

e) $(2x+3)^4 + 25 = 26\cdot(2x+3)^2$ $\mathbb{L} =$

f) $(x^2 - 2x - 15)^2 - 20\cdot(x^2 - 2x - 15) = 0$ $\mathbb{L} =$

g) $(x^2 - 2x - 14)^2 + 13\cdot(x^2 - 2x - 14) - 14 = 0$ $\mathbb{L} =$

Übung 7 **Vergiss die Probe nicht. – Der Wurzelterm ist nicht immer für die berechnete Lösung definiert!**

a) $\sqrt{5x^2 - 6x + 1} - (5x^2 - 6x + 1) = 0$ $\mathbb{L} =$

b) $5\sqrt{x^2 - 4x + 4} - 6 = x^2 - 4x + 4$ $\mathbb{L} =$

3 Gleichungen mit Formvariablen (Parametern)

Beispiele

1) $x^2 = a - b$

$x_{1,2} = \pm\sqrt{a-b}$

$\Rightarrow \quad \mathbb{L} = \{-\sqrt{a-b}; \sqrt{a-b}\}$ definiert für $(a-b) \geqq 0$

2) $x^2 = -a - 3$

$\mathbb{L} = \{-\sqrt{-a-3}; \sqrt{-a-3}\}$ definiert für $(-a-3) \geqq 0$

$\Rightarrow \quad -a \geqq 3 \quad \Rightarrow \quad a \leqq -3$

3) $x^2 - 2\cdot(a+b)\cdot x + 4ab = 0$

$$x_{1,2} = \frac{2\cdot(a+b) \pm \sqrt{4\cdot(a+b)^2 - 16ab}}{2}$$

Nebenrechnung:

$4\cdot(a+b)^2 - 16ab = 4\cdot(a^2 + 2ab + b^2) - 16ab =$

$= 4a^2 - 8ab + 4b^2 = 4\cdot(a-b)^2$

$$x_{1,2} = \frac{2\cdot(a+b) \pm \sqrt{4\cdot(a-b)^2}}{2}$$

$$x_{1,2} = \frac{2a + 2b \pm (2a - 2b)}{2}$$

$$\left.\begin{array}{l} x_1 = \frac{4a}{2} \Rightarrow x_1 = 2a \\ x_2 = \frac{4b}{2} \Rightarrow x_2 = 2b \end{array}\right\} \quad \mathbb{L} = \{2a; 2b\}$$

Übung 1

Gib die Lösungen immer mit rationalem Nenner an.

Gleichung	$\mathbb{L}$	definiert für
$x^2 = a$		
$x^2 = a - 4$		
$x^2 = a^2 - b$		
$x^2 = a + b$		
$a^2x^2 = 4$		
$ax^2 = 4$		
$ax^2 = b$		

Übung 2 **Ergänze quadratisch und löse die Gleichung.**

a) $x^2 - 2ax = 3a^2 \quad \Rightarrow \quad (\qquad)^2 = \qquad$ $\mathbb{L} =$

b) $x^2 + 4ax - 3a^2 = 18a^2$

$\mathbb{L} =$

c) $x^2 + 2x - a^2 = 3 - 4a$

$\mathbb{L} =$

d) $x^2 - 2ax + 4ab - 4b^2 = 0$

$\mathbb{L} =$

Übung 3 **Verwende die Formel.**

a) $x^2 + ax - 2bx = 2ab$ $\mathbb{L} =$

b) $x^2 + 3ab - b^2 - 3ax = 0$ $\mathbb{L} =$

c) $x^2 + 2x - 2ax + a^2 - 2a = 0$ $\mathbb{L} =$

d) $x^2 - (a+1) \cdot x = 2a^2 - 5a + 2$ $\mathbb{L} =$

Übung 4 **Verwende die Formel. Gib an, für welche Variablen die Lösungsmenge definiert ist.**

a) $x^2 - a^2 = 2x^2 - 4bx + 2b^2$

$\mathbb{L} =$

definiert für

b) $x^2 = 2ax - a^2 + b$

$\mathbb{L} =$

definiert für

c) $x^2 - 2x \cdot (a+b) + (a-b)^2 = 0$

$\mathbb{L} =$

definiert für

Übung 5 **Bei der Gleichung $a\sqrt{b}x^2 + ax - \sqrt{b}x - 1 = 0$ erfüllen die Variablen die nachgenannten Bedingungen. Gib jeweils die zugehörige Lösungsmenge mit rationalem Nenner an:**

a) $a \neq 0 \wedge b > 0$ $\mathbb{L} =$

b) $a \neq 0 \wedge b \leqq 0$ $\mathbb{L} =$

c) $a \neq 0 \wedge b = 0$ $\mathbb{L} =$

d) $a = 0 \wedge b = 0$ $\mathbb{L} =$

4 Vermischte Aufgaben I

Übung 1

Gib die quadratische Ergänzung und die Lösungsmenge an.

a) $x^2 + 4x - 1 = 11$ $\quad (\quad)^2 = \quad$ $\mathbb{L} =$

b) $x^2 + 6x + 2 = 18$ $\quad \mathbb{L} =$

c) $x^2 - 8x = 20$ $\quad \mathbb{L} =$

d) $x^2 - 10 = 4x + 50$ $\quad \mathbb{L} =$

e) $x^2 + 6ax = 40a^2$ $\quad \mathbb{L} =$

f) $x^2 - 6ax = 4b^2 + 12ab$

$\mathbb{L} =$

Übung 2

Verwende die Formel.

a) $x^2 - 6x + 8 = 0$ $\quad \mathbb{L} =$

b) $x^2 - 2x - 8 = 0$ $\quad \mathbb{L} =$

c) $2x^2 + x - 15 = 0$ $\quad \mathbb{L} =$

d) $10x^2 - 21x + 8 = 0$ $\quad \mathbb{L} =$

Übung 3

Wende die Formel auch bei Gleichungen mit Formvariablen an.

a) $x^2 - ax + bx - ab = 0$ $\quad \mathbb{L} =$

b) $x^2 - 5ax + 6a^2 = 0$ $\quad \mathbb{L} =$

c) $4x^2 + 2ax + 2bx + ab = 0$ $\quad \mathbb{L} =$

d) $3x^2 - 4ax - 6bx + 8ab = 0$ $\quad \mathbb{L} =$

Übung 4

Bringe zuerst auf die Form $ax^2 + bx + c = 0$ und wende dann die Formel an:

a) $2x^2 + 7x - 140 = 14 - x$ $\quad \mathbb{L} =$

b) $2x \cdot (x + 8) + 11 = 1 - x \cdot (x + 1)$ $\quad \mathbb{L} =$

c) $2 \cdot (x - 2)^2 = (x + 7)^2 - 62$ $\quad \mathbb{L} =$

Übung 5

Wie Übung 4, jedoch mit Formvariablen:

a) $2 \cdot (x - a)^2 + x \cdot (2b + 3a) - ab - 2a^2 = 0$ $\quad \mathbb{L} =$

b) $3 \cdot (x - a)(x + a) + 3a^2 \cdot (1 - x) - 2b \cdot (x - a^2) = 0$ $\quad \mathbb{L} =$

Übung 6

Substituiere $x^2 = u$:

a) $x^4 - 3x^2 - 4 = 0$ $\mathbb{L} =$

b) $x^4 - 34x^2 + 225 = 0$ $\mathbb{L} =$

c) $x^4 - x^2 = 40\cdot(x^2 - 10)$ $\mathbb{L} =$

Übung 7

Löse die Gleichung nach dem Prinzip $|x - a|^2 = (x - a)^2$.

a) $|x^2 - 4| = 4$ $\mathbb{L} =$

b) $|x^2 + 4| = x^2$ $\mathbb{L} =$

c) $|5x^2 - 1| = |3x^2 + 1|$ $\mathbb{L} =$

d) $|x^2 + 3| - |2x^2 - 3| = 0$ $\mathbb{L} =$

e) $|x - a| = |3x + a|$ $\mathbb{L} =$

f) $|x^2 - (a + b)| = (a - b) \wedge a \geqq 0 \wedge b \geqq 0$ $\mathbb{L} =$

Übung 8

Substituiere die Klammerterme.

a) $(x - 5)^2 - 6\cdot(x - 5) + 8 = 0$ $\mathbb{L} =$

b) $(2x + 3)^2 - 2\cdot(2x + 3) = 8$ $\mathbb{L} =$

c) $(3 - x)^2 + 7\cdot(3 - x) + 12 = 0$ $\mathbb{L} =$

d) $(x^2 + 5x - 1)^2 + 2\cdot(x^2 + 5x - 1) = 35$ $\mathbb{L} =$

e) $(x^2 - a)^2 - 2a\cdot(x^2 - a) + a^2 = 0 \wedge a \geqq 0$ $\mathbb{L} =$

f) $(x + b)^2 - 2a\cdot(x + b) + b\cdot(2a - b) = 0 \wedge a > b$ $\mathbb{L} =$

Übung 9

Substituiere Klammer- und/oder Wurzelterme:

a) $x - 5\sqrt{x} - 500 = 0$ $\mathbb{L} =$

b) $x - 20\sqrt{x} + 64 = 0$ $\mathbb{L} =$

c) $(\sqrt{x} - 5)^2 - 55 = 6\cdot(\sqrt{x} - 5)$ $\mathbb{L} =$

d) $(x - \sqrt{x})^2 - (x - \sqrt{x}) - 2 = 0$ $\mathbb{L} =$

e) $(\sqrt{2x} + 4)^2 - 12\cdot(\sqrt{2x} + 4) + 32 = 0$ $\mathbb{L} =$

f) $x^2 - 9x + 9 - 4\cdot\sqrt{x^2 - 9x + 9} + 3 = 0$ $\mathbb{L} =$

g) $(x - 2a) - (a + b)\sqrt{x - 2a} + ab = 0$ $\mathbb{L} =$

5 Koeffizientensatz von Vieta, Linearfaktoren

- $ax^2 + bx + c = 0 \wedge a \neq 0$ dividiert durch a gibt die Normalform:

  $x^2 + px + q = 0$ mit $p = \frac{b}{a}$ und $q = \frac{c}{a}$.

- Nach Vieta gilt: $p = -(x_1 + x_2)$ und $q = x_1 x_2$
- Ein Produkt ist null, wenn einer der Faktoren null ist.

Beispiel 1

$2x^2 - 2x - 24 = 0$ gibt die Normalform $x^2 - x - 12 = 0$.

$q = -12 \Rightarrow x_1 \cdot x_2 = -12 < 0$ **I**

$\Rightarrow$ Die Lösungen x_1 und x_2 haben verschiedene Vorzeichen.

$p = -1 \Rightarrow x_1 + x_2 = 1 > 0$ **II**

$\Rightarrow$ Die Lösung mit dem größeren Betrag ist positiv.

Verbleibende Kombinationen entsprechend **I** und **II**:

$-12 = x_1 \cdot x_2$	$x_1 + x_2$
$-12 = 12 \cdot (-1)$	$12 - 1 = 11$
$-12 = 6 \cdot (-2)$	$6 - 2 = 4$
$-12 = 4 \cdot (-3)$	$4 - 3 = 1 \quad (= -p)$

$x^2 - x - 12 = 0 \Rightarrow (x + 3)(x - 4) = 0 \Rightarrow \mathbb{L} = \{-3; 4\}$

Beispiel 2

Zerlege in Linearfaktoren:

$$x^3 - 3x^2 - 10x = 0$$
$$x \cdot (x^2 - 3x - 10) = 0$$
$$x \cdot (x - 5)(x + 2) = 0 \Rightarrow \mathbb{L} = \{-2; 0; 5\}$$

Übung 1

Die Lösungen x_1 und x_2 sind gegeben. Berechne p und q und gib die Gleichung in der Normalform an:

a) $x_1 = 2$; $x_2 = 5$ $p =$ $q =$

b) $x_1 = -2$; $x_2 = 5$ $p =$ $q =$

c) $x_1 = 2$; $x_2 = -5$ $p =$ $q =$

d) $x_1 = -2$; $x_2 = -5$ $p =$ $q =$

e) $x_1 = 4$; $x_2 = -4$ $p =$ $q =$

f) $x_1 = 0$; $x_2 = -3$ $p =$ $q =$

Übung 2

Gib die quadratische Gleichung in Normalform an.

a) $x_1 = 2 + \sqrt{3}$; $x_2 = 2 - \sqrt{3}$

b) $x_1 = -3 - \sqrt{5}$; $x_2 = 3 - \sqrt{5}$

c) $x_1 = a - \sqrt{a}$; $x_2 = a + \sqrt{a}$; $a \geqq 0$

Übung 3

x_1 ist gegeben, berechne x_2 und p.

a) $x^2 + px + 42 = 0 \wedge x_1 = 2$ $x_2 =$ $p =$

b) $x^2 + px - 18 = 0 \wedge x_1 = 3$ $x_2 =$ $p =$

c) $x^2 + px + 2a^2 = 0 \wedge x_1 = -2a$ $x_2 =$ $p =$

Übung 4

x_1 ist gegeben, berechne x_2 und q.

a) $x^2 + 5x + q = 0 \wedge x_1 = -7$ $x_2 =$ $q =$

b) $x^2 - 14x + q = 0 \wedge x_1 = 12$ $x_2 =$ $q =$

c) $x^2 - 2x\sqrt{2} + q = 0 \wedge x_1 = \sqrt{2}$ $x_2 =$ $q =$

d) $x^2 + 3ax + q = 0 \wedge x_1 = -a$ $x_2 =$ $q =$

Übung 5

Die Lösungen lassen sich durch Kopfrechnen direkt aus den Koeffizienten entnehmen:

a) $x^2 - x - 20 = 0$ $\mathbb{L} =$

b) $x^2 + 9x + 20 = 0$ $\mathbb{L} =$

c) $x^2 + 16x + 60 = 0$ $\mathbb{L} =$

d) $x^2 - 4x - 60 = 0$ $\mathbb{L} =$

e) $x^2 - (1 + \sqrt{5}) + \sqrt{5} = 0$ $\mathbb{L} =$

f) $x^2 + (a + b) \cdot x + ab = 0$ $\mathbb{L} =$

Übung 6

Verwandle in ein Produkt aus Linearfaktoren und gib die Lösungsmenge an:

a) $x^3 + 2x^2 - 8x = 0$

$\mathbb{L} =$

b) $x^2 \cdot (x + 2) - 9 \cdot (x + 2) = 0$

$\mathbb{L} =$

c) $x \cdot (x - 3) + 2x - 6 = 0$

$\mathbb{L} =$

d) $x^2 \cdot (2x - 3) - 5x \cdot (2x - 3) + 6 \cdot (2x - 3) = 0$

$\mathbb{L} =$

6 Quadratische Funktion, Parabel

Die quadratische Funktion $f(x)$: $y = ax^2 + bx + c$ mit $a \neq 0$ ist zugleich auch die Gleichung einer Parabel.

Beispiel

$y = x^2 - 4x - 1$ Berechne die Koordinaten des Scheitels S.

$$y = x^2 - 4x - 1$$
$$y = (x^2 - 4x + 4) - 4 - 1$$
$$y = (x-2)^2 - 5$$
$$y + 5 = (x-2)^2$$

$\Rightarrow \quad x_S = 2; \; y_S = -5 \quad \Rightarrow \quad S(2 \mid -5)$

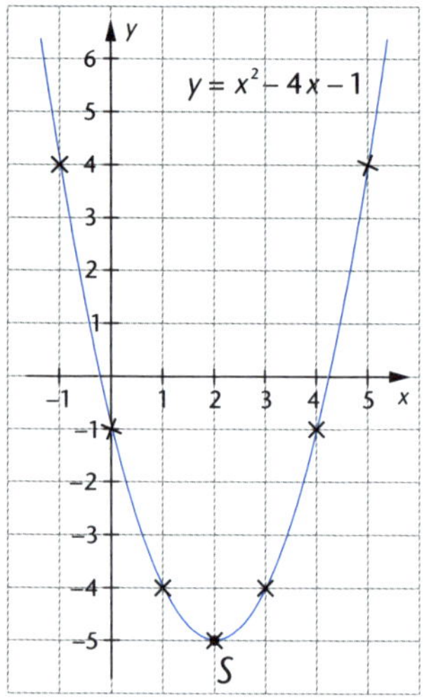

Stelle die Wertetabelle auf und zeichne die Parabel.

x	–1	0	1	2	3	4	5
y	4	–1	–4	–5	–4	–1	4

Beachte die Symmetrie zur Achse $x_S = 2$!

Eine Gleichung der Form $y = 2p \cdot (x - x_S)^2 + y_S$ heißt auch *Scheitelgleichung* der Parabel; p ist ihr *Parameter*.

Beispiel

$$y = (8x - 16)^2 + 3$$
$$y = 8^2 \cdot (x-2)^2 + 3$$
$$y = 64 \cdot (x-2)^2 + 3 \quad \Rightarrow \quad x_S = 2; \quad y_S = 3 \quad \Rightarrow \quad S(2 \mid 3)$$

Übung 1

Lies die Koordinaten des Scheitels ab:

a) $y - 2 = (x-1)^2$ S(   )

b) $y + 2 = (x-1)^2$ S(   )

c) $y = 3 \cdot (x+1)^2 - 2$ S(   )

d) $y = (x+1)^2 + 2$ S(   )

e) $y = x^2$ S(   )

f) $y = x^2 - 5$ S(   )

g) $y - 5 = x^2$ S(   )

h) $y = 7 \cdot (x-5)^2$ S(   )

i) $y = -2 \cdot (x+5)^2$ S(   )

Übung 2

Forme um und gib die Koordinaten des Scheitels an.

a) $y = x^2 - 4x$ $y =$ ______ $S($ ______ $)$

b) $y = x^2 + 4x + 1$ $y =$ ______ $S($ ______ $)$

c) $y = -x^2 - 4x + 2$ $y =$ ______ $S($ ______ $)$

d) $y = 2x^2 - 16x$ $y =$ ______ $S($ ______ $)$

e) $y = -2x^2 - 4x$ $y =$ ______ $S($ ______ $)$

f) $y = 3x^2 + 12x - 5$ $y =$ ______ $S($ ______ $)$

g) $y = -3x^2 + 6x - 2$ $y =$ ______ $S($ ______ $)$

Übung 3

Bestimme die Nullstellen N_1 und N_2 (Schnittpunkte mit der x-Achse bei $y = 0$), den Scheitel S und den Schnittpunkt T mit der y-Achse ($x = 0$).

a) $y = x^2 - 4x - 5$

$N_1($ ______ $)$ $N_2($ ______ $)$ $S($ ______ $)$ $T($ ______ $)$

b) $y = x^2 - 10x + 21$

$N_1($ ______ $)$ $N_2($ ______ $)$ $S($ ______ $)$ $T($ ______ $)$

c) $y = -4x^2 - 8x + 60$

$N_1($ ______ $)$ $N_2($ ______ $)$ $S($ ______ $)$ $T($ ______ $)$

Übung 4

Berechne die beiden Nullstellen, den Scheitel und den Schnittpunkt mit der y-Achse.
Die beiden Nullstellen liegen symmetrisch zur Symmetrieachse der Parabel. Ergänze die Wertetabelle links und rechts zur Symmetrieachse um jeweils 3 ganzzahlige Werte.
Zeichne die Parabeln auf einem Extrablatt in ein gemeinsames Achsenkreuz.

a) $y = 0{,}5x^2 - 2$ $N_1($ ______ $)$ $N_2($ ______ $)$ $S($ ______ $)$ $T($ ______ $)$

x							
y							

b) $y = -x^2 + 2x + 3$ $N_1($ ______ $)$ $N_2($ ______ $)$ $S($ ______ $)$ $T($ ______ $)$

x							
y							

7 Textaufgaben; Geometrie

Die Fläche A ist beim Rechteck:

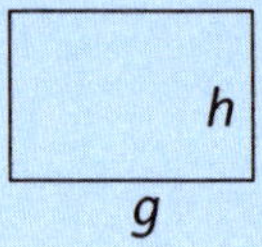

$A = g \cdot h$

beim Dreieck:

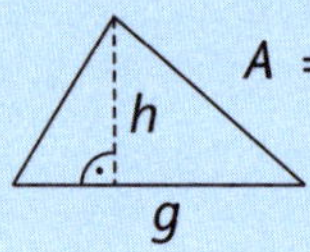

$A = \frac{1}{2} g \cdot h$

Beispiel

Eine rechteckige Spielwiese hat eine Fläche von 4 a.
Der Unterschied zwischen Länge und Breite beträgt 30 m.
Berechne die Maße.

Schritt 1 (bei Bedarf): Anpassen der Größen
$4\ \text{a} = 400\ \text{m}^2$

Schritt 2 Buchstaben für die unbekannten Zahlen
Ist die Breite x m, so ist die Länge $(x - 30)$ m.

Schritt 3 Ansatz und (falls erforderlich) die Definitionsmenge $\mathbb{D}$
$x \cdot (x - 30) = 400 \qquad \mathbb{D} = \mathbb{R}^+$

Schritt 4 Berechnung
$x^2 - 30x - 400 = 0 \quad \Rightarrow \quad x_{1,2} = \frac{30 \pm \sqrt{900 + 1600}}{2}$
$x_1 = 80; \quad (x_1 - 30) = 50$
$x_2 = -50 \notin \mathbb{D}$

Schritt 5 Antwort
Die Spielwiese ist 80 m lang und 50 m breit.

Übung 1

Gib den Ansatz, die Definitionsmenge und den Antwortsatz an:

a) Das Produkt zweier natürlicher Zahlen, die sich um 5 unterscheiden, ist 14. Wie heißen diese Zahlen?

______ $\mathbb{D}$ = ______

Die beiden Zahlen sind ______ und ______.

b) Das 8-fache einer Zahl erhält man auch, wenn man deren Quadrat um 9 vermindert. Wie heißt die Zahl?

______ $\mathbb{D}$ = ______

Die gesuchte Zahl ist ______.

c) Subtrahiert man das 12-fache einer Zahl von ihrem Quadrat, so erhält man 28. Wie heißt die Zahl?

______ $\mathbb{D}$ = ______

Die gesuchte Zahl ist ______.

d) Multipliziert man eine positive Zahl mit der um 6 vermehrten Zahl, so erhält man 55. Wie heißt diese Zahl?

____________ $\mathbb{D}$ = ____

Die positive Zahl ist ____ .

e) Subtrahiert man von 28 eine natürliche Zahl, so erhält man das Quadrat dieser um 2 vermehrten Zahl. Wie heißt diese Zahl?

____________ $\mathbb{D}$ = ____

Die gesuchte natürliche Zahl ist ____ .

Übung 2

Bei den folgenden Aufgaben ist das brauchbare Ergebnis stets eine positive, reelle Zahl oder $\mathbb{D} = \mathbb{R}^+$. Trage jeweils die Lösungen ein:

a) Ein rechteckiges Grundstück ist um 20 m länger als breit. Die Fläche beträgt 7125 m^2. Berechne Länge und Breite.

Das Grundstück ist ____ m breit und ____ m lang.

b) Ein Quadrat wird an einer Seite mit einem 7 m breiten Streifen zu einem Rechteck mit der Fläche 120 m^2 ergänzt. Berechne die Seitenlänge des ursprünglichen Quadrates.

Das ursprüngliche Quadrat hat eine Seitenlänge von ____ m.

c) Von einem 1 m langem Stoffband werden 5 quadratische Tücher abgeschnitten. Es bleibt vom Stoffband ein Stück der Fläche 375 cm^2 übrig. Wie breit ist das Stoffband?

Das Stoffband ist ____________ .

Wie lang ist der verbliebene Rest?

Der verbliebene Rest ist ____________ .

8 Berechnungen zur Geometrie

Bei einem rechtwinkligen Dreieck mit den Katheten a und b und der Hypotenuse c gilt der

Satz von Pythagoras:

$a^2 + b^2 = c^2$

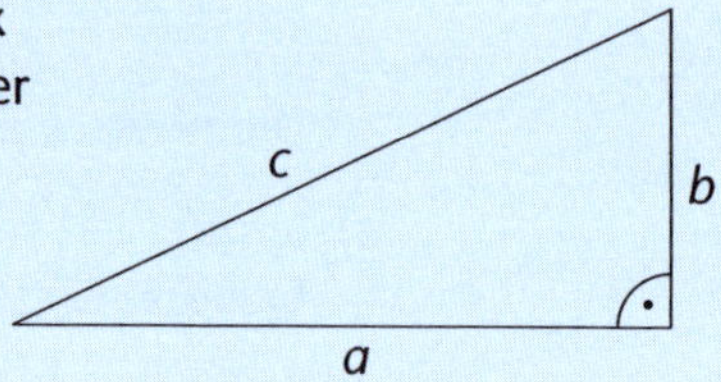

Übung 1

Trage die Ergebnisse der Berechnungen ein. Es gilt stets $\mathbb{D} \subseteq \mathbb{R}^+$.

a) Wird bei einem Quadrat eine Seite verdreifacht, die andere halbiert, so erhält man ein Rechteck, das um 450 cm² größer ist als das gegebene Quadrat.
Berechne Quadratseite und Fläche.

Die Quadratseite misst ______ cm, die Fläche beträgt ______ cm².

b) Wird bei einem Quadrat eine Seite um 2 cm verkleinert, die andere um 5 cm verlängert, so erhält man ein Rechteck von 30 cm².
Wie lang ist die Quadratseite und wie groß ist die Fläche?

Das Quadrat hat eine Seitenlänge von ______ cm und eine Fläche von ______ cm².

c) Ein rechteckiger Blumengarten ist 14 m lang und 10 m breit.
Um welche gleiche Strecke müssen Länge und Breite vergrößert werden, damit man 81 m² mehr für den Blumengarten zur Verfügung hat?

Man muss Länge und Breite um ______ m vergrößern.

d) Bei einem quadratischen Zimmer ist die Seite um 2,2 m kürzer als bei einem zweiten, ebenfalls quadratischen Raum. Beide Zimmer haben zusammen eine Fläche von 54,44 m².
Berechne die Quadratseiten.

Bei dem einen Zimmer ist die Seitenwand ______ m lang, beim anderen ______ m.

e) Ein quaderförmiger 3 m hoher Steinblock mit quadratischer Grundfläche hat eine Oberfläche von 46,98 m².
Berechne die Quadratseiten und den Rauminhalt.

Die Quadratseite misst ______ m, der Rauminhalt beträgt ______ m³.

Übung 2

Auch bei diesen Aufgaben ist stets $\mathbb{D} \subseteq \mathbb{R}^+$.

a) Eine Kathete ist um 5 cm länger als die andere. Das Dreieck hat eine Fläche von 25 cm^2.
Berechne Katheten und Hypotenuse.

Die eine Kathete ist ______ cm lang, die andere ______ cm,

die Hypotenuse misst ______ cm.

b) Eine Kathete ist 14 cm kürzer als die andere, die Hypotenuse misst 26 cm. Berechne die Katheten.

Die eine Kathete ist ______ cm lang, die andere ______ cm.

c) Bei einem rechtwinkligen Dreieck ist die Hypotenuse um 17 cm länger als die eine Kathete, diese um 17 cm länger als die zweite Kathete. Berechne Katheten und Hypotenuse.

Die Katheten messen ______ cm und ______ cm,

die Hypotenuse ist ______ cm lang.

d) Bei einem Rechteck mit dem Umfang 102 cm ist die Diagonale 39 cm lang. Berechne Länge und Breite und Fläche des Rechtecks.

Die Rechteckseiten sind ______ cm und ______ cm lang, die Fläche beträgt ______ cm^2.

9 Vermischte Aufgaben II

Übung 1

Forme die Gleichung der Parabel in die Scheitelgleichung um, gib – falls vorhanden – die Nullstellen an, berechne den Scheitel *S* und den Schnittpunkt *T* mit der *y*-Achse.

a) $y = 3x^2 + 24x + 36 \quad \Leftrightarrow$ ______

$N_1($ ______ $)$ $N_2($ ______ $)$ $S($ ______ $)$ $T($ ______ $)$

b) $y = 2x^2 - 12x + 10 \quad \Leftrightarrow$ ______

$N_1($ ______ $)$ $N_2($ ______ $)$ $S($ ______ $)$ $T($ ______ $)$

c) $3y - 3x^2 = 75 - 6x \quad \Leftrightarrow$ ______

$N_1($ ______ $)$ $N_2($ ______ $)$ $S($ ______ $)$ $T($ ______ $)$

Übung 2

Gib den Ansatz und die Definitionsmenge an.

a) Die Summe aus einer Zahl und ihrem 3-fachen Kehrwert gibt 4. Wie heißt diese Zahl?

______ $\mathbb{D} =$ ______

Diese Zahl ist ______.

b) Teilt man 12 durch eine Zahl, so erhält man die um 1 vermehrte Zahl. Wie heißt die Zahl?

______ $\mathbb{D} =$ ______

Diese Zahl ist ______.

Übung 3

Bei dieser Übung ist $\mathbb{D} \subseteq \mathbb{R}$.

Ein Bilderrahmen ist 24 cm breit und 32 cm hoch.

a) Ein Foto in der Mitte belegt die Hälfte der Fläche und hat von dem Rahmen allseits den gleichen Abstand. Wie groß ist dieser Abstand?

Der Abstand bis zum Rahmen beträgt ______ cm.

b) Eine Faustregel besagt: Die günstigste Entfernung, um ein Bild zu betrachten, ist gleich der Diagonale des Bildes.
Aus welcher Entfernung sollte man das Foto betrachten?

Die günstigste Entfernung beträgt (aufgerundet) ______ cm.

Übung 4

Wie lauten die quadratischen Gleichungen, deren Lösungen bekannt sind, in Normalform?

a) $x_1 = -4;\quad x_2 = 3$

b) $x_1 = -10;\quad x_2 = -6$

c) $x_1 = -a;\quad x_2 = 1$

d) $x_1 = \sqrt{7};\quad x_2 = -\sqrt{7}$

Übung 5

Berechne x_2 und p bzw. q.

a) $x^2 - 5x + q = 0 \qquad x_1 = +7; \qquad x_2 = \qquad q =$

b) $x^2 + px - \sqrt{6} = 0 \qquad x_1 = \sqrt{2} \qquad x_2 = \qquad p =$

c) $x^2 + 3ax + q = 0 \qquad x_1 = -a \qquad x_2 = \qquad q =$

d) $x^2 + q = 0 \qquad x_1 = \sqrt{6} \qquad x_2 = \qquad q =$

e) $x^2 + px = 0 \qquad x_1 = -a \qquad x_2 = \qquad p =$

Übung 6

Gib die Lösungsmenge an.

a) $(2x - 8)(3x + 27)(x - 1{,}5)(x - \sqrt{7})\cdot x = 0 \qquad \mathbb{L} =$

b) $x^2\cdot(x - a)(x + a)(2x + 3b) = 0 \qquad \mathbb{L} =$

c) $(x^2 + 1)(x^2 - 4)\cdot x = 0 \qquad \mathbb{L} =$

Übung 7

Zerlege in Linearfaktoren. Verwende dazu binomische Formeln.

a) $x^2 - 81 = 0$

b) $x^2 - 4x + 4 = 0$

c) $4x^2 - a^2 = 0$

d) $(x - 2a)^2 - a^2 = 0$

e) $(x - 3a)^2 - (2x + 9a)^2 = 0$

Übung 8

Zerlege in Linearfaktoren und gib die Lösungsmenge an.

a) $x\cdot(x - 5) - 11\cdot(x - 5) = 0$

$\mathbb{L} =$

b) $x^2\cdot(x + 2) - 9x - 18 = 0$

$\mathbb{L} =$

10 Quadratische Ungleichungen

Aus $a > b$ folgt:
$a + c > b + c$ und $a - c > b - c$
$a \cdot c > b \cdot c$ für $c > 0$ und $a \cdot c < b \cdot c$ für $c < 0$

Aus $a > b > 0$ oder $|a| > |b|$ folgt: $a^2 > b^2$

Beispiel 1

$x^2 + 2x - 15 > 0$

Zerlegung in Linearfaktoren:

$x^2 + 2x - 15 > 0 \quad \Rightarrow \quad (x + 5)(x - 3) > 0$

Das Produkt ist positiv, wenn die Faktoren entweder beide positiv oder beide negativ sind:

$x + 5 > 0 \wedge x - 3 > 0 \quad \Rightarrow \quad x > -5 \wedge x > 3 \quad \Rightarrow \quad x > 3$
$x + 5 < 0 \wedge x - 3 < 0 \quad \Rightarrow \quad x < -5 \wedge x < 3 \quad \Rightarrow \quad x < -5$
$\mathbb{L} = \{x \mid x < -5 \vee x > 3\}$

Beispiel 2

$x^2 + 2x + 15 > 0$

Eine Zerlegung in Linearfaktoren gelingt nicht, denn die Lösung der Gleichung $x^2 + 2x + 15 = 0$ ist kein Element aus $\mathbb{R}$:

$$x_{1,2} = \frac{-2 \pm \sqrt{4 - 60}}{2}$$

In solchen Fällen ist die Ungleichung immer wahr oder immer falsch.
Zur einfachen Feststellung setzen wir $x = 0$ ein (eine der vielen Möglichkeiten):

$0 + 15 > 0$ (wahr); demnach gilt: $\mathbb{L} = \mathbb{R}$

Gegenbeispiel: $x^2 + 2x + 15 < 0$

$x = 0$ eingesetzt: $0 + 15 < 0$ (falsch); demnach gilt: $\mathbb{L} = \{\,\}$

Übung 1

Gib die Lösungsmenge an.

a) $(x - 2)(x - 5) > 0$ $\mathbb{L} =$

b) $(x - 2)(x + 5) > 0$ $\mathbb{L} =$

c) $(x + 2)(x + 5) > 0$ $\mathbb{L} =$

d) $(x + 2)(x - 5) > 0$ $\mathbb{L} =$

Übung 2

Beachte: Jetzt ist abwechselnd eine Klammer größer null, die andere kleiner null.

a) $(x-3)(x-7) < 0$ $\mathbb{L} =$

b) $(x-3)(x+7) < 0$ $\mathbb{L} =$

c) $(x+3)(x+7) < 0$ $\mathbb{L} =$

d) $(x+3)(x-7) < 0$ $\mathbb{L} =$

Übung 3

Beachte die Regel beim Multiplizieren mit (–1).

a) $-x\cdot(x-3) \geqq 0$ $\mathbb{L} =$

b) $-x\cdot(x+3) > 0$ $\mathbb{L} =$

c) $(x-4)(7-x) \leqq 0$ $\mathbb{L} =$

Übung 4

Pass auf: die Null!

a) $(x-5)^2 > 0$ $\mathbb{L} =$

b) $(x+2)^2 \leqq 0$ $\mathbb{L} =$

Übung 5

Binomische Formeln!

a) $x^2-9 > 0$ $\mathbb{L} =$

b) $x^2-9 \leqq 0$ $\mathbb{L} =$

c) $x^2-4x+4 \geqq 0$ $\mathbb{L} =$

d) $x^2-4x+4 \leqq 0$ $\mathbb{L} =$

Übung 6

Zerlege – falls möglich – in Linearfaktoren.

a) $x^2+8x+7 > 0$ $\mathbb{L} =$

b) $x^2+8x+7 \leqq 0$ $\mathbb{L} =$

c) $x^2+3x-10 \geqq 0$ $\mathbb{L} =$

d) $x^2+3x-10 < 0$ $\mathbb{L} =$

e) $2x^2-10x+16 \leqq 0$ $\mathbb{L} =$

f) $-3x^2+6x-30 < 0$ $\mathbb{L} =$

Übung 7

Verwandle in ein Produkt aus Linearfaktoren und gib die Lösungsmenge an.

a) $2x^2-11x+20 > 5\cdot(x-2)$ $\mathbb{L} =$

b) $-2x^2+11x-20 \geqq 5\cdot(2-x)$ $\mathbb{L} =$

c) $x^2-5x+24 < 2x^2-15x+49$ $\mathbb{L} =$

11 Die Diskriminante

$ax^2 + bx + c = 0 \wedge a \neq 0$ hat die Lösung

$$x_{1,2} = \frac{-b \pm \sqrt{D}}{2a}$$ mit der *Diskriminanten* $D = b^2 - 4ac$.

Es gibt bei
- $D > 0$: zwei Lösungen in $\mathbb{R}$,
- $D = 0$: eine Lösung in $\mathbb{R}$ (auch *Doppellösung* oder *Lösung zweiten Grades*),
- $D < 0$: keine Lösung in $\mathbb{R}$.

Beispiel

$x^2 - \lambda x + 4 = 0 \quad \Rightarrow \quad D = \lambda^2 - 16$ (λ, lies: „lambda")

2 Lösungen für	$\lambda^2 - 16 > 0$	$\Rightarrow$	$\lambda < -4 \vee \lambda > 4$
1 Lösung für	$\lambda^2 - 16 = 0$	$\Rightarrow$	$\lambda = -4 \vee \lambda = 4$
keine Lösung für	$\lambda^2 - 16 < 0$	$\Rightarrow$	$-4 < \lambda < 4$

Übung 1

Berechne die Diskriminante und gib die Anzahl der Lösungen an.

a) $x^2 + x - 2 = 0$ $D =$ ___ ___ Lösung(en)

b) $x^2 + 2x + 1 = 0$ $D =$ ___ ___ Lösung(en)

c) $x^2 + 2x + 2 = 0$ $D =$ ___ ___ Lösung(en)

d) $x^2 - 6x - 15 = 0$ $D =$ ___ ___ Lösung(en)

e) $3x^2 + 9x + 5 = 0$ $D =$ ___ ___ Lösung(en)

f) $3x^2 + 9x + 10 = 0$ $D =$ ___ ___ Lösung(en)

g) $5x^2 - 20x + 20 = 0$ $D =$ ___ ___ Lösung(en)

h) $5x^2 - 20x - 20 = 0$ $D =$ ___ ___ Lösung(en)

Übung 2

Bestimme die Formvariable (den Parameter) λ so, dass die Gleichung nur eine Lösung hat. Gib diese an.

a) $x^2 - 6x + \lambda = 0$ $\lambda =$ ___ $\mathbb{L} =$ ___

b) $x^2 + 8x + \lambda = 0$ $\lambda =$ ___ $\mathbb{L} =$ ___

c) $4x^2 - 8x + (\lambda + 6) = 0$ $\lambda =$ ___ $\mathbb{L} =$ ___

d) $3x^2 + 30x + (5 - \lambda) = 0$ $\lambda =$ ___ $\mathbb{L} =$ ___

Übung 3

Die folgenden Gleichungen mit $\lambda \neq 0$ oder $\lambda = 0$ haben nur eine Lösung. Gib λ an, sofern $\lambda \neq 0$ ist, ferner die Lösung der Gleichung, auch für $\lambda = 0$.

a) $\lambda x^2 - 10x + 25 = 0$ $\quad \lambda \neq 0$: $\lambda =$ $\quad \mathbb{L} =$

$\lambda = 0$: $\quad \mathbb{L} =$

b) $\lambda x^2 + 30x + 45 = 0$ $\quad \lambda \neq 0$: $\lambda =$ $\quad \mathbb{L} =$

$\lambda = 0$: $\quad \mathbb{L} =$

c) $\lambda x^2 - 6x - 3 = 0$ $\quad \lambda \neq 0$: $\lambda =$ $\quad \mathbb{L} =$

$\lambda = 0$: $\quad \mathbb{L} =$

Übung 4

Für die nächsten Gleichungen soll es nur eine Lösung geben. Diese Lösung ergibt zwei verschiedene Werte für λ $(\lambda_1 \neq \lambda_2)$ und zu jedem dieser λ-Werte gibt es nur ein Ergebnis. Gib zu jedem λ auch die zugehörige Lösungsmenge an.

a) $x^2 - 5\lambda x + 25 = 0$ $\quad \lambda_1 =$ $\quad \mathbb{L}_1 =$ $\quad \lambda_2 =$ $\quad \mathbb{L}_2 =$

b) $x^2 + 3\lambda x + 36 = 0$ $\quad \lambda_1 =$ $\quad \mathbb{L}_1 =$ $\quad \lambda_2 =$ $\quad \mathbb{L}_2 =$

c) $x^2 + \lambda x - \lambda = 0$ $\quad \lambda_1 =$ $\quad \mathbb{L}_1 =$ $\quad \lambda_2 =$ $\quad \mathbb{L}_2 =$

d) $2x^2 - 6\lambda x + 36\lambda = 0$ $\quad \lambda_1 =$ $\quad \mathbb{L}_1 =$ $\quad \lambda_2 =$ $\quad \mathbb{L}_2 =$

e) $\lambda x^2 - 2\lambda x + 4 = 0$ $\quad \lambda_1 =$ $\quad \mathbb{L}_1 =$ $\quad \lambda_2 =$ $\quad \mathbb{L}_2 =$

Übung 5

Welche Bedingung muss der Parameter (die Formvariable) *a*, *b* oder *c* erfüllen, damit die Gleichung zwei Lösungen hat?

a) $9x^2 + 6bx + 1 = 0$

b) $2x^2 - bx + 8 = 0$

c) $3x^2 - 6c + c = 0$

d) $2x^2 + 20x - 5c = 0$

e) $ax^2 + 10x - 5 = 0 \wedge a \neq 0$

f) $ax^2 - 12x + 9 = 0 \wedge a \neq 0$

Übung 6

Für welche Formvariablen haben die Gleichungen keine Lösung?

a) $5x^2 + bx + b = 0$

b) $ax^2 + 4x + a = 0$

c) $ax^2 + ax + 4 = 0$

12 Gerade und Parabel

Die Gleichung einer Geraden ist $g\colon\ y = mx + n$.
m ist die Steigung und n die Ordinate im Schnittpunkt $T(0;\, n)$ mit der y-Achse.

- Schneidet eine Gerade die Parabel (in 2 Punkten), so ist sie eine *Sekante*;
- berührt sie die Parabel (in einem Punkt), so ist sie eine *Tangente*;
- hat sie mit der Parabel keinen Punkt gemeinsam, so heißt sie *Passante*.

Alle *parallelen* Geraden haben die gleiche Steigung m. Sie unterscheiden sich im Schnittpunkt $T(0;\, n)$ mit der y-Achse durch die Ordinate n.

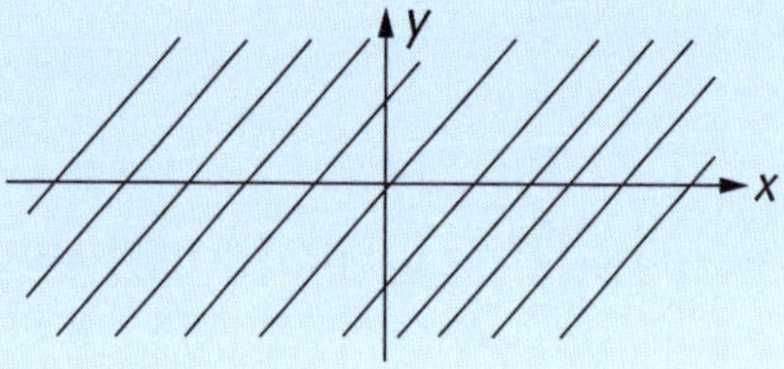

Beispiel

Gegeben sind die Parabel $f(x)\colon\ y = -x^2 - 6x - 7$ und die Gerade $g\colon\ y = 2x + 5$.

Schritt 1 Stelle fest, ob die Gerade Sekante, Tangente oder Passante ist.
Für mögliche gemeinsame Punkte gilt
$y = -x^2 - 6x - 7 \wedge y = 2x + 5$, somit:

$$-x^2 - 6x - 7 = 2x + 5$$
$$x^2 + 8x + 12 = 0$$

$D = 64 - 48 > 0 \quad \Rightarrow \quad$ Die Gerade ist eine Sekante.

Schritt 2 Bestimme die beiden Schnittpunkte P_1 und P_2.

$$x_{1,2} = \frac{-8 \pm \sqrt{64 - 48}}{2} \qquad x_1 = -2;\quad x_2 = -6$$

Wir setzen in $y = 2x + 5$ ein:
$x_1 = -2$ gibt $y_1 = 1$ $\quad P_1(-2\,|\,1)$
$x_2 = -6$ gibt $y_2 = -7$ $\quad P_2(-6\,|\,-7)$

Schritt 3 Welche Parallele zur gegebenen Geraden g berührt die Parabel (ist Tangente)?
Die Parallele hat die Gleichung: $g_n\colon\ y = 2x + n$

Für die Tangente an $f(x)$ hat $-x^2 - 6x - 7 = 2x + n$ nur *eine* Lösung ($D = 0$):

$x^2 + 8x + (7 + n) = 0$ ergibt: $D = 64 - 4\cdot(7 + n)$
$D = 0$: $\quad 64 - 4\cdot(7 + n) = 0$
$\Rightarrow \quad n = 9$
Die Tangente hat die Gleichung: $t\colon\ y = 2x + 9$

Übung 1

Für Parabel $f(x)$, Gerade g und Tangente t aus dem Beispiel soll

a) der Berührpunkt B der Tangente t ausgerechnet werden.

$B($ $)$

b) Gib die Parabel in Scheitelform und den Scheitel S an.

$y =$ S

c) Rechne auf einem gesonderten Blatt Wertetabellen für $f(x)$, g und t aus, zeichne Parabel und Geraden, trage B und S ein und sofern möglich (Platz!) auch P_1 und P_2.

Übung 2

Gegeben sind die Geraden g_1: $y = -4x + 3$, g_2: $y = 4x + 4$, g_3: $y = 4x - 5$ und g_4: $y = -8x - 13$.
Stelle fest, welche dieser Geraden eine Sekante, Tangente oder Passante zu der jeweiligen Parabel ist.

a) $y = x^2 - 2x + 4$ Sekante: Tangente: Passante:

b) $y = -2x^2 + 4x - 5$ Sekante: Tangente: Passante:

Übung 3

Wie lautet die Gleichung einer Tangenten t (parallel zur Geraden g) an die Parabel $f(x)$ und welche Koordinaten hat der Berührpunkt B?

a) $f(x)$: $y = x^2 - 2x - 3$ g: $y = 2x - 10$

t: B

b) $f(x)$: $y = 4x^2 - 6x - 5$ g: $y = -2x + 3$

t: B

Übung 4

Eine Parallele zur x-Achse hat die Gleichung g: $y = 5$.
Gegeben ist ferner eine Parabel mit der Gleichung $f(x)$: $y = x^2 - x - 1$.

a) Berechne die Schnittpunkte der Geraden mit der Parabel.

P_1 P_2

b) Welche Gleichung hat eine Tangente an die Parabel, parallel zu der gegebenen Geraden?

t:

13 Zwei Parabeln

Beispiel

Gegeben sind zwei Parabeln durch ihre Gleichungen:

$f_1(x)$: $y = x^2 + x$ und $f_2(x)$: $y = -x^2 - x + 4$

Schritt 1 Prüfe nach, ob die beiden Parabeln zwei Punkte gemeinsam haben ($D > 0$), nur einen ($D = 0$) oder keinen einzigen Punkt ($D < 0$).

Für mögliche gemeinsame Punkte gilt:

$y = x^2 + x \wedge y = -x^2 - x + 4$

$$\begin{aligned} \Rightarrow \quad x^2 + x &= -x^2 - x + 4 \\ 2x^2 + 2x - 4 &= 0 \\ x^2 + x - 2 &= 0 \quad \Rightarrow \quad D = 1 + 8 > 0 \end{aligned}$$

Die beiden Parabeln schneiden sich.

Schritt 2 Berechne die Schnittpunkte P_1 und P_2.

$$x_{1,2} = \frac{-1 \pm \sqrt{9}}{2} \qquad x_1 = -2\,; \quad x_2 = 1$$

In $y = x^2 + x$ eingesetzt:

$x_1 = -2$ gibt $y_1 = 2$ $P_1(-2 \mid 2)$
$x_2 = 1$ gibt $y_2 = 2$ $P_2(1 \mid 2)$

Haben die Parabeln $f_1(x)$: $y = a_1x^2 + b_1x + c_1$ und $f_2(x)$: $y = a_2x^2 + b_2x + c_2$ nur einen Punkt gemeinsam,

- so schneiden sie sich und ihre „Äste" verlaufen parallel, falls $a_1 = a_2$ ist;
- sie berühren einander, wenn $a_1 \neq a_2$ ist.

Übung 1

Gegeben ist die Parabel $f_1(x)$: $y = x^2 - 2x$.
Gib die Schnittpunkte P_1 und P_2 bzw. den Berührpunkt B mit der Parabel $f_2(x)$ an oder trage $f_1 \cap f_2 = \{\}$ ein, falls kein gemeinsamer Punkt vorhanden ist.
(Bei den vorliegenden Aufgaben ist stets $a_1 = 1$ und $a_2 \neq 1$. Daher ist im Falle eines einzigen gemeinsamen Punktes dieser Punkt ein Berührpunkt.)

a) $f_2(x)$: $y = -2x^2 + 4x$

b) $f_2(x)$: $y = -x^2 + 4$

c) $f_2(x)$: $y = 0{,}5x^2 - 2$

d) $f_2(x)$: $y = 0{,}5x^2 - x - 1$

Übung 2

Berechne die Schnittpunkte P_1 und P_2 der Parabeln:

a) $f_1(x)$: $y = x^2 + 2x - 5$ und $f_2(x)$: $y = -x^2 - 2x + 11$

P_1 ______ P_2 ______

b) $f_1(x)$: $y = 2x^2 - 5x - 5$ und $f_2(x)$: $y = x^2 - 3x - 2$

P_1 ______ P_2 ______

Übung 3

Die Parabeln $f_1(x)$ und $f_2(x)$ haben nur einen Punkt P gemeinsam. Berechne seine Koordinaten und gib an, ob es ein Berührungspunkt oder ein Schnittpunkt ist.

a) $f_1(x)$: $y = 2x^2 - 2x + 4$ $f_2(x)$: $y = 2x^2 + x - 2$

P ______ P ist ein ______.

b) $f_1(x)$: $y = 2x^2 - 2x + 4$ $f_2(x)$: $y = x^2 + 3$

P ______ P ist ein ______.

c) $f_1(x)$: $y = -2x^2 + 5x - 4$ $f_2(x)$: $y = x^2 - x - 1$

P ______ P ist ein ______.

Übung 4

Für welchen Parameter λ haben die Parabeln $f_1(x)$ und $f_2(x)$ keinen gemeinsamen Punkt?

a) $f_1(x)$: $y = \lambda x^2 + 7x + 2$

$f_2(x)$: $y = -x^2 + x - 1$ ______

b) $f_1(x)$: $y = x^2 + \lambda x$

$f_2(x)$: $y = -4x^2 - 5$ ______

c) $f_1(x)$: $y = x^2 + 3x + \lambda$

$f_2(x)$: $y = -3x^2 - 5x + 2$ ______

d) $f_1(x)$: $y = x^2 + \lambda x - \lambda$

$f_2(x)$: $y = -x^2 + 4x$ ______

14 Vermischte Aufgaben III

Übung 1

Gib bei den Ungleichungen die Lösungsmenge an.

a) $x \cdot (x-5) > 0$ $\mathbb{L} =$

b) $x \cdot (x+5) > 0$ $\mathbb{L} =$

c) $x \cdot (x-8) < 0$ $\mathbb{L} =$

d) $x \cdot (x+8) \leqq 0$ $\mathbb{L} =$

e) $x^2 \cdot (x-3) > 0$ $\mathbb{L} =$

f) $x^2 \cdot (x+3) < 0$ $\mathbb{L} =$

g) $5x^2 - 20x - 41 > 19$ $\mathbb{L} =$

h) $5x^2 - 20x - 41 < 19$ $\mathbb{L} =$

Übung 2

Zur Erinnerung: $|x-a| > |b| \Rightarrow (x-a)^2 > b^2$

a) $|x-5| > 0$ $\mathbb{L} =$

b) $|x-5| > 3$ $\mathbb{L} =$

c) $|x+5| < 3$ $\mathbb{L} =$

d) $|x-6| > |x+2|$ $\mathbb{L} =$

e) $|x+6| < |x-2|$ $\mathbb{L} =$

f) $|2x-5| < |x-4|$ $\mathbb{L} =$

Übung 3

Berechne die Diskriminante *D*.

a) $x^2 + 2x - 1 = 0$ $D =$

b) $x^2 - 6x + 15 = 0$ $D =$

c) $x^2 - 8x - 4 = 0$ $D =$

d) $x^2 - 8x + 4 = 0$ $D =$

Übung 4

Bestimme den Parameter (die Formvariable) λ so, dass die Gleichung nur eine Lösung hat. Gib λ und die Lösung an.

a) $4x^2 - 8x + (\lambda + 6) = 0$ $\lambda =$ $\mathbb{L} =$

b) $3x^2 + 30x + (5 - \lambda) = 0$ $\lambda =$ $\mathbb{L} =$

c) $-3x^2 + 36x - (5 \cdot \lambda + 8) = 0$ $\lambda =$ $\mathbb{L} =$

Übung 5

Welche Bedingung muss der Parameter u erfüllen, damit die Parabel $f(x)$ keine Nullstelle hat, die x-Achse somit weder berührt noch schneidet?
$f(x)$ ist gegeben durch:

a) $y = 2x^2 - 4x - u$

b) $y = 2x^2 + 4x + u$

c) $y = ux^2 + 8x - 4 \wedge u \neq 0$

d) $y = ux^2 - 8x + 4 \wedge u \neq 0$

e) $y = x^2 - ux + 4$

f) $y = x^2 + ux - 4$

Übung 6

Welche Bedingungen muss der Parameter v erfüllen, damit die quadratische Gleichung zwei getrennte Lösungen ($x_1 \neq x_2$) hat?

a) $x^2 - 2vx + v^3 - v = 0$

b) $4x^2 - 4x - (v^2 - 2v) = 0$

c) $x^2 - (v + 2) \cdot x + v = 0$

d) $4x^2 + vx + 25 = 0$

e) $x^2 - (v - 2) \cdot x + (v^2 - v + 1) = 0$

Übung 7

Gegeben ist die Parabel $f(x)$: $y = x^2 + 2x - 3$. Berechne die Tangente parallel zur Geraden g und den Berührpunkt B.

a) g: $y = 6x - 1$ t: B

b) g: $y = -4x + 5$ t: B

c) g: $y = -2x + 10$ t: B

d) g: $y = 7$ t: B

Übung 8

Eine Gerade durch den Koordinatenursprung $O(0|0)$ hat die Gleichung $y = mx$ mit der Steigung m.
Bestimme die Tangente durch den Ursprung an die Parabel $f(x)$ und den Berührpunkt.

a) $f(x)$: $y = x^2 - 4x$

b) $f(x)$: $y = x^2 + 4x + 4$

15 Linearfaktoren kürzen

$\frac{x^2}{x}$ ist für $x = 0$ nicht definiert: $\mathbb{D} = \mathbb{R} \setminus \{0\}$

Nach dem Kürzen ist an dem „neuen" Term (= x) die Einschränkung der Definitionsmenge nicht mehr zu erkennen. Die Bestimmung der Definitionsmenge ist daher *vorrangig*:

Wenn beim Rechnen mit Bruchtermen Terme mit Variablen im Nenner vorkommen, muss man die Definitionsmenge festlegen, bevor man die Variablen aus dem Nenner, zum Beispiel durch Kürzen, entfernt.

Beispiel

Vereinfache den Quotienten: $\frac{1}{x^2 - 9} : \frac{5x}{x^2 - 2x - 15}$

Schritt 1 Die Definitionsmenge

- Der Nenner darf nicht null sein:
  $x^2 - 9 = (x - 3)(x + 3) \Rightarrow x \neq -3;\ x \neq 3$
  $x^2 - 2x - 15 = (x - 5)(x + 3) \Rightarrow x \neq -3;\ x \neq 5$
- Eine Division durch null ist auszuschließen:
  $5x \neq 0 \Rightarrow x \neq 0$

$\mathbb{D} = \mathbb{R} \setminus \{-3; 0; 3; 5\}$

Schritt 2 Produktdarstellung für Zähler und Nenner kürzen:

$$\frac{1}{x^2 - 9} : \frac{5x}{x^2 - 2x - 15} = \frac{1}{(x-3)(x+3)} : \frac{5x}{(x-5)(x+3)} =$$

$$= \frac{1}{(x-3)(x+3)} \cdot \frac{(x-5)(x+3)}{5x} = \frac{x+5}{5x \cdot (x-3)}$$

Übung 1

Vergiss das Kürzen nicht. (Verwende binomische Formeln!)

a) $\frac{x-2}{x^2 + 2x} \cdot \frac{x}{x^2 - 4} =$ ______ $\mathbb{D} =$ ______

b) $\frac{x-2}{x^2 + 2x} : \frac{x}{x^2 - 4} =$ ______ $\mathbb{D} =$ ______

c) $\frac{x^2 - 2x}{x + 2} : \frac{x}{x^2 - 4} =$ ______ $\mathbb{D} =$ ______

d) $\frac{x^2 - 9}{x^2 - 16} : \frac{x^2 - 6x + 9}{x^2 - 8x + 16} =$ ______ $\mathbb{D} =$ ______

e) $\frac{x^2 - 25}{x^2 - 6x + 9} \cdot \frac{x^2 - 9}{x^2 + 10x + 25} =$ ______ $\mathbb{D} =$ ______

Übung 2

Beim Zerlegen in Linearfaktoren sollte auch der Satz von Vieta benutzt werden.

a) $\frac{x+4}{x-5} \cdot \frac{x^2-10x+25}{x^2-x-20} =$ ______ $\mathbb{D} =$ ______

b) $\frac{x+4}{x-5} : \frac{x^2-10x+25}{x^2-x-20} =$ ______ $\mathbb{D} =$ ______

c) $\frac{x^2-10x+21}{x^2+10x+21} \cdot \frac{x+7}{x-3} =$ ______ $\mathbb{D} =$ ______

d) $\frac{x^2-10x+21}{x^2+10x+21} : \frac{x-7}{x+7} =$ ______ $\mathbb{D} =$ ______

e) $\frac{x^2+3x-4}{x^2-3x-4} \cdot \frac{x^2-8x+16}{x^2-2x+1} =$ ______ $\mathbb{D} =$ ______

f) $\frac{x^2+3x-4}{x^2-3x-4} : \frac{x^2+8x+16}{x^2+2x+1} =$ ______ $\mathbb{D} =$ ______

g) $\frac{x^2+x-110}{x^2-x-110} \cdot \frac{x^2-21x+110}{x^2+21x+110} =$ ______ $\mathbb{D} =$ ______

h) $\frac{x^2+x-110}{x^2-x-110} : \frac{x^2-21x+110}{x^2+21x+110} =$ ______ $\mathbb{D} =$ ______

Übung 3

Ohne Klammer wird bei einer „Punktrechnung" der Reihe nach multipliziert und dividiert.

a) $\frac{x}{x^2-5x+6} : \frac{x}{x^2-x-2} \cdot \frac{x-3}{x+1} =$ ______ $\mathbb{D} =$ ______

b) $\frac{x}{x^2-5x+6} : \left(\frac{x}{x^2-x-2} \cdot \frac{x-3}{x+1}\right) =$ ______ $\mathbb{D} =$ ______

c) $\frac{x^2+5x}{x^2-3x-10} : \frac{x^2+6x+5}{x^2-2x-15} : \frac{x+3}{x^2+3x+2} =$ ______

$\mathbb{D} =$ ______

16 Der Hauptnenner; Addieren und Subtrahieren

Beispiel

$$\frac{1}{x^2-9x+20}-\frac{9}{x^2-x-20}+\frac{2}{x-4}$$

Hauptnenner (HN) und Definitionsmenge $\mathbb{D}$:

$$\begin{array}{lcl} x^2-9x+20 & \Leftrightarrow & (x-5)(x-4) \\ x^2-x-20 & \Leftrightarrow & (x-5)\quad(x+4) \\ x-4 & \Leftrightarrow & (x-4) \\ \hline \end{array}$$

$$\text{HN} = (x-5)(x-4)(x+4)$$

$$\mathbb{D} = \mathbb{R} \setminus \{-4; 4; 5\}$$

$$\frac{1}{x^2-9x+20}-\frac{9}{x^2-x-20}+\frac{2}{x-4}=$$

$$=\frac{1}{(x-5)(x-4)}-\frac{9}{(x-5)(x+4)}+\frac{2}{x-4}=$$

$$=\frac{(x+4)-9\cdot(x-4)+2(x-5)(x+4)}{(x-5)(x-4)(x+4)}=$$

$$=\frac{x+4-9x+36+2x^2-2x-40}{(x-5)(x-4)(x+4)}=\frac{2x^2-10x}{(x-5)(x-4)(x+4)}=$$

$$=\frac{2x\cdot(x-5)}{(x-5)(x^2-16)}=\frac{2x}{x^2-16} \qquad \mathbb{D} = \mathbb{R} \setminus \{-4; 4; 5\}$$

Übung 1 **Gib den Hauptnenner (HN) und die Definitionsmenge an.**

a) $\frac{1}{x^2-9}$; $\frac{2}{x^2-6x+9}$; $\frac{3}{x^2-4x+3}$

HN = ______ $\mathbb{D}$ = ______

b) $\frac{1}{x^2-5x}$; $\frac{x}{x+5}$; $\frac{2x-1}{x^2+7x+10}$

HN = ______ $\mathbb{D}$ = ______

c) $\frac{5}{2x^2+2x}$; $\frac{20}{x^2-4x-5}$; $\frac{x^2-1}{x^2-8x+15}$

HN = ______ $\mathbb{D}$ = ______

d) $\frac{x}{x^2+x}$; $\frac{2x+9}{x^2+8x-33}$; $\frac{x+7}{x^3-9x^2}$; $\frac{1}{x^2+12x+11}$

HN = ______ $\mathbb{D}$ = ______

Übung 2

Addiere, subtrahiere, verwende binomische Formeln.

a) $\frac{-2x}{x^2-1} + \frac{x+1}{x-1} =$ ______ $\mathbb{D} =$ ______

b) $\frac{x^2}{x^2-1} - \frac{x}{x+1} =$ ______ $\mathbb{D} =$ ______

c) $\frac{x^2}{x^2-16} + \frac{x}{x-4} - 2 =$ ______ $\mathbb{D} =$ ______

Übung 3

Auch ein Grund, den Satz von Vieta zu wiederholen!

a) $\frac{x}{x^2+x-6} - \frac{1}{x+3} =$ ______

$\mathbb{D} =$ ______

b) $\frac{3x-5}{x^2-9x+20} + \frac{x+4}{x-4} - \frac{x+5}{x-5} =$ ______

$\mathbb{D} =$ ______

c) $\frac{1}{x^2-3x+2} - \frac{3}{x^2-x-2} + \frac{4}{x^2-1} =$ ______

$\mathbb{D} =$ ______

d) $\frac{8x+16}{x^2+2x-3} - \frac{5x+5}{x^2+x-6} + \frac{3}{x^2-3x+2} =$ ______

$\mathbb{D} =$ ______

e) $\frac{2x+10}{x^2+x-6} + \frac{x+5}{x+3} - \frac{3x^2+15x}{3x^2+3x-18} =$ ______

$\mathbb{D} =$ ______

17 Bruchgleichungen

Man entfernt die Nenner, indem man die Gleichung mit dem Hauptnenner multipliziert, die Definitionsmenge jedoch weiterführt.

Beispiel

$$\frac{2x}{x+1} - \frac{x}{x-4} = \frac{36}{x^2-3x-4}$$

$$\begin{array}{lcll} x+1 & \Leftrightarrow & (x+1) & \\ x-4 & \Leftrightarrow & & (x-4) \\ x^2-3x-4 & \Leftrightarrow & (x+1) & (x-4) \\ \hline \end{array}$$

$$\text{HN} = (x+1)(x-4) \quad \Rightarrow \quad \mathbb{D} = \mathbb{R} \setminus \{-1; 4\}$$

$$\begin{aligned} \frac{2x}{x+1} - \frac{x}{x-4} &= \frac{36}{x^2-3x-4} \qquad | \cdot \text{HN} \\ 2x \cdot (x-4) - x \cdot (x+1) &= 36 \\ 2x^2 - 8x - x^2 - x &= 36 \\ x^2 - 9x - 36 &= 0 \end{aligned}$$

$$x_{1,2} = \frac{9 \pm \sqrt{81 + 144}}{2}$$

$$\Rightarrow \quad x_1 = 12 \in \mathbb{D}; \quad x_2 = -3 \in \mathbb{D} \quad \Rightarrow \quad \mathbb{L} = \{-3; 12\}$$

Übung 1

Der einzige Nenner ist zugleich auch Hauptnenner!

a) $x - 1 = \frac{2x+23}{x+1}$ $\qquad \mathbb{L} =$

b) $\frac{42-30x}{7-x} = 3x + 6$ $\qquad \mathbb{L} =$

c) $\frac{x^2+35}{x-1} - (2x+5) = 0$ $\qquad \mathbb{L} =$

d) $\frac{2x^2-3x-27}{x+3} - 2x - 1 = 1 - x$ $\qquad \mathbb{L} =$

Übung 2

Kopfrechnen genügt, um die Hauptnenner zu bestimmen:

a) $\frac{5}{x} - \frac{3x}{x-2} + 4 = 0$ $\quad \mathbb{L} =$

b) $\frac{3}{x-1} + \frac{3}{x+1} = 4$ $\quad \mathbb{L} =$

c) $\frac{x}{x-3} - \frac{5}{x+3} = \frac{15}{x^2-9}$ $\quad \mathbb{L} =$

d) $\frac{x^2+27}{x^2-1} + \frac{10x+3}{x+1} + \frac{10x}{x-1} = 0$ $\quad \mathbb{L} =$

e) $\frac{x+2}{2x-3} + \frac{2-x}{2x+3} + \frac{7x^2+7}{4x^2-9} = 0$ $\quad \mathbb{L} =$

Übung 3

Wir multiplizieren „über Kreuz“. $\left(\frac{a}{b} = \frac{c}{d} \quad \Rightarrow \quad ad = bc\right)$

a) $\frac{5x+1}{3x-1} = \frac{x-7}{x-5}$ $\quad \mathbb{L} =$

b) $\frac{3x-8}{2x-4} = \frac{2x-5}{x-1}$ $\quad \mathbb{L} =$

c) $\frac{2x-1}{3x-2} = \frac{5x+2}{7x+2}$ $\quad \mathbb{L} =$

d) $\frac{3x+1}{x+2} = \frac{9x-5}{x-1}$ $\quad \mathbb{L} =$

Übung 4

Mach bei Bedarf für den Hauptnenner eine Nebenrechnung.

a) $\frac{3}{x-5} + \frac{2}{x+1} + 1 = 0$ $\quad \mathbb{L} =$

b) $\frac{3x+2}{2x+1} = 1 + \frac{2x}{5x-2}$ $\quad \mathbb{L} =$

c) $\frac{4x-36}{x-18} - \frac{3x+18}{x+3} = 1$ $\quad \mathbb{L} =$

d) $\frac{2}{x} + \frac{3x+5}{x^2-4x} - \frac{4x+13}{x^2-16} = 0$ $\quad \mathbb{L} =$

e) $\frac{3x+7}{x^2+3x-10} - \frac{10}{x^2-4} - \frac{2}{x+5} = 0$ $\quad \mathbb{L} =$

f) $\frac{2x}{x^2-4x+3} + \frac{2x+5}{x^2-3x+2} - \frac{10}{x-1} = 0$ $\quad \mathbb{L} =$

g) $\frac{x-9}{x+8} - \frac{x+3}{x+5} + \frac{18}{x^2+x-20} = 0$ $\quad \mathbb{L} =$

18 Parameter

Enthält die Aufgabe Parameter (Formvariable), so ist das Ergebnis an Bedingungen geknüpft, welche von den Parametern zu erfüllen sind.

- Der Nenner darf nicht null sein.
- Ein Dividieren durch null ist unzulässig.

Beispiel

$$x = \frac{a-2b}{a+b} : \frac{a^2-4b^2}{a-b}$$

Nenner $\neq$ 0:

$$\left.\begin{array}{l} a+b \neq 0 \Rightarrow a \neq -b \\ a-b \neq 0 \Rightarrow a \neq b \end{array}\right\} \Rightarrow |a| \neq |b|$$

Zähler des Divisors $\neq$ 0:

$$a^2-4b^2 \neq 0 \Rightarrow (a-2b)(a+2b) \neq 0$$

$$\left.\begin{array}{l} a-2b \neq 0 \Rightarrow a \neq 2b \\ a+2b \neq 0 \Rightarrow a \neq -2b \end{array}\right\} \Rightarrow |a| \neq |2b|$$

Die Gleichung: $x = \frac{(a-2b)(a-b)}{(a+b)(a-2b)(a+2b)}$

$$x = \frac{a-b}{(a+b)(a+2b)}$$

$$\mathbb{L} = \left\{\frac{a-b}{a^2+3ab+2b^2}\right\} \wedge (|a| \neq |b| \wedge |a| \neq |2b|)$$

Übung 1

Gib zum Ergebnis auch die Bedingungen für die Parameter an, die das Ergebnis rechtfertigen.

a) $(a+b) : \frac{a^2-b^2}{b} =$ ______ $\wedge$ ______

b) $\frac{b}{a+b} \cdot \frac{ab+a^2}{b^2-ab} =$ ______ $\wedge$ ______

c) $\frac{5a^2+7b^2}{4a^2-9b^2} - \frac{2a}{2a+3b} - \frac{2b}{2a-3b} =$ ______ $\wedge$ ______

d) $\frac{2ab}{a^2-6ab+9b^2} : \frac{b}{2a^2-18b^2} =$ ______ $\wedge$ ______

e) $\frac{a}{a^2-4ab+4b^2} - \frac{2b}{a^2-4b^2} =$ ______ $\wedge$ ______

f) $\frac{4a^2-9b^2}{ab} : \frac{2a+3b}{2a} : \frac{2a-3b}{2b} =$ ______ $\wedge$ ______

Übung 2 **Gib bei der Lösung auch die Bedingungen für die Parameter an.**

a) $\dfrac{2x-2a}{1-x} = x-2a$ $\quad \mathbb{L} =$ ______ $\wedge$ ______

b) $b-x = \dfrac{ab-ax}{a+x}$ $\quad \mathbb{L} =$ ______ $\wedge$ ______

c) $\dfrac{7x+2}{x+a} - \dfrac{3x+2}{x-a} = \dfrac{4x^2-ax+14a}{x^2-a^2}$ $\quad \mathbb{L} =$ ______ $\wedge$ ______

d) $\dfrac{5x+3a}{2a} = \dfrac{61a-x}{x-a}$ $\quad \mathbb{L} =$ ______ $\wedge$ ______

e) $\dfrac{x-2b}{x+4b} + \dfrac{5}{2} = \dfrac{x+4b}{2b-x}$ $\quad \mathbb{L} =$ ______ $\wedge$ ______

Übung 3 **Ein kurzer Blick zurück zum Kürzen der Linearfaktoren! Gib zum Ergebnis auch die Definitionsmenge an.**

a) $\dfrac{4-x^2}{25-x^2} : \dfrac{x+2}{5x-x^2} =$ ______ $\quad \mathbb{D} =$ ______

b) $\dfrac{x^2-7x+10}{x^2+7x+10} \cdot \dfrac{x+2}{x-5} =$ ______ $\quad \mathbb{D} =$ ______

c) $\dfrac{x^2+x-12}{x^2+4x-5} : \dfrac{x^2-x-20}{x^2+2x-3} =$ ______ $\quad \mathbb{D} =$ ______

d) $\dfrac{x^2}{x^2-7x+10} - \dfrac{x-2}{x-5} =$ ______ $\quad \mathbb{D} =$ ______

e) $\dfrac{3}{x^2-3x+2} - \dfrac{9}{x^2-x-2} + \dfrac{4}{x^2-1} =$ ______ $\quad \mathbb{D} =$ ______

Übung 4 **Bruchgleichungen:**

a) $\dfrac{2x+7}{x+3} = \dfrac{x-1}{x+1}$ $\quad \mathbb{L} =$ ______

b) $\dfrac{21+3x}{13-x} + 2 - \dfrac{9-x}{25-x} = 0$ $\quad \mathbb{L} =$ ______

c) $2 - \dfrac{12}{x+5} - \dfrac{x-1}{x+7} = 0$ $\quad \mathbb{L} =$ ______

d) $\dfrac{2x+5}{x^2+x-6} - \dfrac{x}{x+3} = 0$ $\quad \mathbb{L} =$ ______

e) $\dfrac{9}{x-1} - \dfrac{8}{x-2} + \dfrac{1}{x-3} = 0$ $\quad \mathbb{L} =$ ______

19 Sachaufgaben I

- Die Ereignisse E_1 und E_2 treten mit der Wahrscheinlichkeit P_1 und P_2 ein.
  Die Wahrscheinlichkeit, dass beide Ereignisse zusammen eintreten, beträgt $P_1 \cdot P_2$.
  Die Wahrscheinlichkeit, dass eines von beiden Ereignissen eintritt *oder* dass beide zusammen eintreten, ist mit $P_1 + P_2 - P_1 \cdot P_2$ gegeben.
- Werden zwei elektrische Widerstände R_1 und R_2 hintereinandergeschaltet, so ist der Gesamtwiderstand $R_G = R_1 + R_2$.
  Werden sie parallel geschaltet, so gilt die Formel:
  $$\frac{1}{R_G} = \frac{1}{R_1} + \frac{1}{R_2}$$
- Bei einer Linse gilt $\frac{1}{g} + \frac{1}{b} = \frac{1}{f}$

  mit g: Gegenstandsweite, b: Bildweite, f: Brennweite.

Übung 1

Das ist deine Chance!

a) Bei einer Verlosung kauft jemand zwei Lose. Beide haben die gleiche Gewinnchance. „Gut so“, sagt die Verkäuferin, „Ihre Gewinnchancen stehen jetzt bei 64%.“
Wie hoch waren die Gewinnchancen für nur ein einziges Los?

Beim Kauf eines einzigen Loses liegen die Gewinnchancen bei

____ %.

b) Bei einem Wohltätigkeitsfest werden am Kiosk A Lose mit einer gewissen Gewinnchance, bei Kiosk B mit einer um 30% minderen Gewinnchance, dafür mit höheren Gewinnen, verkauft. Wer ein Doppellos erwirbt und bei A und B gewinnt, hat einen der wenigen Haupttreffer mit 4% Gewinnchancen.
Welche Chancen hat das Los bei A allein und das bei B?

Ein Los bei A allein hat ____ % Gewinnchancen, bei B ____ %.

c) Die Chance, aus einer Urne ein Gewinnlos zu ziehen, ist um 15% höher als die bei einem Griff in die Schachtel. Zieht jemand ein Los aus der Urne und eines aus der Schachtel, so liegen seine Gewinnchancen bei 55%.
Wie hoch sind seine Chancen bei einem Griff allein in die Urne?

Beim Griff in die Urne liegen seine Chancen bei ____ %.

Übung 2

Physikalische Bruchgleichungen, aber mit glatten Lösungen:

a) Bei einer Linse mit der Brennweite $f = 8$ cm soll die Entfernung des Bildes vom Gegenstand (nicht von der Linse!) 36 cm betragen.
In welcher Entfernung von der Linse wird der Gegenstand hingestellt?

Die Gegenstandsweite beträgt ______.

b) Zwei elektrische Widerstände werden parallel geschaltet. Der eine ist um 15 Ω größer als der andere. Der Gesamtwiderstand der Schaltung beträgt jetzt 10 Ω.
Wie groß sind die einzelnen Widerstände?

Die einzelnen Widerstände haben ______ und ______.

c) Um einen Widerstand um 16 Ω zu verkleinern, schaltet man 12 Ω parallel.
Wie groß ist der Widerstand?

Der Widerstand hat ______.

Übung 3

Beachte, welchen Bruchteil des Beckens das Rohr in *einer Stunde* füllt (+) oder leert (–)!

a) Durch ein Rohr allein wird ein Wasserbecken in einer gewissen Zeit gefüllt, durch ein zweites allein in einer um 5 Stunden längeren Zeit. Sind beide Rohre geöffnet, ist das Becken in 6 Stunden voll.
Welche Zeit benötigen die Rohre einzeln?

Das eine Rohr allein benötigt ______ Stunden, um das Becken zu füllen, das andere allein ______ Stunden.

b) Durch ein Rohr wird ein Fischteich in einer bestimmten Zeit gefüllt, durch ein anderes in einer um 25 Stunden kürzeren Zeit geleert. Aus Versehen sind beide Rohre offen und der zuvor volle Fischteich ist in 6 Stunden leer.
Welche Zeit benötigt das eine Rohr allein zum Füllen, das andere allein zum Leeren?

Das eine Rohr allein benötigt ______ Stunden, um den Fischteich zu füllen, das andere ______ Stunden allein zum Leeren.

20 Sachaufgaben II

Für einen zurückgelegten Weg s gilt: $s = v \cdot t$
mit v: Geschwindigkeit und t: Zeit.

Beispiel

Von Frankfurt aus fährt um $9^{h}30^{min}$ ein Urlauber nach dem 400 km entfernten München. Um 8 Uhr war dort ein Handelsvertreter, der im Schnitt 20 km/h schneller fährt, in Richtung Frankfurt gestartet. 100 km von Frankfurt entfernt fahren sie auf der Autobahn aneinander vorbei.
Wie schnell ist jeder gefahren?

Vorbemerkungen:

$9^{h}30^{min} - 8^{h} = 1{,}5\text{ h} \quad \Rightarrow$ Der Handelsvertreter ist 1,5 Stunden länger unterwegs.

Der Urlauber fährt mit der Geschwindigkeit x km/h, der Handelsvertreter mit $(x + 20)$ km/h.

Sie fahren zur gleichen Uhrzeit aneinander vorbei, nachdem der Urlauber 100 km und der Vertreter (400 – 100) km gefahren ist.

Ansatz: Zeit des Urlaubers + 1,5 h = Zeit des Handelsvertreters

$$\frac{100}{x} + 1{,}5 = \frac{400 - 100}{x + 20}$$

Berechnung:

$$100x + 2000 + 1{,}5x^2 + 30 = 300x$$
$$1{,}5x^2 - 170x + 2000 = 0$$
$$x_{1,2} = \frac{170 \pm 130}{3}$$
$$x_1 = 100; \quad (x_1 + 20) = 120$$
$$x_2 = 13\frac{1}{3} \quad \text{nicht realistisch!}$$

Antwort: Der Urlauber ist auf der Autobahn im Schnitt 100 km/h, der Handelsvertreter 120 km/h gefahren.

Übung 1

Wer trifft sich wo und wann mit wem?

a) Von A fährt ein Radfahrer einem Fußgänger entgegen, der 4 Stunden früher gestartet ist und sich um 16 km/h langsamer bewegt. Sie begegnen einander in der Mitte einer 40 km langen Strecke. Welchen Weg legt der Fußgänger in einer Stunde zurück?

Der Fußgänger legt in einer Stunde ______ zurück.

b) Ein Sportler startet zum Dauerlauf. Nach 45 Minuten folgt ihm ein Radfahrer mit einer um 24 km/h höheren Geschwindigkeit und holt ihn nach 8 km ein.
Welche Geschwindigkeit hat der Radfahrer?

Der Radfahrer fährt mit ______ km/h.

c) Ein Radfahrer, dessen Geschwindigkeit um 15 km/h höher ist als die eines Fußgängers, startet 3 Stunden später vom gleichen Ort und holt seinen Freund, den Fußgänger, nach 20 km Fahrt ein.
Wie spät ist es, wenn der Radfahrer um 12 Uhr losgefahren ist?

Der Radfahrer holt seinen Freund um ______ ein.

d) Zwei Freunde fahren sich auf einer 250 km langen Landstraße entgegen, der eine mit dem Mofa startet um 8 Uhr, der andere mit einem Motorrad fährt im Schnitt 30 km/h schneller, startet um 10 Uhr und trifft seinen Freund nach einer Fahrt von 150 km.
Wie spät ist es?

Der Motorradfahrer trifft seinen Freund nach einer Fahrt von

______ Stunden um ______.

e) Mit einem Vierer, der im stehenden Gewässer mit 15 km/h gerudert wird, benötigt die Mannschaft auf einem Fluss für 4 km stromaufwärts eine halbe Stunde länger als für die gleiche Strecke stromabwärts.
Berechne die Fließgeschwindigkeit des Wassers.

Die Fließgeschwindigkeit des Wasser beträgt ______ km/h.

f) Mit einem Treibriemen von 14,40 m Länge wird von einem kleineren Rad ein anderes mit einem 90 cm größeren Umfang angetrieben. Bei einem einzigen Umlauf des Treibriemens macht das kleinere Rad 36 Umdrehungen mehr als das große.
Wie viele Umdrehungen sind es insgesamt?

Das kleinere Rad hat sich insgesamt ______-mal gedreht.

21 Sachaufgaben III

Beispiel

In einem Fass sind 60 Liter mit 50-prozentigem Alkohol. Jemand entnimmt eine bestimmte Menge, ersetzt sie durch Wasser, entnimmt anschließend eine um 4 Liter geringere Menge und ersetzt auch diese durch Wasser. Nun ist der Inhalt des Fasses 37,5-prozentiger Alkohol.
Wie viel hat er jedes Mal entnommen?

Vorüberlegung: Im Fass sind $60 \cdot \frac{50}{100}\,\text{l} = 30\,\text{l}$ Alkohol.

Beim ersten Mal werden x Liter, das entspricht $x \cdot \frac{50}{100}\,\text{l} = 0{,}5 \cdot x\,\text{l}$ Alkohol entnommen. Nun sind im 60-Liter Fass $(30 - 0{,}5x)$ l Alkohol.

Der Alkoholanteil ist somit: $\frac{30 - 0{,}5x}{60}$ bzw. $\frac{30 - 0{,}5x}{60} \cdot 100\,\%$

Bei der zweiten Entnahme mindert sich die Alkoholmenge um

$\frac{30 - 0{,}5x}{60} \cdot (x - 4)$ Liter.

Ansatz:
verbliebene Alkoholmenge = Rest-Alkoholgehalt · Volumen

$$(30 - 0{,}5x) - \frac{30 - 0{,}5x}{60}(x - 4) = \frac{37{,}5}{100} \cdot 60$$

Berechnung:
$$30 - 0{,}5x - \frac{30x - 120 - 0{,}5x^2 + 2x}{60} = 22{,}5$$
$$1800 - 30x - 30x + 120 + 0{,}5x^2 - 2x = 1350$$
$$0{,}5x^2 - 62x + 570 = 0$$
$$x_1 = 114 > 60 \quad \Rightarrow \quad x_1 \notin \mathbb{D}$$
$$x_2 = 10$$

Antwort: Dem Fass werden erst 10 Liter, dann 6 Liter entnommen.

Übung 1

Die Mischung machts! Rechne ganz ungerührt.

a) In einer Fabrik wird aus einem Fass mit 60 Litern unverdünnter Reinigungsflüssigkeit eine bestimmte Menge entnommen und durch die gleiche Menge Wasser ersetzt. Eine Woche später entnimmt man wieder die gleiche Menge aus der Mischung und ersetzt sie durch Wasser. Jetzt sind nur noch 15 Liter von dem ursprünglichen Reinigungsmittel in dem Fass.
Wie viele Liter Flüssigkeit werden jedes Mal dem Fass entnommen?

Es werden jedes Mal ______ Liter Flüssigkeit entnommen.

b) In einer Tonne sind 30 Liter einer blauen Flüssigkeit. Eine bestimmte Menge wird entnommen und durch Wasser ersetzt. Anschließend wird der Mischung eine um 4 Liter geringere Menge entnommen, die auch durch Wasser ersetzt wird. Jetzt sind in der Farblösung noch 16 Liter von der ursprünglichen blauen Flüssigkeit enthalten. Wie viele Liter hat man jeweils durch Wasser ausgetauscht?

Erst wurden ______ l, dann ______ l der Mischung entnommen.

Übung 2

Stelle den Ansatz auf und gib die Lösungen an.

a) Ein Reisebüro bietet einen Pauschalaufenthalt in einem schönen Strandhotel für 1400 € an und zum gleichen Preis 6 Tage länger „Urlaub auf dem Bauernhof". Dieser ist pro Tag um 30 € billiger. Wie viel kostet der Aufenthalt pro Tag im Strandhotel?

Ein Tag im Strandhotel kostet ______.

b) Ein Einzelhandelskaufmann bestellt 50 Kleidungsstücke, und zwar für 3500 € Herrenanzüge und für 7500 € Damenmäntel. Jeder Damenmantel ist um 75 € teurer als der Anzug.
Wie viel kosten ihn je ein Anzug und ein Mantel?

Der Anzug kostet ihn ______, der Mantel ______.

Übung 3

Sparen oder investieren, das ist hier die Frage.

a) 400 € werden auf einem Sparbuch für 2 Jahre angelegt. Am Ende des 1. Jahres bleiben die Zinsen auf dem Sparbuch liegen, ferner werden noch 100 € dazugelegt.
Wie hoch war der Zinssatz, wenn am Ende des 2. Jahres alle Zinsen 15,36 € betragen?

Der Zinssatz betrug ______.

b) Jemand investiert gegen Gewinnbeteiligung 50 000 € bei einer Firma. Am Ende des 1. Jahres lässt er seinen Gewinn als Investition liegen, reduziert jedoch seine Beteiligung um 4000 €. Im 2. Jahr sind die Prozente der Gewinnbeteiligung ein Viertel des Vorjahres. Er lässt sich daher am Ende des 2. Jahres seine Beteiligung nebst Zinsen auszahlen. Das sind 56 160 €.
Wie hoch war der Zinssatz im 1., wie hoch im 2. Jahr?

Der Zinssatz war im 1. Jahr ______ %,
im 2. Jahr ______ %.

22 Wurzelgleichungen I

Vor dem Quadrieren wird die Quadratwurzel isoliert.

Beispiel

Löse die Wurzelgleichungen: a) $2 + 2\sqrt{x+1} = x$
b) $2 - 2\sqrt{x+1} = x$

Beide unterscheiden sich nur durch das Vorzeichen vor dem Wurzelterm.

a)
$$\begin{aligned} 2 + 2\sqrt{x+1} &= x \\ 2\sqrt{x+1} &= x - 2 \qquad |\,(\ldots)^2 \\ 4\cdot(x+1) &= x^2 - 4x + 4 \\ x^2 - 8x &= 0 \quad \Rightarrow \quad x_1 = 0; \quad x_2 = 8 \end{aligned}$$

b)
$$\begin{aligned} 2 - 2\sqrt{x+1} &= x \\ -2\sqrt{x+1} &= x - 2 \qquad |\,(\ldots)^2 \\ 4\cdot(x+1) &= x^2 - 4x + 4 \\ x^2 - 8x &= 0 \quad \Rightarrow \quad x_3 = 0; \quad x_4 = 8 \end{aligned}$$

Beide Gleichungen haben dasselbe *Rechenergebnis*. Mit einer Probe muss man nun feststellen, ob das Ergebnis die *Gleichung erfüllt* oder nicht.

a) $x_1 = 0 \Rightarrow 2 + 2\sqrt{0+1} = 0 \Rightarrow 2 = 0$ (falsch)
$x_2 = 8 \Rightarrow 2 + 2\sqrt{8+1} = 8 \Rightarrow 8 = 8$ (wahr)

Daraus ergibt sich die Lösungsmenge: $\mathbb{L}_a = \{8\}$

b) $x_3 = 0 \Rightarrow 2 - 2\sqrt{0+1} = 0 \Rightarrow 0 = 0$ (wahr)
$x_4 = 8 \Rightarrow 2 - 2\sqrt{8+1} = 8 \Rightarrow -1 = 8$ (falsch)

Die Lösungsmenge ist bei dieser Gleichung: $\mathbb{L}_b = \{0\}$

Übung 1

Vergiss nicht mit einer Probe festzustellen, ob das Rechenergebnis die Wurzelgleichung erfüllt.

a) $\sqrt{x^2 - 5} = 2$ $\mathbb{L} =$

b) $\sqrt{-x^2 + 5} = 2$ $\mathbb{L} =$

c) $\sqrt{x^2 - 4x + 9} = 3$ $\mathbb{L} =$

d) $\sqrt{x^2 + 4x + 9} = 3$ $\mathbb{L} =$

e) $\sqrt{x^2 + 2x - 6} = 3$ $\mathbb{L} =$

f) $\sqrt{x^2 - 2x - 6} = 3$ $\mathbb{L} =$

g) $\sqrt{x^2 - 5x + 10} = x$ $\mathbb{L} =$

h) $\sqrt{x^2 - 5x - 10} = x$ $\mathbb{L} =$

i) $\sqrt{2x^2 - 7x + 10} = x$ $\mathbb{L} =$

k) $\sqrt{2x^2 - x - 6} = x$ $\mathbb{L} =$

l) $\sqrt{5x^2 - x - 20} = 2x$ $\mathbb{L} =$

Übung 2

Die beiden Wurzelterme sind isoliert, ein einziges Quadrieren genügt daher. Probe nicht vergessen!

a) $\sqrt{x^2 + 6x - 3} = \sqrt{x^2 + 2x + 9}$ $\mathbb{L} =$

b) $\sqrt{4x^2 - 24x - 5} = 2\sqrt{x^2 - 6x + 4}$ $\mathbb{L} =$

c) $\sqrt{5x^2 - 42x + 40} = \sqrt{x^2 - 6x + 8}$ $\mathbb{L} =$

d) $2\sqrt{x^2 + 2x - 3} = \sqrt{9x^2 + 43x - 52}$ $\mathbb{L} =$

Übung 3

Vergleiche die Ergebnisse der Teilaufgaben *a* und *b* bzw. *c* und *d* und den geringen Unterschied bei den Angaben.

a) $\sqrt{6x \cdot (x - 1)} = 6$ $\mathbb{L} =$

b) $\sqrt{6x} \cdot \sqrt{x - 1} = 6$ $\mathbb{L} =$

c) $\sqrt{\dfrac{11 - x^2}{x - 19}} = 1$ $\mathbb{L} =$

d) $\dfrac{\sqrt{11 - x^2}}{\sqrt{x - 19}} = 1$ $\mathbb{L} =$

Übung 4

Beachte die Unterschiede bei Übung 3 und meide so mögliche Fehler.

a) $\sqrt{(x - 1)(x + 4)} = 6$ $\mathbb{L} =$

b) $\sqrt{x - 1} \cdot \sqrt{x + 4} = 6$ $\mathbb{L} =$

c) $\sqrt{\dfrac{x^2 - x - 7}{5 - 2x}} = 1$ $\mathbb{L} =$

d) $\dfrac{\sqrt{x^2 - x - 7}}{\sqrt{5 - 2x}} = 1$ $\mathbb{L} =$

e) $\sqrt{\dfrac{x^2 - x - 8}{x - 5}} = \sqrt{2x}$ $\mathbb{L} =$

f) $\dfrac{\sqrt{x^2 - x - 8}}{\sqrt{x - 5}} = \sqrt{2x}$ $\mathbb{L} =$

g) $\sqrt{\dfrac{1 - x^2}{1 - x}} = 2$ $\mathbb{L} =$

h) $\dfrac{\sqrt{1 - x^2}}{\sqrt{1 - x}} = 2$ $\mathbb{L} =$

23 Wurzelgleichungen II, Ungleichungen

Beispiel

$\sqrt{2x+8} + \sqrt{2x-4} - \sqrt{6x+12} = 0$

Eine der Quadratwurzeln isolieren, dann quadrieren:

$$\begin{aligned} \sqrt{2x+8} + \sqrt{2x-4} &= \sqrt{6x+12} \qquad |\,(\ldots)^2 \\ 2x+8+2\sqrt{(2x+8)(2x-4)}+2x-4 &= 6x+12 \\ 4x+4+2\sqrt{4x^2+8x-32} &= 6x+12 \end{aligned}$$

Abermals die Quadratwurzel isolieren, vereinfachen und quadrieren:

$$\begin{aligned} 2\sqrt{4x^2+8x-32} &= 2x+8 \\ \sqrt{4x^2+8x-32} &= x+4 \qquad |\,(\ldots)^2 \\ 4x^2+8x-32 &= x^2+8x+16 \\ 3x^2 &= 48 \\ x^2 &= 16 \quad \Rightarrow \quad x_1 = 4\,; \quad x_2 = -4 \end{aligned}$$

Probe: $x_1 = 4 \qquad \sqrt{2 \cdot 4+8} + \sqrt{2 \cdot 4-4} - \sqrt{6 \cdot 4+12} = 0$

$\qquad 4 + 2 - 6 = 0 \quad$ (w)

$x_2 = -4 \qquad \sqrt{-8+8} + \sqrt{-8-4} - \sqrt{-24+12} = 0$

$\qquad$ nicht definiert $= 0 \quad$ (f)

$\mathbb{L} = \{4\}$

Ist $x > a$ und a nicht negativ, so gilt auch $x^2 > a^2$.

Beispiel

$\sqrt{x-2} < x \quad \Leftrightarrow \quad x > \sqrt{x-2} \qquad \mathbb{D} = \{x \mid x \geqq 2\}$

$$\begin{aligned} x &> \sqrt{x-2} \qquad |\,(\ldots)^2 \\ x^2 &> x-2 \\ x^2-x+2 &> 0 \\ (x-2)(x+1) &> 0 \end{aligned}$$

$(x-2) > 0 \wedge (x+1) > 0 \quad \Rightarrow \quad (x > 2 \wedge x > -1) \quad \Rightarrow \quad x > 2$

$(x-2) < 0 \wedge (x+1) < 0 \quad \Rightarrow \quad (x < 2 \wedge x < -1) \notin \mathbb{D}$

$\mathbb{L} = \{x \mid x > 2\}$

Übung 1 **Gib die Definitionsmenge und die Lösungsmenge an:**

a) $\sqrt{x+2} > x$ $\qquad \mathbb{D} =$ ______ $\qquad \mathbb{L} =$ ______

b) $\sqrt{x^2-9} > 0$ $\qquad \mathbb{D} =$ ______ $\qquad \mathbb{L} =$ ______

c) $\sqrt{x+3} \cdot \sqrt{x-3} > 0$ $\qquad \mathbb{D} =$ ______ $\qquad \mathbb{L} =$ ______

d) $\sqrt{x^2+3x-4} > 2\sqrt{6}$ $\qquad \mathbb{D} =$ ______ $\qquad \mathbb{L} =$ ______

e) $\sqrt{x^2 - 6x} > 4$ $\mathbb{D} =$ $\mathbb{L} =$

f) $\sqrt{x + 6\sqrt{x}} > 4$ $\mathbb{D} =$ $\mathbb{L} =$

Übung 2

Vergiss die Probe nicht!

a) $\sqrt{x + 6\sqrt{x}} = 4$ $\mathbb{L} =$

b) $\sqrt{x - \sqrt{x}} = \sqrt{6}$ $\mathbb{L} =$

c) $\sqrt{x + 3\sqrt{x}} = \sqrt{5x - 1}$ $\mathbb{L} =$

d) $\sqrt{x - 4\sqrt{x}} = \sqrt{2\sqrt{x} - 5}$ $\mathbb{L} =$

e) $\sqrt{x + 3 - \quad x + 5} = 2$ $\mathbb{L} =$

f) $\sqrt{x - 1 + \sqrt{2x - 1}} = \sqrt{2x - 3}$ $\mathbb{L} =$

g) $\sqrt{x - 4 + \sqrt{2x^2 + 2x + 9}} = \sqrt{2x - 1}$ $\mathbb{L} =$

Übung 3

Auch hier ist wiederholtes Quadrieren erforderlich:

a) $\sqrt{3x + 1} - \sqrt{2x - 1} = 1$ $\mathbb{L} =$

b) $\sqrt{2x + 9} + 2\sqrt{x + 5} - 3 = 0$ $\mathbb{L} =$

c) $\sqrt{x + 1} + \sqrt{x - 7} = \sqrt{2x}$ $\mathbb{L} =$

d) $\sqrt{2x + 5} - \sqrt{x - 1} - \sqrt{2x} = 0$ $\mathbb{L} =$

e) $\sqrt{3x - 5} + \sqrt{x + 1} = \sqrt{3x + 7}$ $\mathbb{L} =$

f) $\sqrt{2x + 12} - \sqrt{x + 5} - \sqrt{2x + 9} = 0$ $\mathbb{L} =$

g) $\sqrt{x^2 - 3x + 4} - \sqrt{x^2 + 7} + 2 = 0$ $\mathbb{L} =$

h) $\sqrt{x^2 + 3x - 4} + \sqrt{x^2 + 8} - 3 = 0$ $\mathbb{L} =$

i) $\sqrt{x^2 - 2x + 1} = 3 + \sqrt{x^2 - 4x - 4}$ $\mathbb{L} =$

j) $\sqrt{x^2 - 2x + 1} + \sqrt{x^2 - 4x - 4} = 3$ $\mathbb{L} =$

k) $\sqrt{x^2 + 7x + 10} = \sqrt{x^2 + 5x} + \sqrt{2x + 10}$ $\mathbb{L} =$

24 Vermischte Aufgaben IV

Übung 1

Trage hier nur die Lösungen ein.

a) Durch undichte Stellen am Boden eines Beckens benötigt man 7 Stunden mehr, um es zu füllen. Bei vollem Becken schließt man den Zufluss, doch nach 42 Stunden ist das Becken wieder leer. Wie lange hätte das Füllen ohne undichte Stellen gedauert, wie lange braucht man jetzt?

Ohne undichte Stellen wäre das Becken in ____ Stunden voll,

tatsächlich benötigt man jetzt ____ Stunden.

b) Mehrere Personen schließen eine Wettgemeinschaft beim Lotto ab und zahlen zusammen 48 € in der Woche ein. Nachdem 4 Personen nicht mehr mitspielen, erhöht sich der Beitrag des Einzelnen um 1 €. Wie viele Personen waren es ursprünglich?

Ursprünglich waren es ____ Personen.

c) Jemand kauft ein Haus für 240 000 € und investiert für Renovierungsarbeiten noch einen festen Prozentsatz zum Kaufvertrag. Wegen Preisverfall büßt er beim Weiterverkauf einen Prozentsatz ein, der doppelt so hoch ist wie der für Renovierungsarbeiten, und bekommt für das Objekt nur noch 226 800 €.
Wie viel Prozent seines Kaufpreises hat er für die Renovierungsarbeiten investiert?

Die Renovierungsarbeiten haben ____ % des Kaufpreises gekostet.

d) In einer großen Korbflasche sind 8 Liter 50-prozentiger Alkohol. Eine bestimmte Menge wird entnommen und durch Wasser ersetzt. Eine Woche später entnimmt man die gleiche Menge Flüssigkeit aus der Flasche, ersetzt die eine Hälfte davon durch Wasser, die andere durch 75-prozentigen Alkohol und stellt fest, dass die Flüssigkeit jetzt einen Alkoholgehalt von 37,5 % hat.
Welche Flüssigkeitsmenge hat man jedes Mal ausgetauscht?

Man hat jedes Mal ____ Liter Flüssigkeit ausgetauscht.

Übung 2

Löse die Wurzelgleichungen.

a) $\sqrt{x^2 + 2x - 6} = 3$ $\qquad \mathbb{L} =$ ____

b) $\sqrt{x^2 + 4x + 9} = 3$ $\qquad \mathbb{L} =$ ____

c) $\sqrt{x^2 - 2x + 14} = \sqrt{5x + 2}$ $\qquad \mathbb{L} =$ ____

d) $\sqrt{x^2 - x - 7} - \sqrt{5 - 2x} = 0$ $\qquad \mathbb{L} =$ ____

e) $\sqrt{3x - 2} + \sqrt{x + 3} = 7$ $\qquad \mathbb{L} =$ ____

f) $\sqrt{3x-2}-\sqrt{x+3}-7 = 0$ $\mathbb{L}$ =

g) $\sqrt{2x+11}-\sqrt{x+5} = \sqrt{x+2}$ $\mathbb{L}$ =

h) $\sqrt{x+6}+\sqrt{x-2}-\sqrt{5x+1} = 0$ $\mathbb{L}$ =

i) $\sqrt{x^2-8x+16}-\sqrt{x^2-5x+10} = 1$ $\mathbb{L}$ =

Übung 3

Dürfen's ein paar Wurzeln mehr sein?

a) $\sqrt{x+20} = \sqrt{x\cdot(x+9)}$ $\mathbb{L}$ =

b) $\sqrt{x+20} = \sqrt{x}\cdot\sqrt{x+9}$ $\mathbb{L}$ =

c) $\sqrt{76-4x} = \sqrt{x-1}\cdot\sqrt{x+1}$ $\mathbb{L}$ =

d) $\sqrt{76-4x} = \sqrt{x^2-1}$ $\mathbb{L}$ =

e) $\sqrt{x}\cdot\sqrt{x+5} = 6$ $\mathbb{L}$ =

f) $\sqrt{x\cdot(x+5)} = 6$ $\mathbb{L}$ =

g) $\sqrt{x^2\cdot(x+5)} = 6\sqrt{x}$ $\mathbb{L}$ =

Übung 4

Löse die Ungleichungen und gibt die Definitionsmenge und die Lösungmenge an.

a) $\sqrt{x\cdot(x+5)} > 6$ $\mathbb{D}$ = $\mathbb{L}$ =

b) $\dfrac{\sqrt{1+2x}}{\sqrt{1-x^2}} > 1$ $\mathbb{D}$ = $\mathbb{L}$ =

c) $\sqrt{\dfrac{1+2x}{1-x^2}} > 1$ $\mathbb{D}$ = $\mathbb{L}$ =

d) $\sqrt{\dfrac{x+24}{x\cdot(x-9)}} > 1$ $\mathbb{D}$ = $\mathbb{L}$ =

Teil III:
Mathematik

Geometrie

Regeln und Übungen

Themenübersicht Teil III

1 Zentrische Streckung

Gegeben sind ein Punkt Z, das Zentrum, und eine reelle Zahl $k \neq 0$, der Streckfaktor. Dann versteht man unter der **zentrischen Streckung $S(Z; k)$** diejenige Abbildung, die jedem Punkt P der Zeichenebene den Bildpunkt P' zuordnet gemäß der folgenden Vorschrift:

$\overrightarrow{ZP'} = k \cdot \overrightarrow{ZP}$ (Grundgleichung der zentrischen Streckung)

Beispiele

$k = 1{,}5$:

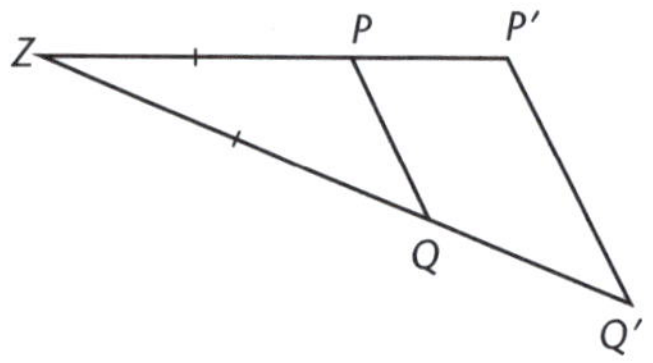

$k = -0{,}5$:

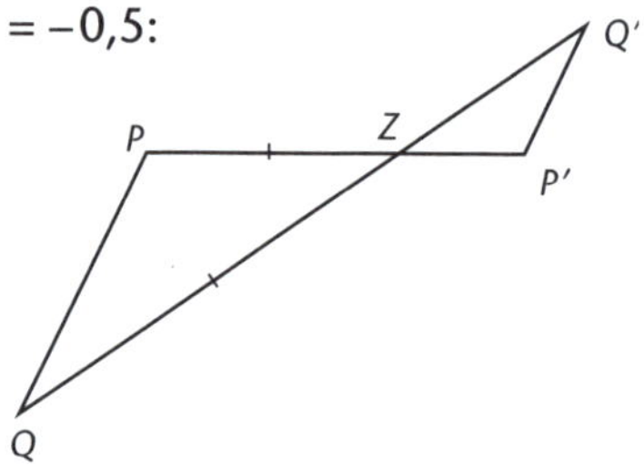

Das Zentrum Z ist der einzige Fixpunkt der Abbildung, d. h., Z wird auf sich selbst abgebildet. Jeder Punkt $P \neq Z$ wird auf einen Bildpunkt P' abgebildet, der auf der Geraden ZP liegt und dessen Entfernung von Z $|k|$-mal so groß ist wie die Entfernung des Punktes P von Z; dabei liegen für $k > 0$ bzw. $k < 0$ die Punkte P und P' auf derselben Seite bzw. auf verschiedenen Seiten von Z. Für $|k| > 1$ ist die Abbildung eine Vergrößerung, für $|k| < 1$ ist sie eine Verkleinerung.

Eine Strecke $[PQ]$ wird auf eine parallele Bildstrecke $[P'Q']$ abgebildet; deren Länge ist das $|k|$-fache der Länge von $[PQ]$. Ein Flächenstück, z. B. ein Dreieck, wird auf ein Flächenstück k^2-fachen Flächeninhalts abgebildet.

Beispiele

Bei der zentrischen Streckung gibt es zwei Grundkonstruktionen:

Konstruktion des Bildpunkts P' eines gegebenen Punktes P bei gegebenem Zentrum Z

$k = 2{,}5 = \frac{5}{2}$

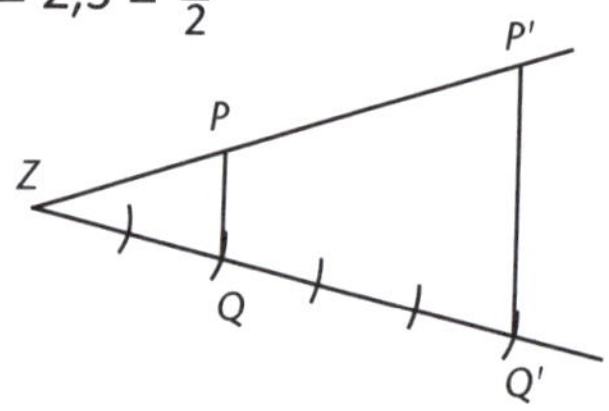

Konstruktion des Zentrums Z bei gegebenem Urpunkt P und gegebenem Bildpunkt P'

$k = 1{,}6 = \frac{8}{5}$

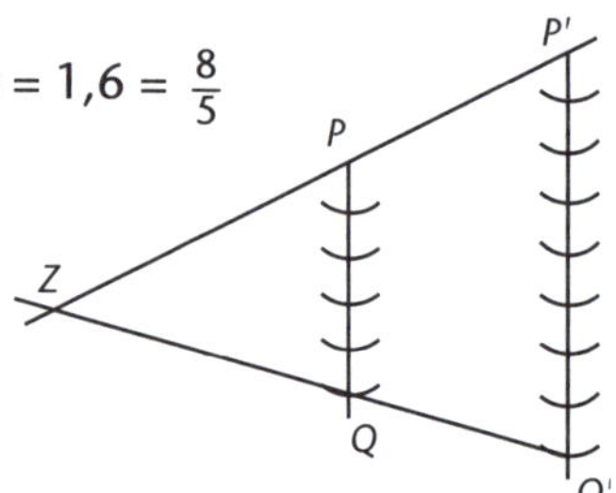

Beachte: $P'Q'$ muss jeweils parallel zu PQ sein !

Übung 1

Die Punkte $A, B, C, \ldots, M$ liegen auf einer Geraden und sind jeweils 1 LE voneinander entfernt:

A	B	C	D	E	F	G	H	J	K	L	M
0	1	2	3	4	5	6	7	8	9	10	11

Ergänze die folgende Tabelle:

	a)	b)	c)	d)	e)	f)
Urpunkt	A	K	F	L	K	
Bildpunkt	E	E	H		B	H
Zentrum	J	G	B	F		C
Streckfaktor				$-0{,}8$	-3	$2{,}5$

Übung 2

a) Gegeben sind Z und P mit $\overline{ZP} = 6\,\text{cm}$.
Konstruiere P' für $k = 2{,}5$; $k = \frac{2}{3}$, $k = -\frac{4}{5}$ und $k = -\frac{7}{6}$

b) Gegeben sind P und P' mit $\overline{PP'} = 3\,\text{cm}$.
Konstruiere Z für $k = 1{,}5$; $k = \frac{2}{3}$; $k = -\frac{1}{2}$ und $k = -1{,}2$!

Übung 3

$S(Z; k)$ bildet P auf P' ab, wobei $\overline{ZP'} = 7{,}2\,\text{cm}$ und $\overline{PP'} = 2{,}4\,\text{cm}$.
Welche(n) Wert(e) hat der Streckfaktor k?

Übung 4

Gegeben sind zwei Punkte P und Q mit $\overline{PQ} = 5{,}6\,\text{cm}$.
Ermittle durch Konstruktion diejenigen Punkte X, die so auf der Geraden PQ liegen, dass gilt: $\overline{PX} : \overline{QX} = 1{,}8$!

Übung 5

Bei der zentrischen Streckung $S\,(Z; 1{,}6)$ wird A auf A' und B auf B' abgebildet,
wobei $\overline{AA'} = 3{,}6\,\text{cm}$, $\overline{A'B'} = 8\,\text{cm}$ und $\overline{ZB} = 7\,\text{cm}$.

a) Konstruiere Z! (B und B' sind hier noch nicht zu berücksichtigen.)

b) Berechne $\overline{AB}$, $\overline{BB'}$ und $\overline{ZA}$ *ohne* Verwendung von Ergebnissen der Konstruktion!

c) Wie oft ist die Fläche von $\triangle ZAB$ in der Fläche von $\triangle ZA'B'$ enthalten?

Übung 6

Ein Quadrat mit dem Flächeninhalt $144\,\text{cm}^2$ wird durch eine zentrische Streckung mit dem Streckungsfaktor $k = \frac{5}{6}$ abgebildet.
Berechne den Umfang U' und den Flächeninhalt A' des Bildquadrats!

Übung 7

Zerlege eine gegebene Strecke der Länge 10 cm durch Konstruktion in sieben Teilstrecken gleicher Länge!

2 Strahlensätze

Eine Geradenkreuzung werde von zwei parallelen Geraden geschnitten. Dann lässt sich die entstandene Figur, eine sog. Strahlensatzfigur, so beschriften, wie du es bei der zentrischen Streckung kennengelernt hast:

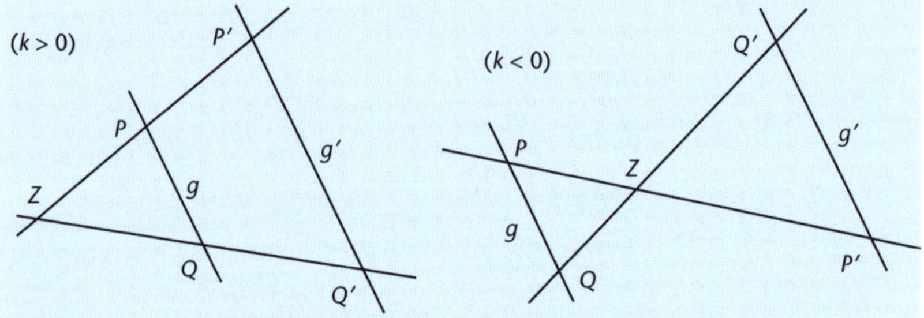

Betrachten wir nur die Längen der vorkommenden Strecken. Unabhängig davon, ob *k* positiv oder negativ ist, folgen aus der Grundgleichung der zentrischen Streckung für die Streckenlängen die folgenden Verhältnisgleichungen; man bezeichnet sie als *Vier-Strecken-* oder *Strahlensätze:*

$$\frac{\overline{ZP}}{\overline{ZP'}} = \frac{\overline{ZQ}}{\overline{ZQ'}} \qquad \frac{\overline{ZP}}{\overline{PQ}} = \frac{\overline{ZP'}}{\overline{P'Q'}} \qquad \frac{\overline{ZP}}{\overline{PP'}} = \frac{\overline{ZQ}}{\overline{QQ'}}$$

Beispiel

Um die Breite eines Flusses zu bestimmen, verfährt man nach nebenstehender Skizze; wichtig ist, dass $\alpha = \beta$, also $g \parallel g'$!

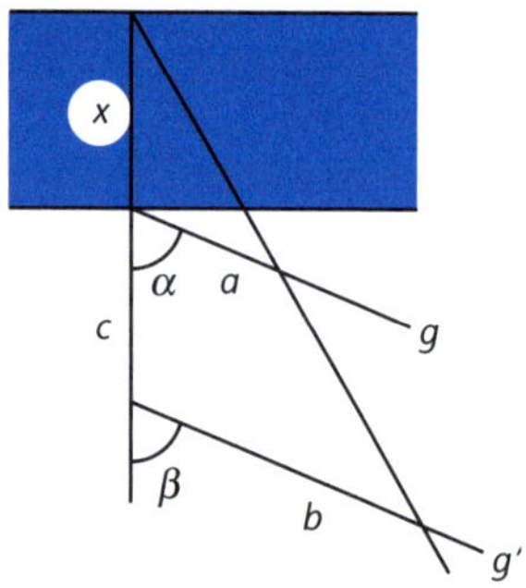

Dann gilt:

$$\frac{x}{a} = \frac{x+c}{b}$$

$$xb = (x+c)\cdot a \Leftrightarrow xb = xa + ac \Leftrightarrow$$

$$\Leftrightarrow xb - xa = ac \Leftrightarrow x\cdot(b-a) = ac$$

$$x = \frac{a\,c}{b-a}$$

Misst man beispielsweise $a = 24$ m, $b = 40$ m und $c = 12$ m,

so ergibt sich $x = \frac{24\text{ m}\cdot 12\text{ m}}{40\text{ m} - 24\text{ m}} = \frac{24\text{ m}\cdot 12\text{ m}}{16\text{ m}} = 18\text{ m}$ für die gesuchte Breite des Flusses.

Tipp

Es ist – wie so oft – nicht wichtig, sich die Strahlensätze als Formeln zu merken; nützlicher ist es, sich in einer Skizze Strecken, die einander entsprechen, etwa mit gleicher Farbe zu markieren!

Übung 1

In *Figur 1* ist $g \| h$.

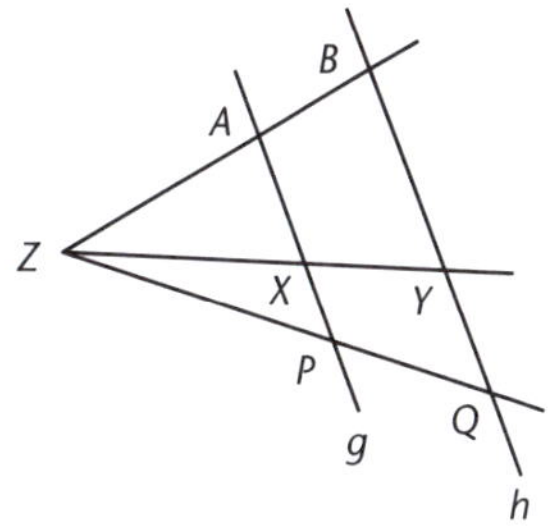

Figur 1

a) Versuche möglichst viele verschiedene Verhältnisgleichungen für vorkommende Streckenlängen zu finden!

b) Berechne $\overline{ZP}$ und $\overline{AP}$ für $\overline{ZA} = 4\,\text{cm}$, $\overline{AB} = 2\,\text{cm}$ und $\overline{AX} = \overline{YQ} = \overline{PQ} = 3\,\text{cm}$.

Übung 2

In *Figur 2* ist $CD \| FG$ und $BC \| AD$.
Vervollständige die folgenden Verhältnisgleichungen; falls nötig, füge einen Zwischenschritt ein!

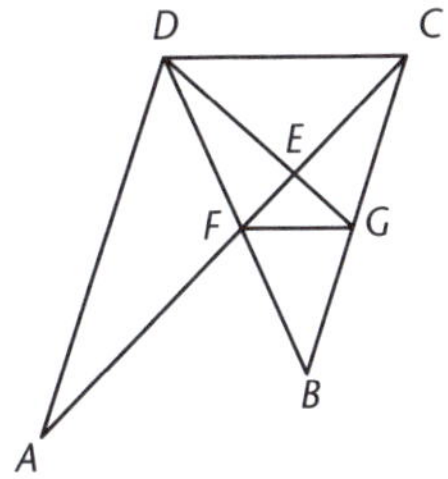

Figur 2

a) $\overline{FG} : \overline{CD} = \overline{EF} : \ldots\ldots$

b) $\overline{FG} : \overline{CD} = \overline{BF} : \ldots\ldots$

c) $\overline{AD} : \overline{CG} = \overline{DC} : \ldots\ldots$

d) $\overline{BC} : \overline{AD} = \ldots\ldots : \overline{CG}$

Übung 3

In *Figur 3* wird $[AB]$ durch $S\,(Z;\,k)$ auf $[A'B']$ abgebildet. Berechne x, y, z und k!

Übung 4

In *Figur 4* gilt: $AD \| BE \| FC$ sowie $\overline{AS} = 12\,\text{cm}$, $\overline{SC} = 8\,\text{cm}$, $\overline{DE} = 2\,\text{cm}$, $\overline{ES} = 6\,\text{cm}$ und $\overline{BE} = 5\,\text{cm}$. Berechne $\overline{BS}$, $\overline{AD}$, $\overline{FC}$ und $\overline{SF}$!

Figur 3

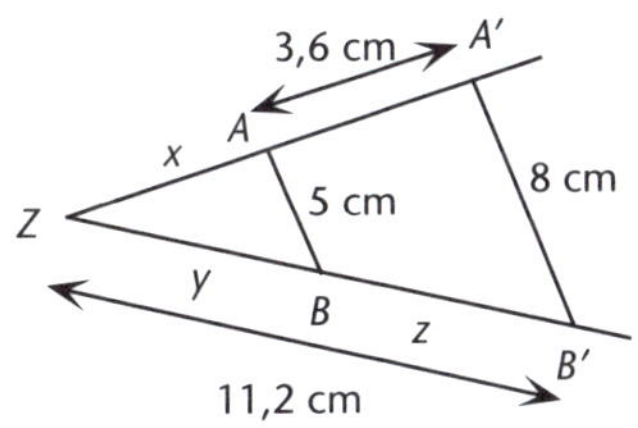

Figur 4

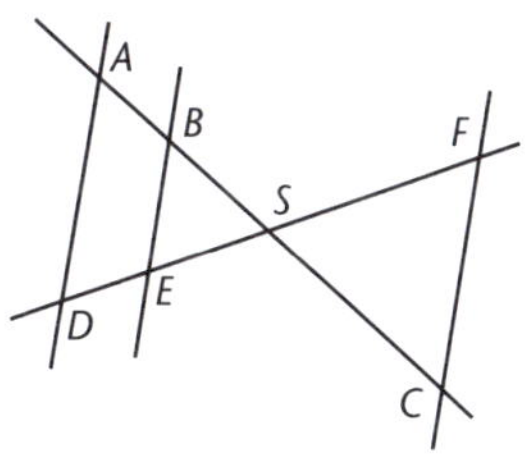

Übung 5

Von einem 28 m hohen Turm erblickt man unmittelbar hinter einer 8 m hohen Tanne, die in 300 m Abstand vom Turm am Ufer eines Sees steht, das gegenüberliegende Seeufer. Wie breit ist der See?

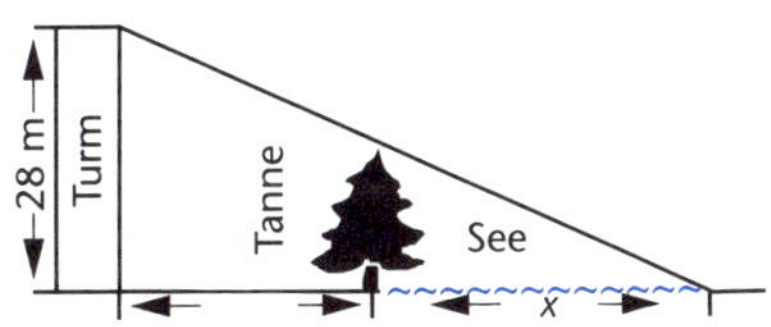

Übung 6

Ein Mensch (Augenhöhe $a = 1{,}7$ m) peilt von seinem Balkon (Höhe $b = 5{,}3$ m) über die Spitze eines Dachgiebels (Höhe $h = 10$ m) die Spitze eines Kirchturms (Höhe $H = 30$ m) an; der Abstand zwischen Dachgiebel und Kirchturm beträgt 0,32 km. – Zeichne eine Skizze und berechne den Abstand des Menschen vom Dachgiebel!

3 Schwerpunktsatz

M_a, M_b und M_c seien die Mittelpunkte der Seiten eines beliebigen Dreiecks *ABC*. Jede der Strecken $[M_a M_b]$, $[M_b M_c]$ und $[M_c M_a]$ ist parallel zur entsprechenden Dreiecksseite und halb so lang wie diese; überlege dir, dass dies aus den Strahlensätzen folgt! $[M_a M_b]$, $[M_b M_c]$ und $[M_c M_a]$ heißen die **Mittelparallelen** des Dreiecks.

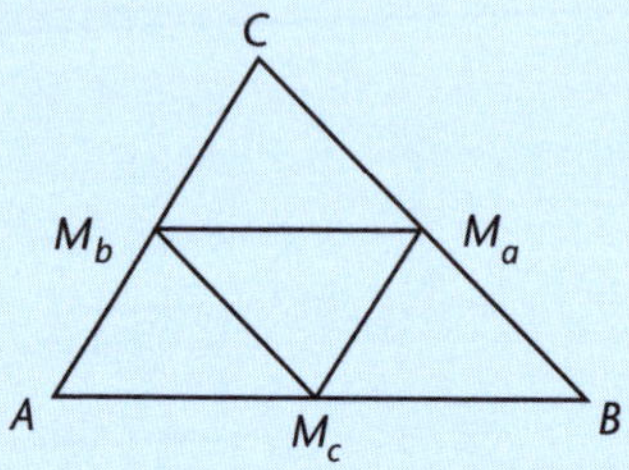

Die Strecken $[A M_a]$, $[B M_b]$ und $[C M_c]$ heißen die **Seitenhalbierenden** oder **Schwerelinien** des Dreiecks. Sie schneiden sich in **einem** Punkt, dem **Schwerpunkt** *S* des Dreiecks.

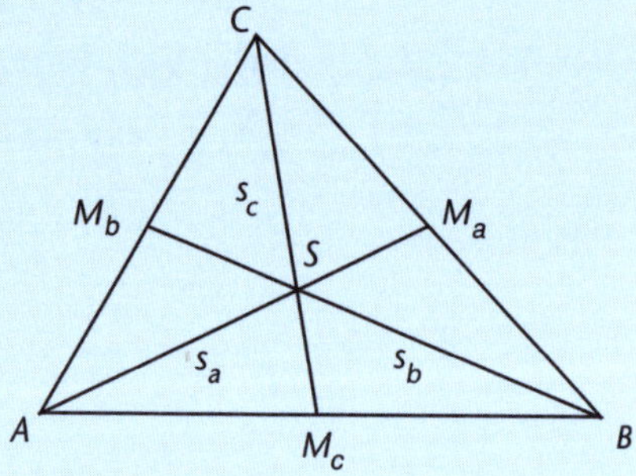

Die Längen der Teilstrecken, in die der Schwerpunkt eine Seitenhalbierende teilt, verhalten sich wie 2 : 1; die längere Teilstrecke liegt immer an einer Ecke:

$$\overline{AS} : \overline{SM_a} = \overline{BS} : \overline{SM_b} = \overline{CS} : \overline{SM_c} = 2:1$$

oder $\overline{AS} = \frac{2}{3} \cdot \overline{AM_a}$, $\overline{BS} = \frac{2}{3} \cdot \overline{BM_b}$, $\overline{CS} = \frac{2}{3} \cdot \overline{CM_c}$

oder $\overline{AS} = \frac{2}{3} \cdot s_a$, $\overline{BS} = \frac{2}{3} \cdot s_b$, $\overline{CS} = \frac{2}{3} \cdot s_c$

Dies ist der **Schwerpunktsatz**; wie er sich ergibt, kannst du dir wieder mithilfe der Strahlensätze und des Satzes über die Mittelparallelen klarmachen.

Übung 1

Konstruiere $\triangle ABC$ aus
a) $A(1|7)$, $B(2|1)$, $S(4|5)$
b) $C(4|6)$, $M_a(7|4)$, $S(5|3)$

Übung 2

a) Im Dreieck ABC ist S der Schwerpunkt und M_c der Mittelpunkt von $[AB]$; außerdem ist bekannt: $\overline{AB} = 8$ cm, $\overline{SM_c} = 2$ cm, $\overline{AS} = 5$ cm. Konstruiere $\triangle ABC$!
b) Im Dreieck ABC ist S der Schwerpunkt und M_b der Mittelpunkt von $[AC]$; außerdem ist bekannt: $\overline{M_bB} = 8$ cm, $\overline{AC} = 6$ cm, $\measuredangle CSM_b = 60°$.

Zeichne $[M_bB]$ und konstruiere S; dann konstruiere $\triangle ABC$!

Übung 3

Von $\triangle ABC$ ist bekannt: $s_a = 4{,}8$ cm ; $s_c = 8{,}4$ cm ; $s_a \perp s_c$. Konstruiere das Dreieck!

Übung 4

Im Dreieck ABC ist s_c die Seitenhalbierende der Seite c und M ist der Mittelpunkt von s_c. Die Halbgerade $[BM$ schneidet die Dreiecksseite b in P.
Zeichne eine Skizze und ermittle rechnerisch, in welchem Verhältnis P die Strecke $[AC]$ teilt!

Übung 5

Gegeben ist das skizzierte Dreieck ABC mit seinen Mittelparallelen und Seitenhalbierenden.

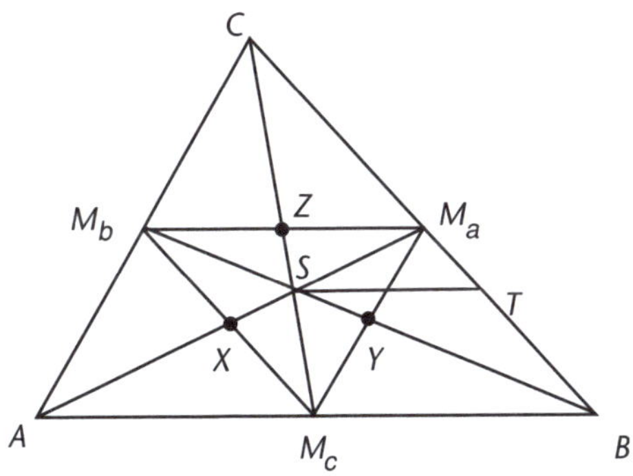

a) Drücke $\overline{SX}$ durch $\overline{AM_a}$ aus!
b) Drücke $\overline{XY}$ durch $\overline{AB}$ aus!
c) Berechne $\overline{ST}$, wenn gilt
$ST \parallel AB$ und $\overline{M_aM_b} = 6$ cm!

4 Ähnlichkeitssätze

Durch Hintereinanderausführung von Achsenspiegelungen entsteht eine Kongruenzabbildung, z. B. eine Punktspiegelung, eine Verschiebung oder eine Drehung. Die Kongruenzsätze geben darüber Auskunft, unter welchen Voraussetzungen man bereits auf die Kongruenz zweier Dreiecke schließen kann.

Wenn man nun eine zentrische Streckung (oder mehrere) und eine Kongruenzabbildung (oder mehrere) hintereinander ausführt, so entsteht eine **Ähnlichkeitsabbildung**.

Beispiel

Verkettung einer zentrischen Streckung und einer Achsenspiegelung:

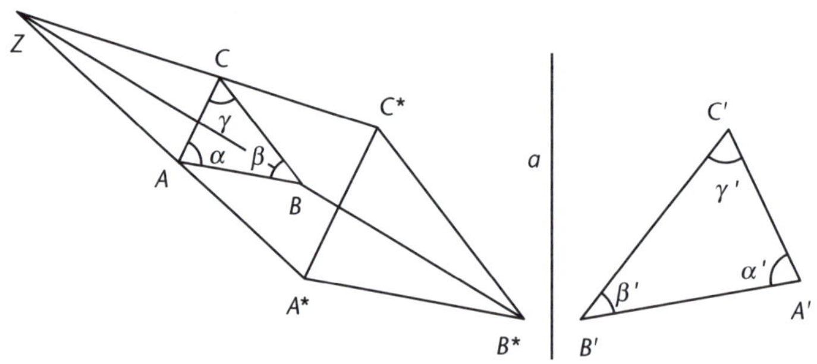

Bei einer Ähnlichkeitsabbildung wird jeder Winkel auf einen kongruenten Winkel abgebildet und jede Strecke wird im gleichen Verhältnis, dem Ähnlichkeitsmaßstab *m*, verlängert oder verkürzt; in obigem Beispiel ist

$(*)\ \alpha=\alpha',\ \beta=\beta',\ \gamma=\gamma',\ \overline{A'B'}:\overline{AB}=\overline{B'C'}:\overline{BC}=\overline{C'A'}:\overline{CA}=m$

Der Flächeninhalt der Bildfigur ist m^2-mal so groß wie der Flächeninhalt der Originalfigur. Lässt sich eine Figur, z. B. $\triangle ABC$, durch eine Ähnlichkeitsabbildung auf eine Bildfigur, z. B. $\triangle A'B'C'$, abbilden, so heißen die beiden Figuren zueinander **ähnlich** und man schreibt: $\triangle ABC \sim \triangle A'B'C'$. Um auf die Ähnlichkeit zweier Dreiecke zu schließen, müssen nicht alle in Zeile (*) genannten Bedingungen erfüllt sein.

Ähnlichkeitssätze:

Zwei Dreiecke sind bereits dann ähnlich, wenn sie
- im Verhältnis ihrer Seiten übereinstimmen;
- im Verhältnis zweier Seiten und im eingeschlossenen Winkel übereinstimmen;
- in zwei Winkeln übereinstimmen;
- im Verhältnis zweier Seiten und im Gegenwinkel der größeren Seite übereinstimmen.

Am einfachsten und am wichtigsten ist dabei der 3. Ähnlichkeitssatz!

Übung 1

Zeichne je zwei Dreiecke mit a) $a : b : c = 4 : 5 : 7$

b) $a : b = 3 : 4,\ \gamma = 70°$ c) $\alpha = 70°,\ \beta = 40°$

d) $b : c = 4 : 5,\ \gamma = 80°$ e) $a : b = 5 : 4,\ \beta = 30°$

Sind die gezeichneten Dreiecke in jedem Fall zueinander ähnlich ?

Übung 2

In $\triangle ABC$ ist $\measuredangle ACB = 90°$, $[CH_c]$ ist Höhe, $\overline{AH_c} = 6{,}4$ cm, $\overline{BH_c} = 3{,}6$ cm.

a) Beweise: $\triangle AH_cC \sim \triangle CH_cB$

b) Berechne $\overline{CH_c}$!

Übung 3

Von zwei Dreiecken ABC und $A'B'C'$ ist bekannt: $a = 5{,}4$ cm, $b = 4{,}5$ cm, $h_a = 3{,}5$ cm, $b' = 6{,}3$ cm, $h'_b = 6{,}0$ cm. Entscheide durch Rechnung, ob die beiden Dreiecke zueinander ähnlich sein können!

Übung 4

Die Umfänge zweier ähnlicher Dreiecke verhalten sich wie $\sqrt{13} : 2$; ihre Flächeninhalte unterscheiden sich um 18 cm². Berechne beide Flächeninhalte!

Übung 5

In der *Figur 1* ist M der Mittelpunkt des Umkreises von $\triangle ABC$ und $DM \perp AB$.

a) Beweise: $\triangle ABC \sim \triangle ADM$

b) Berechne $\overline{AD}$ für $\overline{AB} = 15$ cm, $\overline{AC} = 9$ cm!

Übung 6

In *Figur 2* sind einem Kreis um M die beiden Dreiecke $\triangle ABC$ und $\triangle EBC$ einbeschrieben, und es gilt: $AB \perp CD$. Beweise: $\triangle ADC \sim \triangle EBC$.

Übung 7

In *Figur 3* gilt: $\triangle ABC \sim \triangle DBC$, $\measuredangle DAC = 50°$, $\measuredangle BDC = 100°$, $\overline{AB} = 9$, $\overline{BC} \approx 7$ cm.

Berechne die Größe der Winkel β, γ_1, γ_2 und δ und die Streckenlängen $\overline{DB}$, $\overline{DC}$ und $\overline{AC}$!

Übung 8

Zeichne in ein spitzwinkliges Dreieck ABC mit den Seiten a, b und c die Höhen h_b und h_c ein und bezeichne deren Fußpunkte mit D bzw. E!

a) Beweise, dass $\triangle AEC \sim \triangle ADB$, und bestimme das Verhältnis $\overline{AE} : \overline{AD}$ sowie das Verhältnis der Flächeninhalte von $\triangle AEC$ und $\triangle ADB$!

b) Verbinde D mit E und beweise, dass $\triangle ADE \sim \triangle ABC$!

c) Gib mit Begründung ein weiteres Paar ähnlicher Dreiecke an, das in der Figur vorkommt!

Figur 1

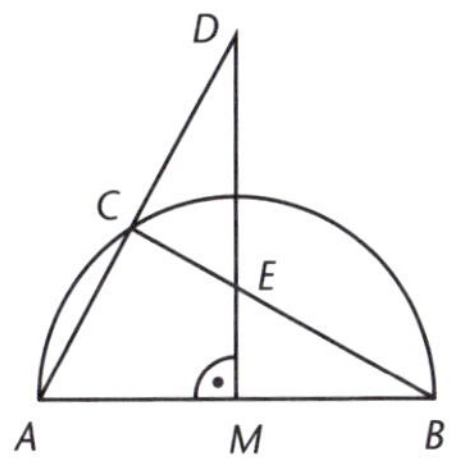

Figur 2

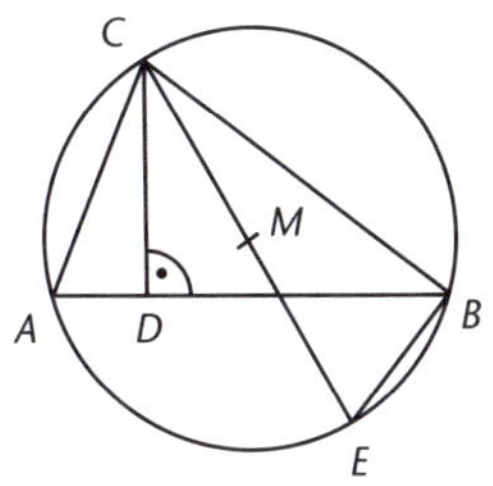

Figur 3

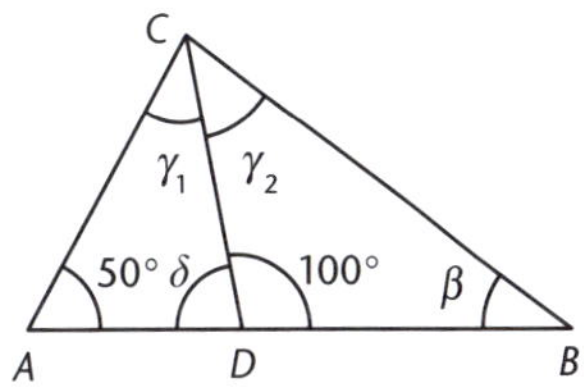

5 Ähnlichkeitskonstruktionen

Beispiel 1

△ ABC ist zu konstruieren aus $b : c = 3 : 5$, $\alpha = 60°$, $s_a = 6$ cm

Enthält eine Konstruktionsaufgabe eine Angabe über das Verhältnis von Streckenlängen, kannst du folgendermaßen vorgehen (**Ähnlichkeitsverfahren**) :

① Du konstruierst zunächst eine vorläufige Figur, die zur gesuchten Figur ähnlich ist. Hier könnte dies ein Dreieck $A^*\,B^*\,C^*$ sein, in dem $b^* = 3$ cm, $c^* = 5$ cm und $\alpha = 60°$ ist, in dem aber s_a noch nicht die geforderte Länge von 6 cm besitzt.

② Du bringst die vorläufige Figur durch eine Ähnlichkeitsabbildung, i. Allg. durch eine zentrische Streckung, auf die verlangte Größe. Hier bietet sich als Zentrum der Streckung der Punkt $Z = A^* = A$ an:

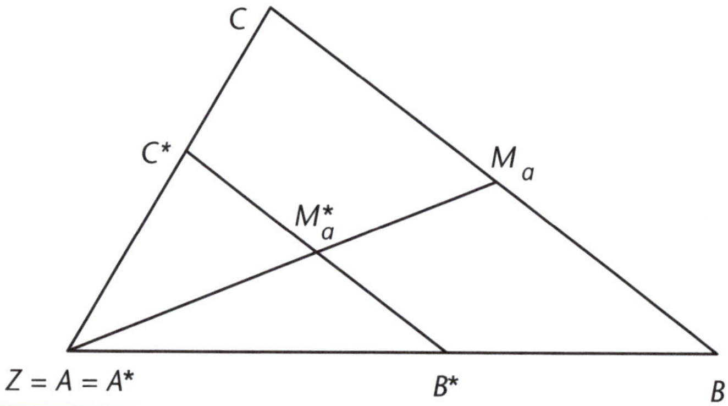

Beispiel 2

Ein wichtiger Typ von Aufgaben, bei denen du dieses Ähnlichkeitsverfahren anwenden musst, sind **Einbeschreibungsaufgaben**; auch hierzu ein Beispiel :

Einem gegebenen Dreieck ABC ist ein Quadrat $PQRS$ so einzubeschreiben, dass $P, Q \in [AB]$, $R \in [BC]$ und $S \in [AC]$.
Auch hier zeichnest du ein vorläufiges Quadrat, das noch nicht alle Forderungen erfüllt, und bringst dieses dann durch zentrische Streckung auf die verlangte Größe.

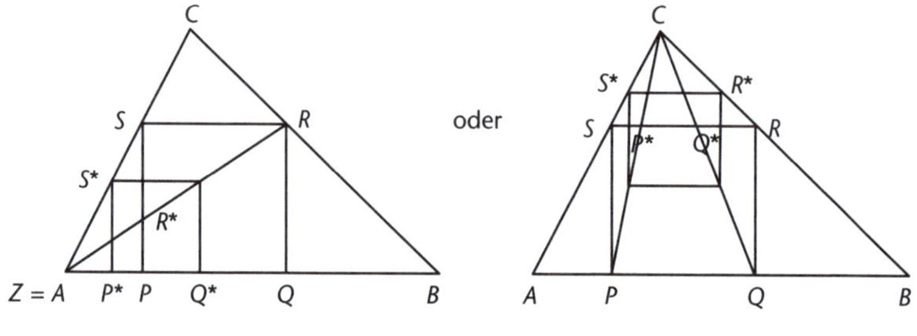

Übung 1

Konstruiere jeweils $\triangle ABC$:

a) $b : c = 2 : 3$, $\alpha = 70°$, $a = 5$ cm
b) $a : b = 5 : 3$, $b : c = 1 : 2$, $h_c = 1{,}8$ cm
c) $a : s_b = 5 : 6$, $\gamma = 70°$, $h_c = 3$ cm
d) $\alpha = 50°$, $\beta = 80°$, $s_c = 5$ cm
e) $a : b = 6 : 5$, $b = c$, $r = 4$ cm (r bezeichnet den Umkreisradius)

Übung 2

a) Konstruiere ein Rechteck $ABCD$ aus $\overline{AB} : \overline{AC} = 5:6$, $\overline{BC} = 2$ cm!

b) Konstruiere ein Parallelogramm $ABCD$ aus $\overline{AB} : \overline{BC} = 5:3$, $\alpha = 60°$, $\overline{BD} = 5{,}5$ cm!

c) Konstruiere eine Raute $ABCD$ aus $\overline{AC} : \overline{BD} = 3:7$, $\overline{AB} = 5$ cm!

Übung 3

Konstruiere $\triangle ABC$ aus $a = 4$ cm, $b = 5$ cm und $c = 7$ cm!
Diesem Dreieck ist ein Rechteck $PQRS$ mit $\overline{PQ} = 3 \cdot \overline{PS}$ so einzubeschreiben, dass $P, Q \in [AB]$, $R \in [BC]$ und $S \in [AC]$.

Übung 4

Zeichne den Umriss deiner Normalparabel-Schablone! Dieser Figur ist ein gleichschenkliges Dreieck einzubeschreiben, welches folgende Bedingungen erfüllt:

- Die Länge der Schenkel verhält sich zur Länge der Basis wie 5 : 3.
- Die Endpunkte der Basis liegen auf der Parabel und die dritte Ecke auf der geradlinigen Seite.

Übung 5

Aus einem Stück Karton von der Form eines Viertelkreises (Radius r) soll ein rechteckiges Stück ausgeschnitten werden, welches

- den vorhandenen rechten Winkel des Viertelkreises enthält;
- $1\frac{1}{2}$-mal so lang wie breit ist;
- möglichst großen Flächeninhalt besitzt.

Konstruiere für $r = 5$ cm!

6 Die Satzgruppe des Pythagoras (I)

Die Zeichnung zeigt ein rechtwinkliges Dreieck. Die Seiten *a* und *b*, die den rechten Winkel einschließen, heißen **Katheten**; die längste Dreiecksseite *c* liegt dem rechten Winkel gegenüber und heißt **Hypotenuse**. Der Fußpunkt *D* der Höhe *h* zerlegt die Hypotenuse in die **Hypotenusenabschnitte** *p* und *q*. Für die beiden Teildreiecke gilt: $\triangle ABC \sim \triangle ACD \sim \triangle CBD$ (Überlege dir, warum dies so ist!)
Aus der Ähnlichkeit der beiden Teildreiecke folgt der **Höhensatz:**

$$\frac{h}{q} = \frac{p}{h} \Rightarrow \qquad h^2 = p \cdot q$$

Das Quadrat über der Höhe eines rechtwinkligen Dreiecks ist inhaltsgleich dem Rechteck aus den Hypotenusenabschnitten.

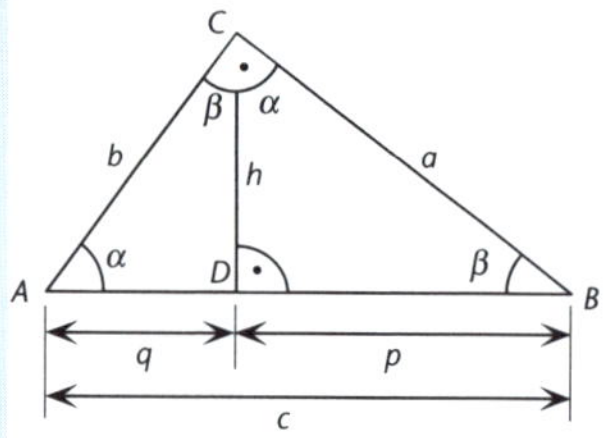

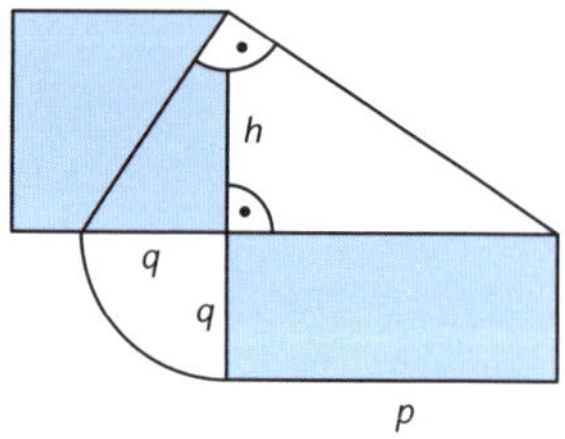

Aus der Ähnlichkeit jedes Teildreiecks zu $\triangle ABC$ folgt der **Kathetensatz:**
$a^2 = c \cdot p$ und $b^2 = c \cdot q$

(Leite diese Formeln selbst her!)

Das Quadrat über der Kathete eines rechtwinkligen Dreiecks ist inhaltsgleich dem Rechteck aus der Hypotenuse und dem jeweils anliegenden Hypotenusenabschnitt.

Aus $a^2 = c \cdot p$ und $b^2 = c \cdot q$ folgt

$$a^2 + b^2 = c \cdot p + c \cdot q = c \cdot (p + q)$$

$$a^2 + b^2 = c^2$$

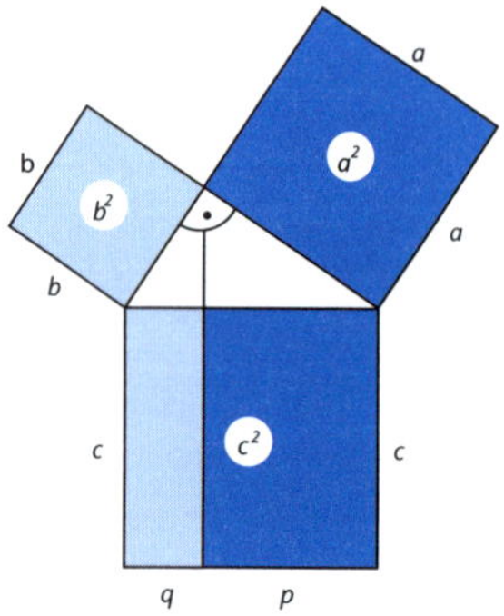

Dies ist der berühmte **Satz des Pythagoras:** Die Summe der Kathetenquadrate ist gleich dem Hypotenusenquadrat.
Dies gilt natürlich auch für die rechtwinkligen Teildreiecke:
$h^2 + q^2 = b^2$, $h^2 + p^2 = a^2$

Tipp

Oft ist es bei der Berechnung rechtwinkliger Dreiecke auch nützlich daran zu denken, dass für den Flächeninhalt *A* gilt:
$A = \frac{1}{2} c \cdot h = \frac{1}{2} a \cdot b$, also $c \cdot h = a \cdot b$

Übung 1

Berechne die jeweils fehlenden Stücke beim rechtwinkligen Dreieck:

	a)	b)	c)	d)	e)	f)	g)
a	12 cm					8 cm	
b				6 cm	2 cm		
c	13 cm						25 cm
p			4 cm	9 cm			
q		4 cm	12 cm				
h		8 cm				4 cm	
A					$24\,cm^2$		$1{,}5\,dm^2$

Übung 2

Berechne jeweils die Länge der Katheten:

a) In einem rechtwinkligen Dreieck ist die Hypotenuse 10 cm lang und die kürzere Kathete ist genauso lang wie der nicht anliegende Hypotenusenabschnitt.

b) Die Katheten eines rechtwinkligen Dreiecks verhalten sich wie 3 : 4. Die Hypotenuse misst 7,5 cm.

Übung 3

In einem rechtwinkligen Dreieck ist die längere Kathete um 0,5 cm kürzer als die Hypotenuse und um 8,5 cm länger als die kürzere Kathete. Berechne die Länge aller Dreiecksseiten!

Übung 4

Gegeben sind die Punkte $A\,(2\,|\,1)$, $B\,(9\,|\,4)$ und $C\,(7\,|\,9)$. Berechne die Längen der Seiten des Dreiecks ABC und entscheide durch Rechnung, ob dieses Dreieck rechtwinklig ist!

Übung 5

Konstruiere das Quadrat, das dem Rechteck mit der Länge 5 cm und der Breite 2 cm inhaltsgleich ist, a) nach dem Höhensatz b) nach dem Kathetensatz!

Übung 6

Konstruiere eine Strecke der Länge $\sqrt{21}$ cm

a) nach dem Höhensatz b) nach dem Kathetensatz!

Übung 7

Gegeben sind zwei Quadrate mit den Seitenlängen $s = 3$ cm und $t = 8$ cm; vgl. Skizze! Konstruiere das Quadrat, das dem getönten Flächenstück inhaltsgleich ist!

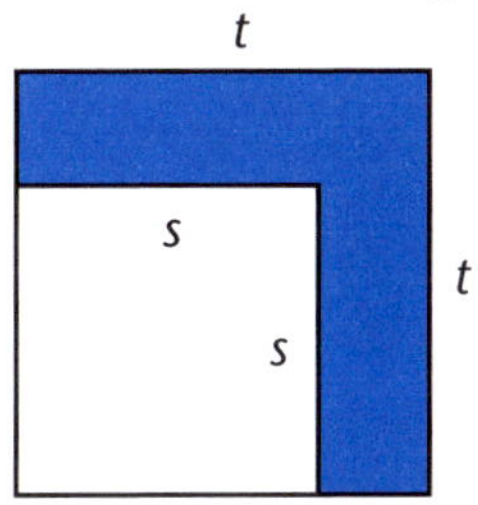

Übung 8

Im Rechteck $ABCD$ wird von D das Lot $[DE]$ auf die Diagonale $[AC]$ gefällt, und es gilt: $\overline{AE} = 4{,}8\,cm$, $\overline{DE} = 3{,}6\,cm$. Berechne Länge und Breite des Rechtecks !

7 Die Satzgruppe des Pythagoras (II)

Den Satz von Pythagoras kannst du immer dann anwenden, wenn in einer geometrischen Figur ein rechtwinkliges Dreieck ausfindig zu machen ist. Besonders wichtig sind die folgenden Beispiele:

Beispiel 1

Rechteck

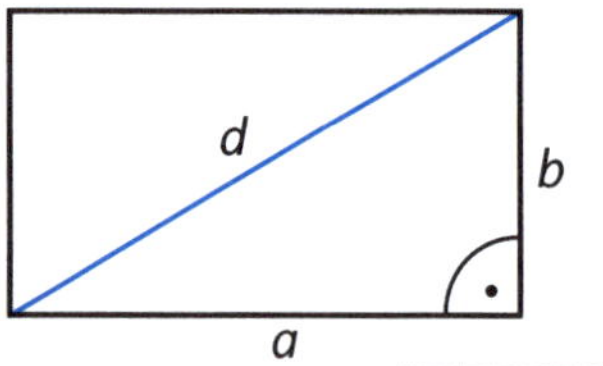

Diagonale $d = \sqrt{a^2 + b^2}$

Spezialfall: **Quadrat**

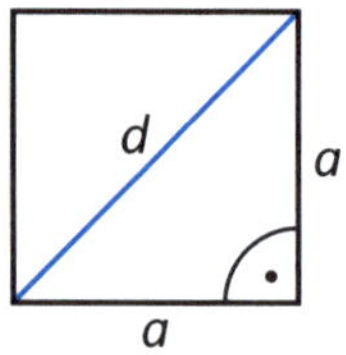

Diagonale $d = \sqrt{a^2 + a^2} = \sqrt{2}\,a$

Beispiel 2

gleichschenkliges Dreieck

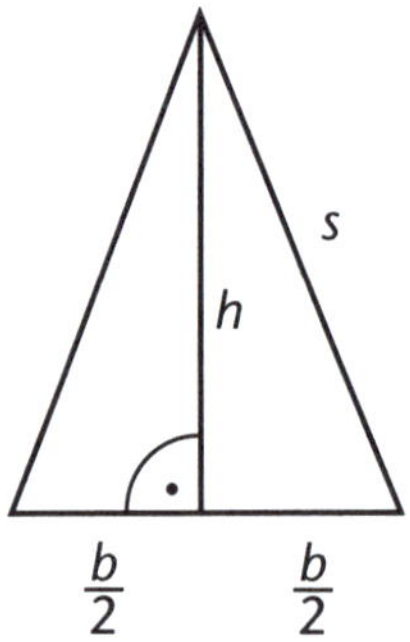

Fläche:

$A = \frac{1}{2} \cdot g \cdot h$

$A = \frac{1}{2} \cdot b \cdot h$

Höhe zur Basis $h = \sqrt{s^2 - \frac{b^2}{4}}$

Spezialfall: **gleichseitiges Dreieck**

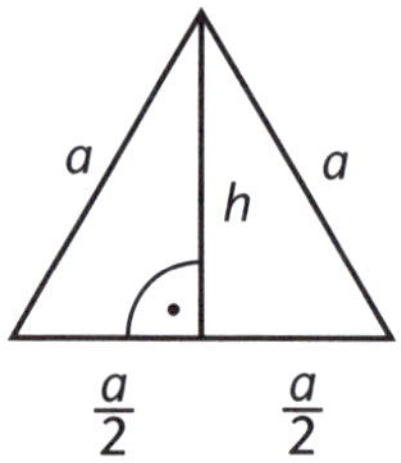

$A = \frac{\sqrt{3}}{4} a^2$

Höhe $h = \sqrt{a^2 - \frac{a^2}{4}} = \frac{\sqrt{3}}{2} a$

Beispiel 3

Quader

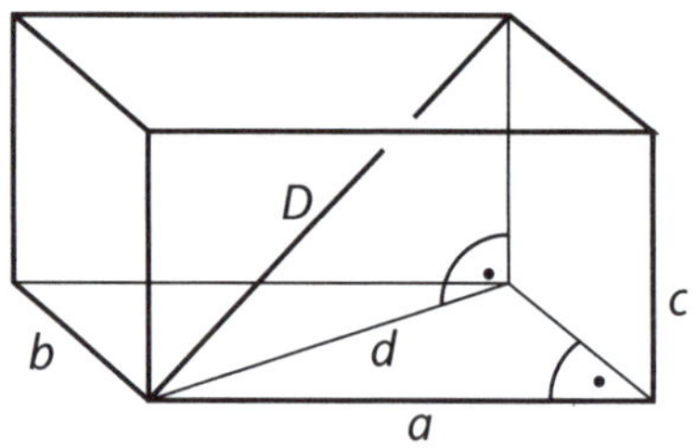

Raumdiagonale

$D = \sqrt{a^2 + b^2 + c^2}$

Spezialfall: **Würfel**

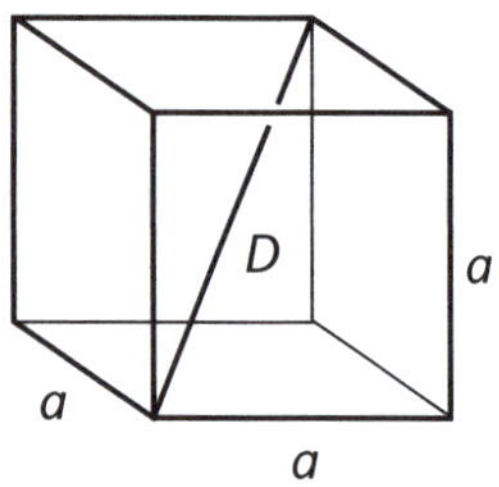

Raumdiagonale

$D = \sqrt{3} \cdot a$

Übung 1

Wie breit ist ein Rechteck der Länge 15 cm, dessen Diagonalen 18 cm lang sind?

Übung 2

Bei einem Quader ist die zweite Kante 1 cm länger als die erste und die dritte 3 cm länger als die zweite. Wie lang sind die Kanten, wenn die Raumdiagonale 17 cm misst?

Übung 3

Wie groß ist jeweils der Flächeninhalt?

a) Ein gleichseitiges Dreieck hat 6 cm lange Seiten.

b) Ein gleichschenkliges Dreieck hat Schenkel der Länge 4,8 cm und eine Basis der Länge 3,2 cm.

c) Eine Raute hat 3 cm lange Seiten und die eine Diagonale misst 5 cm.

Übung 4

a) Ein gleichschenkliges Dreieck hat den Umfang 16 cm und die Höhe zur Basis ist 4 cm lang. Wie lang sind die Dreiecksseiten?

b) Ein gleichschenkliges Trapez hat Grundseiten der Länge 6,4 cm bzw. 3,6 cm und die Höhe 2,5 cm. Wie lang sind die Diagonalen?

Übung 5

In einem Kreis vom Radius 3 cm ist eine Sehne der Länge 4,8 cm eingezeichnet. Wie groß ist der Abstand des Kreismittelpunkts von der Sehne?

Übung 6

Von einem Punkt P, welcher 10 cm vom Mittelpunkt M des Kreises k (M; 6 cm) entfernt ist, werden die Tangenten an diesen Kreis konstruiert. (Wie geht das?)
Wie weit sind die beiden Punkte, in denen die Tangenten den Kreis berühren, voneinander entfernt?

Tipp

Bei Übung 6 denke daran, dass zur Satzgruppe des Pythagoras auch der Kathetensatz und der Höhensatz gehören!

8 Pyramiden (Berechnungen)

Die Grundfläche einer n-seitigen Pyramide ist ein n-Eck, der Mantel setzt sich aus n Dreiecken zusammen. Um den Oberflächeninhalt S einer Pyramide zu berechnen, musst du den Mantelflächeninhalt M zum Grundflächeninhalt G addieren: $S = G + M$

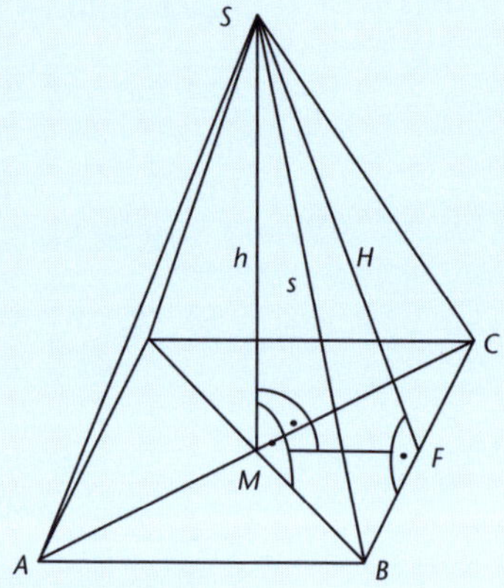

Das Lot von der Spitze auf die Grundfläche ist die Höhe der Pyramide; bezeichnet man diese mit h, so gilt für das

Pyramidenvolumen: $V = \frac{1}{3} G \cdot h$

Ist die Grundfläche ein regelmäßiges n-Eck und ist ihr Mittelpunkt der Fußpunkt der Höhe, so heißt die Pyramide regelmäßig; die Mantelflächendreiecke sind dann gleichschenklig.

Viele Aufgaben zur Pyramidenberechnung sind eigentlich Anwendungsaufgaben zum **Satz von Pythagoras**, denn du kannst mehrere rechtwinklige Dreiecke auffinden:
in $\triangle MBS$ erkennst du für die Länge der Seitenkanten:
$s^2 = h^2 + \overline{MB}^2$.
Von der Höhe h der Pyramide musst du die Höhen H der Mantelflächendreiecke gut unterscheiden, auch in der Bezeichnung:
In $\triangle MFS$ gilt: $H^2 = h^2 + \overline{MF}^2$; und in $\triangle BFS$ gilt: $H^2 = s^2 - \overline{BF}^2$

Beispiel

Eine regelmäßige vierseitige Pyramide wie in obiger Abbildung hat als Grundfläche ein Quadrat mit Seiten der Länge 6 cm und die Höhe beträgt 4 cm.
Grundflächeninhalt: $G = a^2 = (6\text{ cm})^2 = 36\text{ cm}^2$

Volumen: $V = \frac{1}{3} G\, h = \frac{1}{3} \cdot 36\text{ cm}^2 \cdot 4\text{ cm} = 48\text{ cm}^3$

Höhen Mantelflächendreiecke: $H = \sqrt{h^2 + \left(\frac{a}{2}\right)^2} = \sqrt{4^2 + 3^2}\text{ cm} = 5\text{ cm}$

Mantelflächeninhalt: $M = 4 \cdot \frac{1}{2} \cdot a \cdot H = 2 \cdot 6\text{ cm} \cdot 5\text{ cm} = 60\text{ cm}^2$

Oberflächeninhalt: $S = G + M = (36 + 60)\text{ cm}^2 = 96\text{ cm}^2$

Länge der Seitenkanten: $s = \sqrt{H^2 + \left(\frac{a}{2}\right)^2} = \sqrt{5^2 + 3^2}\text{ cm} = \sqrt{34}\text{ cm}$

oder: $s = \sqrt{h^2 + \left(\frac{a\sqrt{2}}{2}\right)^2} = \sqrt{4^2 + \left(\frac{6\sqrt{2}}{2}\right)^2}\text{ cm} = \sqrt{34}\text{ cm}$

Tipps

Bei Übung 1 und Übung 2 denke an den Schwerpunktsatz, bei Übung 5 und Übung 6 denke an die Strahlensätze!

Übung 1

a) Eine regelmäßige dreiseitige Pyramide hat 2,8 m lange Grundkanten und 5,4 m lange Seitenkanten.

b) Drei gleichschenklige Dreiecke mit Schenkeln der Länge $3\sqrt{5}$ cm bilden den Mantel einer regelmäßigen Pyramide der Höhe 4 cm.

Wie groß sind jeweils das Volumen und der Oberflächeninhalt der Pyramide?

Übung 2

Eine regelmäßige dreiseitige Pyramide, bei der sämtliche Kanten gleich lang sind, heißt ein **Tetraeder**.

a) Wie groß sind das Volumen und der Oberflächeninhalt eines Tetraeders mit 6 cm langen Kanten ?

b) Wie lang sind die Kanten eines Tetraeders mit einem Volumen von 250 cm^3 ?

Übung 3

Bei einer senkrechten quadratischen Pyramide sei a die Länge der Grundkante, s die der Seitenkante, H die Höhe einer Seitenfläche, h die Höhe der Pyramide, V ihr Volumen und S ihr Oberflächeninhalt. Berechne die jeweils fehlenden Stücke:

	a)	b)	c)	d)	e)
a	6 cm	4 cm	6 cm		
s		8 cm		17,5 cm	
H			5 cm		
h	6 cm			12,5 cm	6 cm
V					25 cm^3
S					

Übung 4

Eine regelmäßige sechsseitige Pyramide soll die halbe Höhe, aber das gleiche Volumen besitzen wie eine quadratische Pyramide mit Grundkanten der Länge 3 cm.
Wie lang müssen ihre Grundkanten sein?

Übung 5

In welchem Abstand von der Spitze einer Pyramide der Höhe h muss eine zur Grundfläche parallele Ebene gelegt werden, wenn die entstehende Ergänzungspyramide und der **Pyramidenstumpf** dasselbe Volumen haben sollen?

Übung 6

Ein regelmäßiger Pyramidenstumpf ist 9 dm hoch; Grund- und Deckfläche sind Quadrate mit der Kantenlänge 15 dm bzw. 6 dm.
Berechne die Höhe der Ergänzungspyramide und das Volumen des Pyramidenstumpfs!

9 Pyramiden (Konstruktionen)

In Zusammenhang mit Pyramiden gibt es nicht nur Rechenaufgaben wie im vorigen Kapitel, sondern auch Problemstellungen, die du durch Konstruktion lösen kannst. Typische Aufgaben sind
1. **Konstruktionen in wahrer Größe** und
2. **Konstruktionen von Pyramidennetzen.**

Beispiel

Du siehst hier die Abbildung einer regelmäßigen dreiseitigen Pyramide.

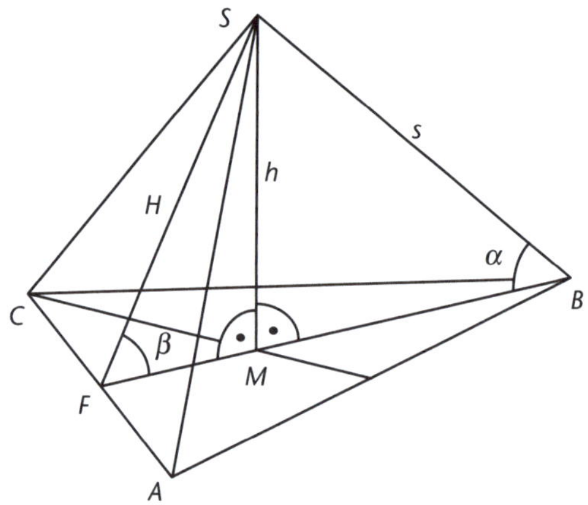

1. Weder den Neigungswinkel α der Seitenkanten gegenüber der Grundfläche noch den Neigungswinkel β der Mantelflächendreiecke gegenüber der Grundfläche kannst du bis jetzt berechnen, aber du kannst diese Winkel in wahrer Größe konstruieren. Es handelt sich um die Winkel $\alpha = \measuredangle SBM$ und $\beta = \measuredangle MFS$, die du in wahrer Größe findest, indem du die rechtwinkligen Dreiecke $\triangle MBS$ bzw. $\triangle FMS$ konstruierst.

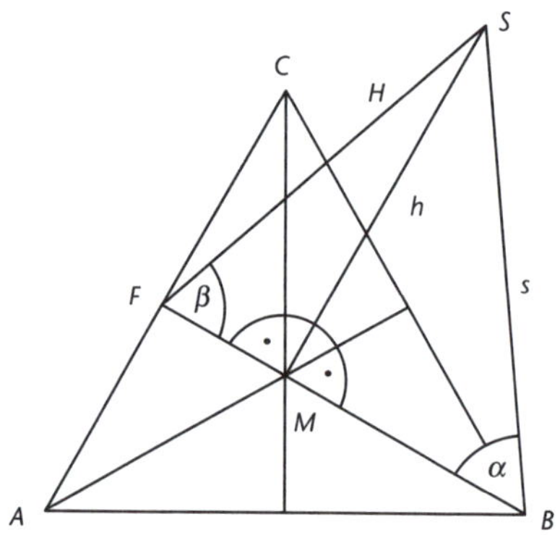

2. Schneidest du eine Pyramide entlang der Seitenkanten auf und klappst die Mantelflächendreiecke in die Ebene der Grundfläche um, so erhältst du ein **Netz der Pyramide**.

Übung 1

Eine regelmäßige vierseitige Pyramide hat Grundkanten der Länge $a = 6$ cm; die Höhe der Mantelflächendreiecke ist $H = 5$ cm. Konstruiere den Neigungswinkel der Seitenflächen gegenüber der Grundfläche und den Neigungswinkel der Seitenkanten gegenüber der Grundfläche in wahrer Größe! Zeichne dann auch das Netz der Pyramide!

Übung 2

Überlege dir, welche – besonders einfache – Gestalt das Netz eines Tetraeders hat, und zeichne das Netz des Tetraeders aus ***Übung 2. a)*** des vorigen Kapitels!

Übung 3

Aus einem quadratischen Stück Karton der Kantenlänge 16 cm werden vier gleichschenklige Dreiecke mit der Höhe 4 cm herausgeschnitten, sodass das Netz einer Pyramide übrig bleibt; vgl. nebenstehende Skizze!

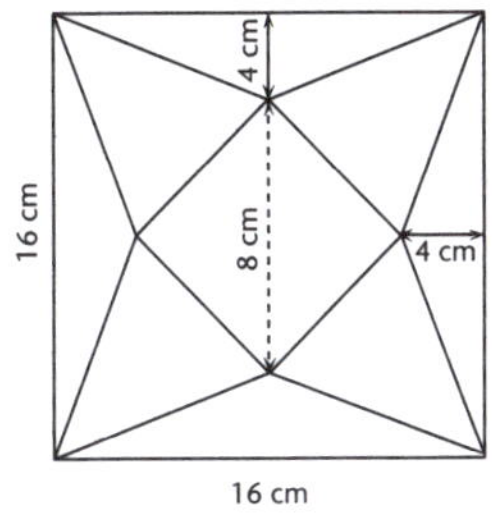

a) Berechne den Oberflächeninhalt und das Volumen dieser Pyramide!

b) Konstruiere den Neigungswinkel der Seitenflächen gegenüber der Grundfläche! Entnimm die dazu benötigten Streckenlängen einer maßstabsgetreuen Zeichnung der Skizze!

Übung 4

Das Dach eines Kirchturms hat die Gestalt einer vierseitigen Pyramide; die Grundfläche ist ein 12 m langes und 8 m breites Rechteck, und die Seitenkanten des Daches sind 15 m lang.
Ein Dachdecker geht
a) von der Mitte einer Längsseite der Grundfläche
b) von der Mitte einer Breitseite der Grundfläche
c) von einer Ecke der Grundfläche in Richtung der Kirchturmspitze.
Ermittle durch maßstäbliche Konstruktion, welcher Weg am steilsten bzw. am wenigsten steil ist!

10 Kreisberechnung

Ein Kreis habe den Radius r (bzw. den Durchmesser $d = 2r$); dann gilt für seinen

Umfang: $U = 2\pi r = \pi d$

Flächeninhalt: $A = \pi r^2 = \dfrac{\pi d^2}{4}$

Dabei ist $\pi = 3{,}14159...$ die *Kreiszahl*, eine irrationale Zahl, die sich beispielsweise durch folgende Intervallschachtelung festlegen lässt: dem Kreis wird eine Folge regelmäßiger n-Ecke einbeschrieben und umbeschrieben; mit wachsender Eckenzahl n unterscheiden sich die Umfänge bzw. die Flächeninhalte der n-Ecke immer weniger vom Umfang bzw. vom Flächeninhalt des Kreises.

So gilt etwa für $n = 6$: $s_6 = r$; $S_6 = \dfrac{r}{\frac{\sqrt{3}}{2}} = \dfrac{2\sqrt{3}}{3}\, r$

$u_6 = 6r < U_{\text{Kreis}} = 2\pi r < U_6 = 4\sqrt{3}\, r \approx 6{,}9\, r$

$\pi \in \left]3; 2\sqrt{3}\right[$

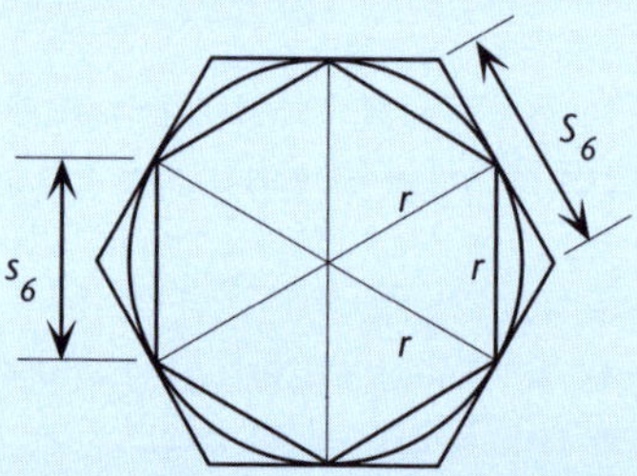

Ein Näherungswert $\bar{\pi}$ für π kann zu groß oder zu klein sein; deswegen stehen in den folgenden Formeln Betragsstriche: Der *absolute Fehler* des Näherungswerts ist $|\bar{\pi} - \pi|$,

der *relative Fehler* ist $\dfrac{|\bar{\pi} - \pi|}{\pi}$.

Beispiel

Der griechische Mathematiker Archimedes gab als Näherungswert $\bar{\pi} = 3\frac{1}{7} = 3{,}\overline{142857}$ an; rechne nach:

der absolute Fehler ist $|\bar{\pi} - \pi| \approx 0{,}001264489$

der relative Fehler ist $\dfrac{|\bar{\pi} - \pi|}{\pi} \approx 0{,}0004025 = 0{,}04025\,\%$.

Übung 1

a) Wie ändert sich der Umfang bzw. der Flächeninhalt eines Kreises, wenn der Radius auf den n-fachen Wert geändert wird?

b) Wie ändert sich der Radius eines Kreises, wenn der Flächeninhalt auf den n-fachen Wert geändert wird?

c) Wie ändert sich der Radius eines Kreises, wenn sein Umfang um 3 m vergrößert wird?

d) Aus einem Kreis vom Radius r wird ein Kreis mit dem Radius $\frac{r}{3}$ ausgeschnitten; wie groß ist der Flächeninhalt des verbleibenden Rings, und wie groß ist der Radius des Kreises, der den gleichen Flächeninhalt hat wie dieser Ring?

Übung 2

In *Figur 1* hat jedes der fünf Flächenstücke den gleichen Inhalt. Bestimme den Radius des inneren Kreises in Abhängigkeit von r!

Figur 1

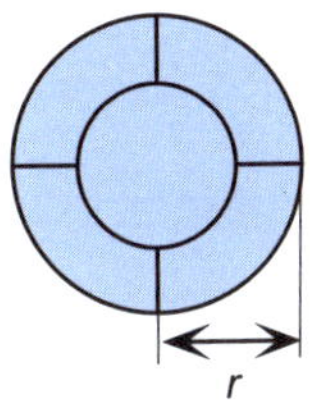

Figur 2

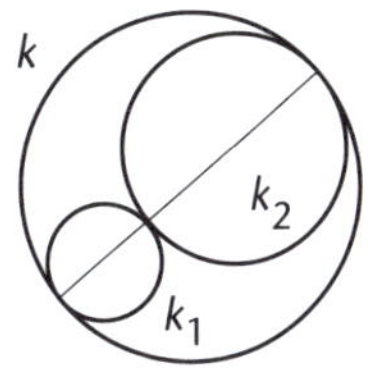

Übung 3

Einem Kreis mit Radius r werden zwei Kreise k_1 und k_2 mit den Radien r_1 bzw. r_2 so einbeschrieben wie in *Figur 2* dargestellt.

a) Welche Beziehung gilt zwischen dem Umfang U von k und der Umfangssumme $U_1 + U_2$ von k_1 und k_2?

b) Nun sei $r_1 = r_2$; zeige, dass sich die Inhaltssumme $A_1 + A_2$ vergrößert, wenn man den Radius r_1 vergrößert und den Radius r_2 entsprechend verkleinert!

Übung 4

Einem Kreis mit Radius r werden regelmäßige Sechsecke ein- und umbeschrieben.

a) Welches Intervall für π ergibt sich, wenn man ihre Flächeninhalte betrachtet?

b) Um wie viel Prozent ist der Flächeninhalt des umbeschriebenen Sechsecks größer als der des einbeschriebenen Sechsecks, und wie viel Prozent der Kreisfläche bedeckt das einbeschriebene Sechseck?

Übung 5

Die Flächeninhalte von Umkreis und Inkreis eines Quadrats unterscheiden sich um 9π cm^2. Berechne die Seitenlänge des Quadrats!

Übung 6

Albrecht Dürer wollte einen zu einem Quadrat mit der Seitenlänge a inhaltsgleichen Kreis zeichnen; er wählte für den Kreisdurchmesser $\frac{4}{5}$ der Länge der Quadratdiagonale. Berechne, welchen Näherungswert für π er also verwendete, und bestimme auch den Prozentsatz des relativen Fehlers!

11 Kreisteile

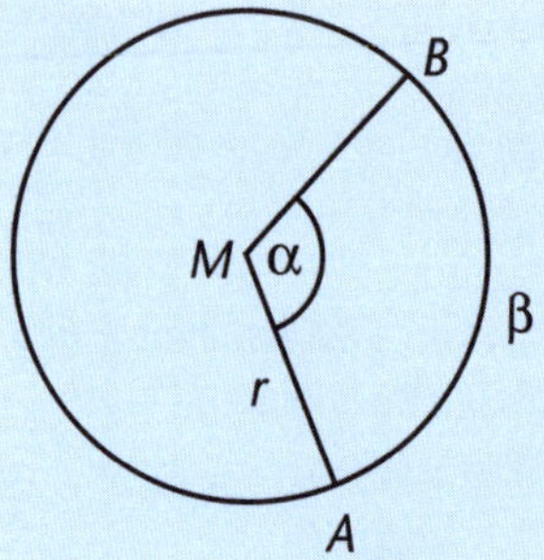

Die Länge eines *Kreisbogens* ist ein Bruchteil des Kreisumfangs; sie ist festgelegt durch die Größe des zugehörigen *Mittelpunktswinkels* α:

$$b = \frac{\alpha}{360°} \cdot 2\pi r$$

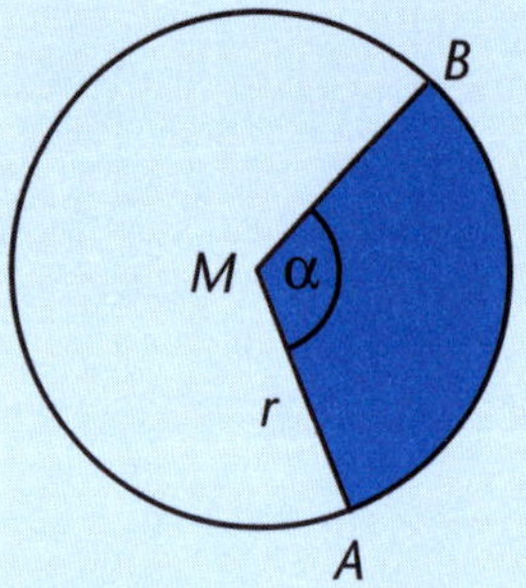

Entsprechend ist der Flächeninhalt eines *Kreisausschnitts* oder *Kreissektors* ein Bruchteil des Kreisflächeninhalts:

$$A_{\text{Sektor}} = \frac{\alpha}{360°} \cdot \pi r^2$$

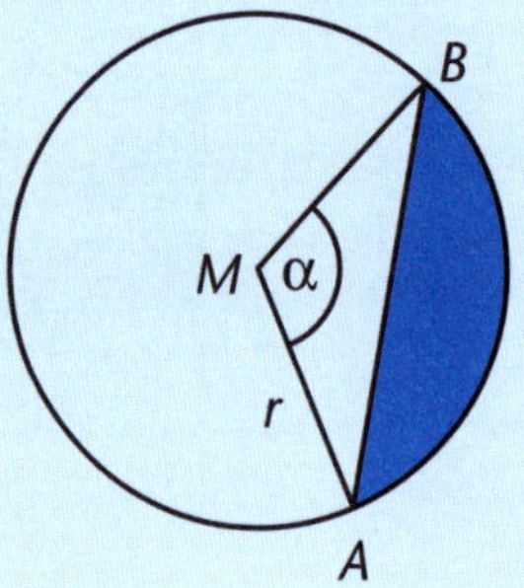

Für den Flächeninhalt eines Kreisabschnitts oder Kreissegments gilt dann:

$$A_{\text{Segment}} = A_{\text{Sektor}} - A_{\text{Dreieck}}$$

Beispiel

$$b = \frac{60°}{360°} \cdot 2\pi a = \frac{1}{6} \cdot 2\pi a = \frac{\pi}{3} \cdot a$$

$$A_{\text{Sektor}} = \frac{60°}{360°} \cdot \pi a^2 = \frac{1}{6} \cdot \pi a^2 = \frac{\pi}{6} \cdot a^2$$

$$A_{\text{Segment}} = \frac{\pi}{6} \cdot a^2 - \frac{1}{2} a \cdot \frac{\sqrt{3}}{2} a = \left(\frac{\pi}{6} - \frac{\sqrt{3}}{4}\right) \cdot a^2$$

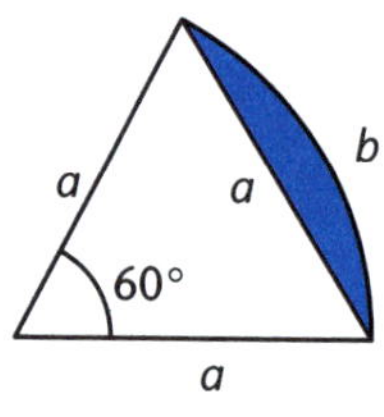

Übung 1

Für welche Größe des Mittelpunktswinkels α stimmen der Sektor *MAB* und das gleichseitige Dreieck *MAC*
a) im Umfang
b) im Flächeninhalt
überein?

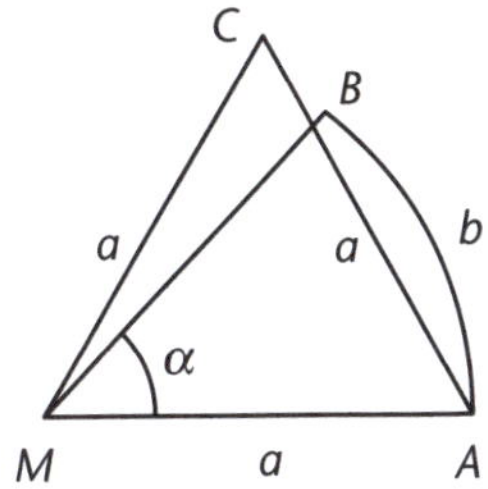

Übung 2

In einem Rechteck mit den Seitenlängen *a* und *b* wird über jeder Seite ein Halbkreis gezeichnet; weiter wird der Umkreis des Rechtecks konstruiert. Wie groß sind der Flächeninhalt und der Umfang der getönten Fläche?

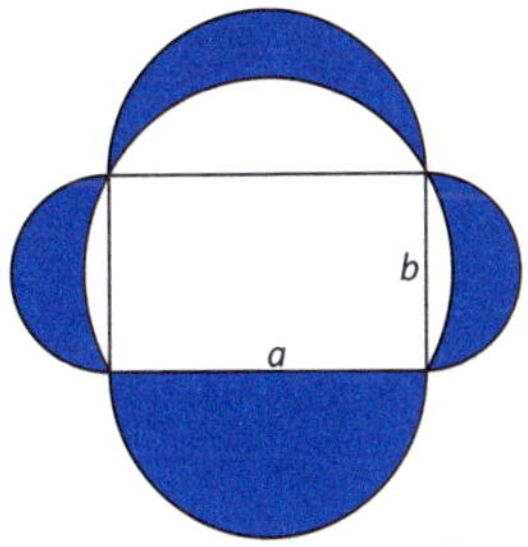

Übung 3

Berechne jeweils den Umfang und den Flächeninhalt der getönten Fläche:

a)

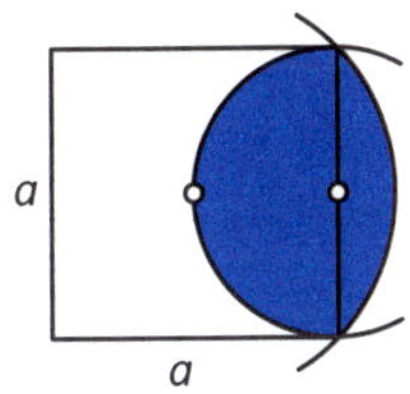

b)

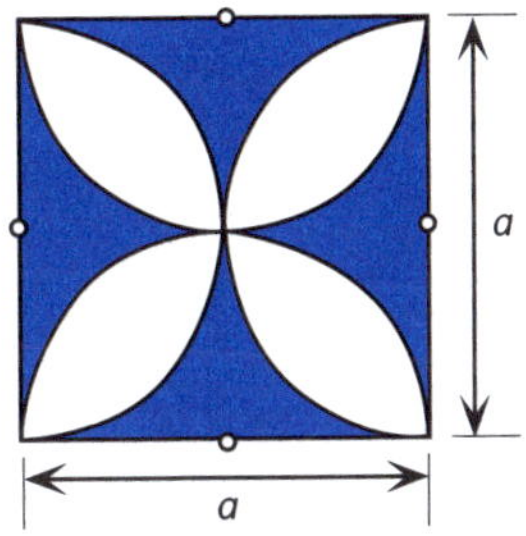

c)

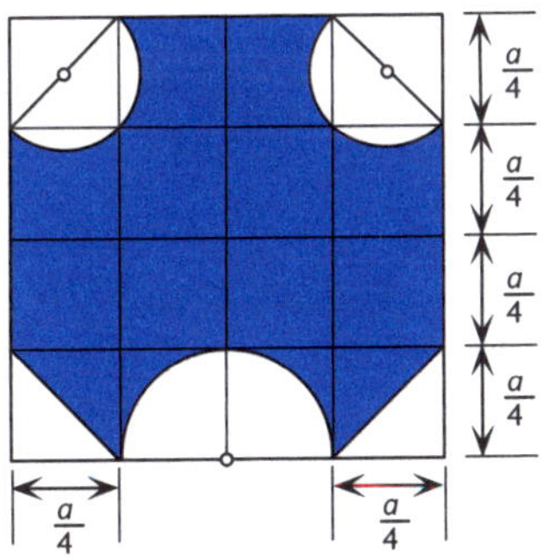

d)

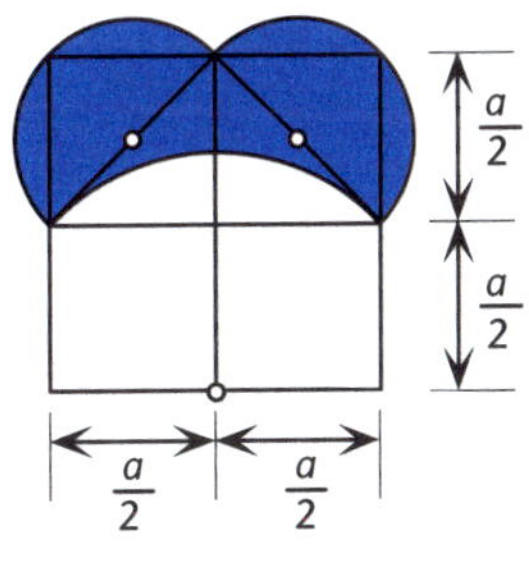

Übung 4

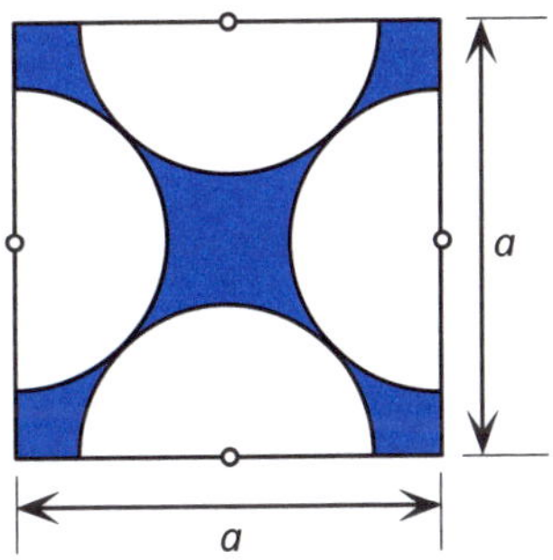

Die Abbildung zeigt ein Quadrat der Seitenlänge *a* und vier gleich große Halbkreise in symmetrischer Lage, die sich gegenseitig berühren.

Berechne den Inhalt der getönten Fläche!

12 Zylinder, Kegel und Kugel

Ein *senkrechter (oder gerader) Kreiszylinder* entsteht durch Rotation eines Rechtecks um eine seiner Seiten.

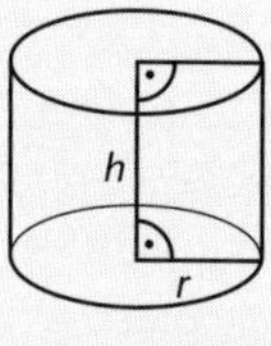

Netz:

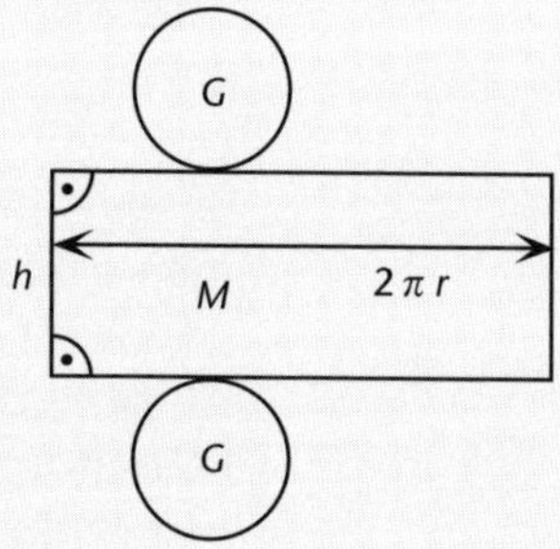

Grundflächeninhalt: $G = \pi r^2$

Mantelflächeninhalt: $M = 2\pi r h$

Oberflächeninhalt: $S = 2\,G + M = 2\pi r^2 + 2\pi r h$

Volumen: $V = G\,h = \pi r^2 h$

Ein *senkrechter (oder gerader) Kreiskegel* entsteht durch Rotation eines rechtwinkligen Dreiecks um eine seiner Katheten.

$s = \sqrt{r^2 + h^2}$

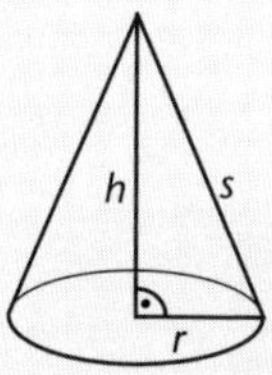

Netz:

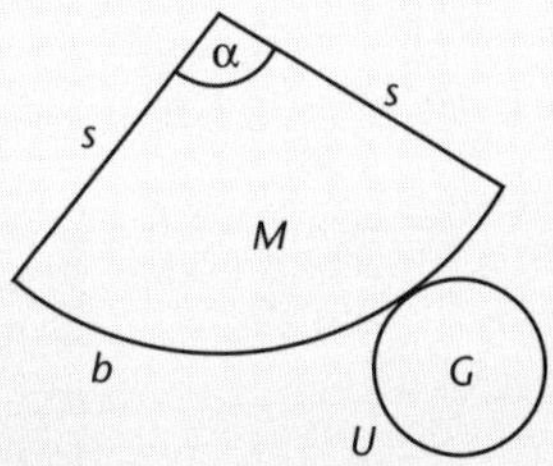

Grundflächeninhalt: $G = \pi r^2$ $\qquad b = U$

Mantelflächeninhalt: $M = \dfrac{\alpha}{360°} \cdot \pi s^2 = \pi r s$ $\qquad \Rightarrow \dfrac{\alpha}{360°} \cdot 2 s\pi = 2r\pi$

Oberflächeninhalt: $S = G + M = \pi r^2 + \pi r s$ $\qquad \Rightarrow \dfrac{\alpha}{360°} \cdot s = r$

Volumen: $V = \frac{1}{3} G\,h = \frac{1}{3} \pi r^2 h$

Mittelpunktswinkel der abgewickelten Mantelfläche: $\alpha = \dfrac{r}{s} \cdot 360°$

Kugel vom Radius *r*:

Oberflächeninhalt: $S = 4\,\pi r^2$ $\qquad$ Volumen: $V = \frac{4}{3} \pi r^3$

Tipp

Bei manchen Aufgaben – wie in Übung 15 und 16 – ist folgende Näherung hilfreich:
Wird eine Kugel vom Radius r mit einer Schicht der Dicke d überzogen und ist diese Schicht sehr dünn ($d << r$), so gilt:
$V_{\text{Schicht}} \approx S \cdot d = 4\pi r^2 \cdot d$.

Übung 1

Berechne die jeweils fehlenden Stücke eines senkrechten Kreiszylinders:

	a)	b)	c)	d)
r	5 cm		4 cm	
h		6 cm		
G				
M				452 cm²
S		80π cm²	130π cm²	
V	0,9 dm³			678 cm³

Übung 2

Berechne die jeweils fehlenden Stücke eines senkrechten Kreiskegels:

	a)	b)	c)	d)	e)
r					
h		6 cm			
s	5 cm	$3\sqrt{5}$ cm	5 cm		8 cm
G					
M	15π cm²				
S					33π cm²
V				324π cm²	
α			288°	216°	

Übung 3

a) Eine Kugel hat den Oberflächeninhalt 1 m²; berechne den Radius und das Volumen!

b) Eine Kugel hat das Volumen 1 m³ ; berechne den Radius und den Oberflächeninhalt!

c) Wie ändert sich der Oberflächeninhalt bzw. das Volumen einer Kugel, wenn der Radius auf den n-fachen Wert geändert wird?

d) Vier gleich große Kugeln werden zu einer Kugel verschmolzen. In welchem Verhältnis ändert sich der Inhalt der Oberfläche?

Übung 4

Bereits Archimedes (287 – 212 v. Chr.) berechnete, wie sich die Rauminhalte eines Kreiskegels, einer Halbkugel und eines Kreiszylinders von gleicher Grundfläche und gleicher Höhe verhalten; tue dies auch!

Tipp

Mit Hilfe des einfachen Ergebnisses kannst du dir die Formeln zur Volumenberechnung von Kegel, Kugel und Zylinder leichter merken!

Übung 5

Durch einen Würfel mit der Kantenlänge a wird parallel zu einer Würfelkante ein zylindrisches Loch gebohrt. Der Restkörper ist dann nur noch halb so schwer wie der Würfel. Berechne, wie sich der Lochdurchmesser zur Kantenlänge des Würfels verhält!

Übung 6

Ein Bauherr hat 3 m^3 Bausand bestellt und findet ihn kegelförmig aufgeschüttet vor. Zur Überprüfung misst er eine Mantellinie von 2 m und einen Umfang am Boden von 10 m. War die Lieferung in etwa korrekt?

Übung 7

Ein Halbkreis wird zum Mantel eines Kreiskegels gebogen. Welchen Neigungswinkel gegenüber der Grundfläche haben die Mantellinien dieses Kegels ?

Übung 8

Das in der Skizze dargestellte Trapez *ABCD* rotiert
a) um die Achse $g = AD$;
b) um die Achse $h = BC$.
Berechne in Abhängigkeit von a das Volumen und den Oberflächeninhalt des jeweils entstehenden Rotationskörpers !

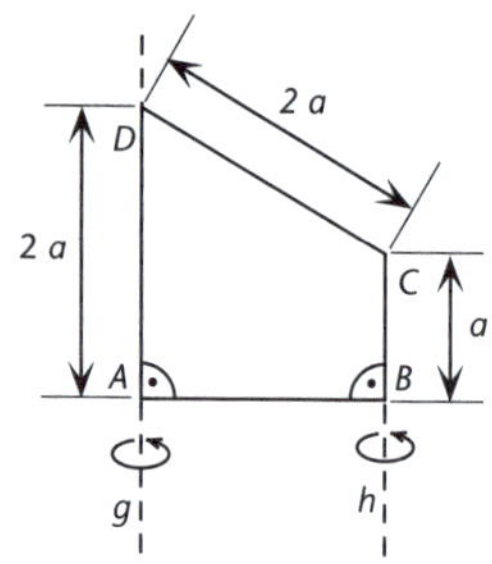

Übung 9

Der Oberflächeninhalt eines senkrechten Kreiskegels mit dem Grundkreisradius r ist $1\frac{1}{2}$-mal so groß wie der Mantelflächeninhalt. Diesem Kreiskegel wird ein senkrechter Kreiszylinder so einbeschrieben, dass die Grundflächen in einer Ebene liegen; der Durchmesser des Zylinders ist so groß wie seine Höhe. Berechne in Abhängigkeit von r die Volumina von Kegel und Zylinder!

Übung 10

Ein kegelförmiger Sektkelch mit dem oberen Durchmesser 6 cm und der inneren Höhe 14 cm wird mit Sekt gefüllt.
a) bis zur halben Höhe ; b) bis zum halben Volumen
Berechne
a) das Volumen des Sekts ; b) wie hoch der Sekt steht!

Übung 11

Einer Kugel vom Radius r wird ein Würfel einbeschrieben.
a) Berechne die Kantenlänge a des Würfels in Abhängigkeit von r!
b) Welchen Bruchteil des Kugelvolumens nimmt der Würfel ein?

Übung 12

Einer Kugel vom Radius r ist ein gerader Kreiszylinder einbeschrieben, und der Mantelflächeninhalt des Zylinders verhält sich zum Oberflächeninhalt der Kugel wie 12 : 25.
Berechne das Volumen des Zylinders in Abhängigkeit von r!

Übung 13

Einer Kugel ist ein gerader Kreiskegel einbeschrieben, dessen Höhe zwei Drittel des Kugeldurchmessers beträgt.
Berechne das Verhältnis der Volumina der beiden Körper!

Übung 14

Ein kugelförmiger Kolben ist halb mit Wasser gefüllt. Die Flüssigkeit soll ohne Verluste in eine Pipette (Kreiskegel und zylindrisches Rohr) umgefüllt werden. Die Abmessungen sind:
$d = 4$ cm, $r = 6$ mm, $h = 2$ cm.
Wie hoch steht die Flüssigkeit in der Pipette ?

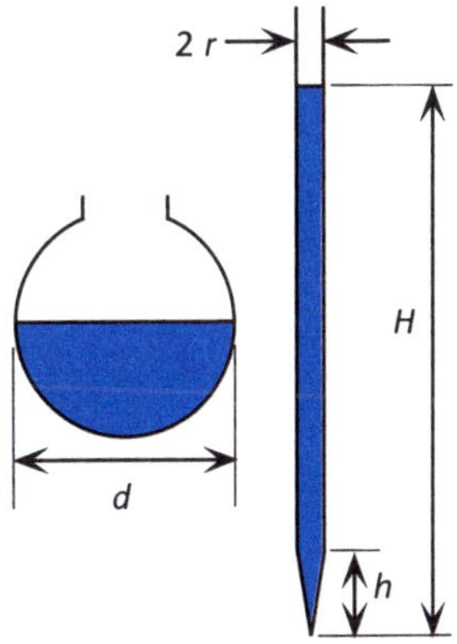

Übung 15

Eine Christbaumkugel hat einen Außendurchmesser von 8,0 cm; die Glasschicht ist 0,50 mm dick.

a) Berechne den exakten Materialbedarf!
b) Berechne auf einfachere Weise den ungefähren Materialbedarf!
c) Welcher relative Fehler ergibt sich?

Übung 16

Ein Glasbläser stellt aus einer massiven Glaskugel mit dem Radius $R = 4{,}5$ cm eine Hohlkugel her, die ein Außenvolumen von 12,3 dm^3 hat.

a) Berechne den äußeren Radius r dieser Hohlkugel!
b) Berechne näherungsweise ihre Wandstärke d!

13 Sinus, Kosinus und Tangens

Die nebenstehende Skizze zeigt dir, wie die sog. Winkelfunktionen oder trigonometrischen Funktionen **Sinus, Kosinus** und **Tangens** allgemein definiert sind:

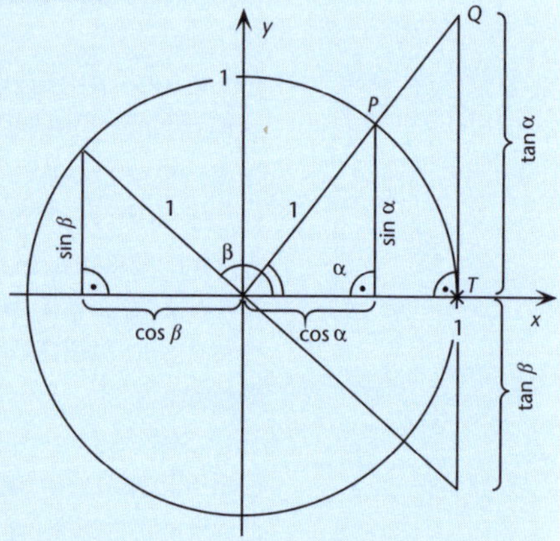

Ist *P* ein beliebiger Punkt auf dem Einheitskreis um *O* und ist α der Winkel zwischen der positiven *x*-Achse und *[OP*, so ist
cos α die x-Koordinate von P und **sin α die y-Koordinate von P**.
Im Punkt *T* wird weiter die Tangente an den Einheitskreis gezeichnet; schneidet *OP* diese Tangente in *Q*, so ist
tan α die y-Koordinate von Q
tan α ist nicht definiert für $\alpha = 90° + k \cdot 180°$ $(k \in \mathbb{Z})$.

Aus der Zeichnung kannst du ablesen:

	$0° < \alpha < 90°$	$90° < \alpha < 180°$	$180° < \alpha < 270°$	$270° < \alpha < 360°$
$\sin\alpha$	+	+	–	–
$\cos\alpha$	+	–	–	+
$\tan\alpha$	+	–	+	–

Weiter ergeben sich aus Symmetrieüberlegungen die folgenden Zusammenhänge :

$\sin\alpha = \cos(90° - \alpha)$ $\quad$ $\cos\alpha = \sin(90° - \alpha)$
$\sin(180° - \alpha) = \sin\alpha$ $\quad$ $\cos(180° - \alpha) = -\cos\alpha$
$\tan(180° - \alpha) = -\tan\alpha$
$\sin(180° + \alpha) = -\sin\alpha$ $\quad$ $\cos(180° + \alpha) = -\cos\alpha$
$\tan(180° + \alpha) = \tan\alpha$
$\sin(360° - \alpha) = \sin(-\alpha) = -\sin\alpha$ $\quad$ $\cos(360° - \alpha) = \cos(-\alpha) = \cos\alpha$
$\tan(360° - \alpha) = \tan(-\alpha) = -\tan\alpha$

Tipp

Wohl am wichtigsten sind aber die beiden folgenden Zusammenhänge, die aus dem Strahlensatz bzw. aus dem Satz von Pythagoras folgen:

$$\tan\alpha = \frac{\sin\alpha}{\cos\alpha} \quad \text{und} \quad (\sin\alpha)^2 + (\cos\alpha)^2 = 1$$

Hinweis: $\sin^2\alpha$ bzw. $\cos^2\alpha$ ist lediglich eine Kurzschreibweise für $(\sin\alpha)^2$ bzw. $(\cos\alpha)^2$

Übung 1

Bestimme jeweils auf vier gültige Ziffern genau:

a) $\sin 43°$

b) $\cos 31° 47' 18''$

c) $\tan 18° 26' 5''$

d) $\sin (-27° 3'')$

e) $\cos 154{,}1°$

f) $\tan 394{,}2°$

Übung 2

Ermittle, für welche Winkel zwischen 0° und 90° gilt:

a) $\sin \alpha = 0{,}4272$

b) $\sin \alpha = \frac{4}{5}$

c) $\cos \alpha = 0{,}7303$

d) $\cos \alpha = \sin \alpha$

e) $\tan \alpha = \sqrt{2}$

f) $\tan \alpha = 100$

Übung 3

Ermittle, für welche Winkel zwischen 0° und 360° gilt:

a) $\sin \alpha = \frac{\sqrt{3}}{2}$

b) $\cos \alpha = -\frac{\sqrt{2}}{2}$

c) $\tan \alpha = \sqrt{3}$

d) $\sin \alpha = \frac{1}{2} \wedge \cos \alpha < 0$

e) $\cos \alpha = 0{,}8 \wedge \sin \alpha < 0$

f) $\tan \alpha = -2 \wedge \sin \alpha > 0$

g) $\cos \alpha = -0{,}7760 \wedge \tan \alpha < 0$

Übung 4

Berechne von den drei Werten $\sin \alpha$, $\cos \alpha$ und $\tan \alpha$ jeweils die beiden fehlenden, wenn gegeben ist:

a) $\sin \alpha = 0{,}6 \wedge \alpha$ ist ein spitzer Winkel

b) $\cos \alpha = \frac{1}{2} \wedge \alpha$ ist ein überstumpfer Winkel

c) $\tan \alpha = -0{,}75 \wedge \alpha$ ist ein stumpfer Winkel

Übung 5

Vereinfache die folgenden trigonometrischen Terme:

a) $\sin (90° + \alpha)$

b) $\cos (90° + \alpha)$

c) $\tan (90° + \alpha)$

d) $\sin (270° + \alpha)$

e) $\cos (270° - \alpha)$

f) $\frac{1}{\tan(90° - \alpha)}$

g) $\frac{\sin \alpha}{\tan \alpha}$

h) $\frac{\sin \alpha - \cos \alpha}{\tan \alpha - 1}$

i) $\frac{1}{1 + \tan^2 \alpha}$

j) $\sin^2\alpha \cdot \cos \alpha + \cos^3\alpha$

k) $\sin \alpha \cdot \tan \alpha + \cos \alpha$

l) $\cos^4\alpha - \sin^4\alpha$

m) $\cos^2\alpha - 2 \cdot (1 + \sin \alpha)$

n) $\frac{1 - \cos^4 \alpha}{\cos^2 \alpha} - \sin^2 \alpha$

o) $\frac{1 + \sin \alpha}{1 - \cos \alpha} + \frac{\sin(180° + \alpha)}{1 + \cos \alpha} - \frac{1 + \cos \alpha}{\sin^2 \alpha}$

p) $\left[\, 1 - \cos^2(90° - \alpha) \,\right] \cdot (1 + \tan^2 \alpha) - 1$

14 Bogenmaß

Aus *Kapitel 11* kennst du bereits die Formel zur Berechnung der Länge eines Kreisbogens bei gegebenem Mittelpunktswinkel α:

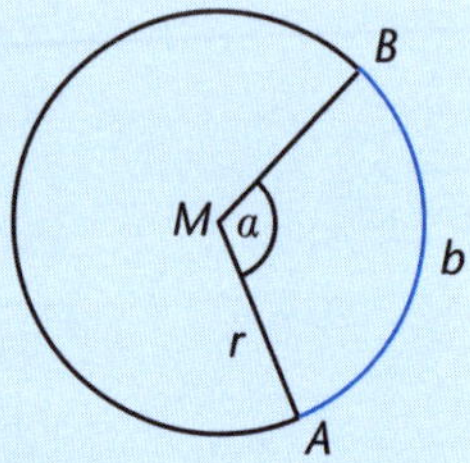

$$b = \frac{\alpha}{360°} \cdot 2\pi r \quad \text{oder} \quad b = \alpha \cdot \frac{\pi}{180°} \cdot r$$

Die Bogenlänge ist also proportional zur Länge des Radius, und daher hat $\frac{b}{r} = \alpha \cdot \frac{\pi}{180°}$ für einen bestimmten Winkel α einen konstanten Wert.

Man nennt den Quotienten $\frac{b}{r}$ das Bogenmaß des Winkels α; es ist die Länge des Kreisbogens bei einem Kreis vom Radius 1 und charakterisiert die Größe von α.
Es lässt sich sogar mit dem Winkel α identifizieren: $\frac{b}{r} = \alpha$ oder $b = \alpha \cdot r$. Dass dies so einfach geht, liegt an der Definition des Gradmaßes : $1° = \frac{\pi}{180}$
(1° ist also keine Maßeinheit wie 1 m oder 1 kg, sondern eine reine Zahl, wie auch 1% keine Maßeinheit, sondern die reine Zahl $\frac{1}{100}$ ist.)

Beispiele

- Umrechnung vom Gradmaß ins Bogenmaß:

$$60° = 60 \cdot \frac{\pi}{180} = \frac{\pi}{3} \approx 1{,}0472$$

$$36°\,23' = 36\frac{23}{60} \cdot \frac{\pi}{180} = \frac{2183}{10800} \cdot \pi \approx 0{,}6350$$

- Umrechnung vom Bogenmaß ins Gradmaß:

$$\frac{2\pi}{3} = \frac{2 \cdot 180°}{3} = 120°$$

$$0{,}75 = \frac{0{,}75 \cdot 180°}{\pi} = \frac{135°}{\pi} \approx 42{,}97°$$

Tipp

Mit dem Taschenrechner kannst du die Werte der Winkelfunktionen sin, cos und tan berechnen, gleichgültig ob die Größe eines Winkels im Grad- oder im Bogenmaß gegeben ist. Bei Berechnung mit dem Taschenrechner musst du unbedingt darauf achten, dass er auf den richtigen Betriebsmodus eingestellt ist: GRA (oder DEG) für Rechnungen im Gradmaß, RAD für Rechnungen im Bogenmaß.

Beispiele

$\sin 2{,}7° \underset{\text{GRA}}{\overset{\uparrow}{\approx}} 0{,}0471$ $\qquad$ $\sin 2{,}7 \underset{\text{RAD}}{\overset{\uparrow}{\approx}} 0{,}4274$

$\sin \alpha = 0{,}4 \wedge 0 < \alpha < 90° \Rightarrow \alpha \underset{\text{GRA}}{\overset{\uparrow}{\approx}} 23{,}58°$

$\sin x = 0{,}4 \wedge 0 < x < \quad \Rightarrow x \underset{\text{RAD}}{\overset{\uparrow}{\approx}} 0{,}4115$

Übung 1

Rechne die folgenden Winkel vom Gradmaß ins Bogenmaß um und gib das Ergebnis möglichst auch als Vielfaches von π an:

a) 90° b) 20° c) 15° d) 75° e) 135°
f) 315° g) 345° h) 240° i) 255° j) 32°
k) 84° l) 540° m) 22° 30' n) 124° 48' o) 6° 40'

Übung 2

Rechne die folgenden Winkel vom Bogenmaß ins Gradmaß um:

a) $\frac{\pi}{6}$ b) $\frac{\pi}{5}$ c) $\frac{5\pi}{4}$ d) $\frac{5\pi}{8}$

e) $\frac{7\pi}{12}$ f) $0{,}8\,\pi$ g) $2{,}\overline{3}\,\pi$ h) $-1{,}25\,\pi$

Übung 3

Bestimme jeweils den Wert der Winkelfunktion; ggf. runde auf vier gültige Ziffern:

a) $\sin\frac{\pi}{2}$ b) $\cos\frac{\pi}{4}$ c) $\tan\frac{\pi}{3}$ d) $\sin\frac{5\pi}{6}$

e) $\cos 3\pi$ f) $\tan\left(-\frac{5\pi}{4}\right)$ g) $\sin 0{,}72$ h) $\sin 0{,}72°$

i) $\sin(-2{,}8\overline{3})$ j) $\cos 2{,}5$ k) $\cos 2{,}5°$ l) $\tan 5{,}83$

Übung 4

Ermittle, für welche Winkel zwischen 0 und $\frac{\pi}{2}$ gilt:

a) $\sin x = 0{,}5$ b) $2\cos x = \sqrt{3}$ c) $\tan x = 0{,}9316$

d) $\sin x = 0{,}8$ e) $\cos x = \frac{2}{3}$

Übung 5

Ermittle, für welche Winkel zwischen 0 und 2π gilt:

a) $\sin x = \frac{\sqrt{2}}{2}$ b) $\cos x = 0{,}5$ c) $\tan x = -1$

d) $\sin x = 0{,}3986$ e) $\cos x = 0{,}6895$ f) $\tan x = 3$

g) $\sin x = -0{,}75$ h) $\cos x = -0{,}9397$ i) $\tan x = -1{,}2345$

Übung 6

Vereinfache die folgenden trigonometrischen Terme:

a) $\sin\left(\frac{\pi}{2} - x\right)$ b) $\cos(\pi - x)$ c) $\tan(\pi + x)$

d) $\sin(2\pi - x)$ e) $\frac{\sin^2 x}{1-\cos x}$ f) $\sin^2 x - 2\cdot(1+\cos x)$

g) $\frac{1}{1-\cos x} - \frac{\cos x}{\sin^2 x}$

h) $\tan x \cdot \tan\left(\frac{\pi}{2} - x\right)$

15 Trigonometrie im rechtwinkligen Dreieck

Nach dem 3. Ähnlichkeitssatz sind alle rechtwinkligen Dreiecke, die in einem weiteren Winkel α übereinstimmen, zueinander ähnlich und stimmen daher auch im Verhältnis entsprechender Seiten überein. Für diese Seitenverhältnisse wurden in *Kapitel 13* in Abhängigkeit vom Winkel α Bezeichnungen festgelegt, die sog. Winkelfunktionen oder trigonometrischen Funktionen; im Spezialfall des rechtwinkligen Dreiecks ($0° < \alpha < 90°$) ergibt sich:

$$\sin\alpha = \frac{\text{Gegenkathete von } \alpha}{\text{Hypotenuse}}$$

$$\cos\alpha = \frac{\text{Ankathete von } \alpha}{\text{Hypotenuse}}$$

$$\tan\alpha = \frac{\text{Gegenkathete von } \alpha}{\text{Ankathete von } \alpha}$$

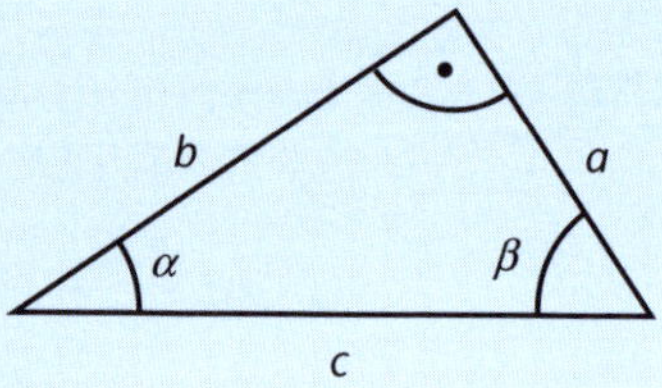

Mit den Bezeichnungen der Skizze gilt also:

$$\sin\alpha = \cos\beta = \frac{a}{c}\,;\ \cos\alpha = \sin\beta = \frac{b}{c}\,;\ \tan\alpha = \frac{1}{\tan\beta} = \frac{a}{b}$$

Damit kannst du nun fehlende Winkel und Seiten eines Dreiecks berechnen, wenn dieses nur rechtwinklig ist. Oft ist es so, dass du dir ein rechtwinkliges Hilfsdreieck erst beschaffen musst.

Beispiel

Ein gleichschenkliges Dreieck *ABC* hat Schenkel der Länge 5 cm und eine 6 cm lange Basis. $\triangle ABC$ ist sicher nicht rechtwinklig; aber die Höhe zur Basis zerlegt es in zwei kongruente rechtwinklige Teildreiecke. Im Teildreieck *ADC* gilt:

$$\sin\frac{\gamma}{2} = \frac{b}{2} : s = \frac{3\text{ cm}}{5\text{ cm}} = 0{,}6 \Rightarrow$$

$$\Rightarrow \frac{\gamma}{2} \approx 36{,}87° \Rightarrow \gamma \approx 73{,}74°$$

weiter folgt: $\alpha = \beta = \dfrac{180° - \gamma}{2} \approx 53{,}13°$

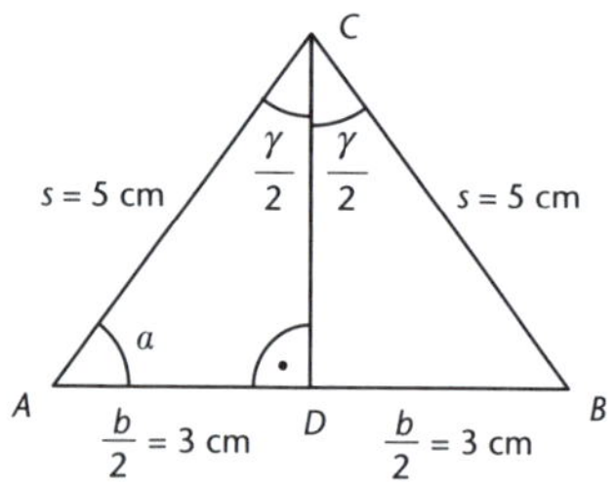

Tipp

1) Bei manchen Aufgaben musst du wissen, was man unter der Steigung (z. B. einer Straße) versteht:

Steigung $m = \dfrac{\Delta y}{\Delta x} = \tan\alpha$

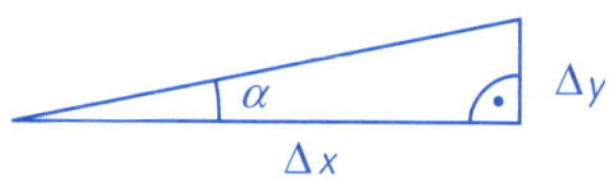

2) Bei Aufgaben aus der Raumgeometrie musst du wissen, was du dir unter dem Neigungswinkel einer Strecke oder einer ebenen Fläche gegenüber einer Ebene vorzustellen hast; hierzu solltest du in *Kapitel 9* nachlesen!

Übung 1

$\triangle ABC$ ist rechtwinklig mit $\gamma = 90°$, und es ist
a) $a = 10$ cm, $\alpha = 42°$ b) $b = 8$ cm, $c = 10$ cm;
berechne von den Stücken a, b, c, h, p, q und A jeweils alle fehlenden!

Übung 2

In einem gleichschenkligen Dreieck liegt der 4 cm langen Basis ein Winkel von 61,3° gegenüber. Berechne die Länge der Schenkel sowie den Flächeninhalt des Dreiecks!

Übung 3

Welchen Flächeninhalt hat das Parallelogramm *ABCD*, wenn $a = 9$ cm, $b = 8$ cm und $\beta = 135°$ misst?

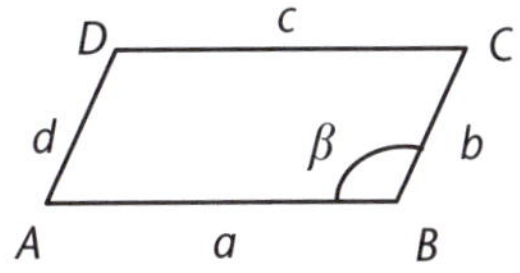

Übung 4

Vom Trapez *ABCD* ist gegeben:
$\alpha_1 = 35°$, $\beta = 90°$, $e = 7{,}2$ cm, $d = 5{,}1$ cm.
Berechne a, b, c, α und den Flächeninhalt A!

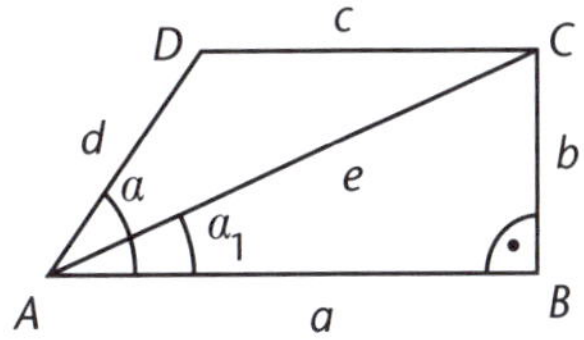

Übung 5

Eine Straße der Steigung 8 % überwindet einen Höhenunterschied von 300 m. – Wie groß sind der Neigungswinkel und die Länge der Straße? – Wie lang erscheint die Straße auf einer Landkarte mit dem Maßstab 1:80 000 ?

Übung 6

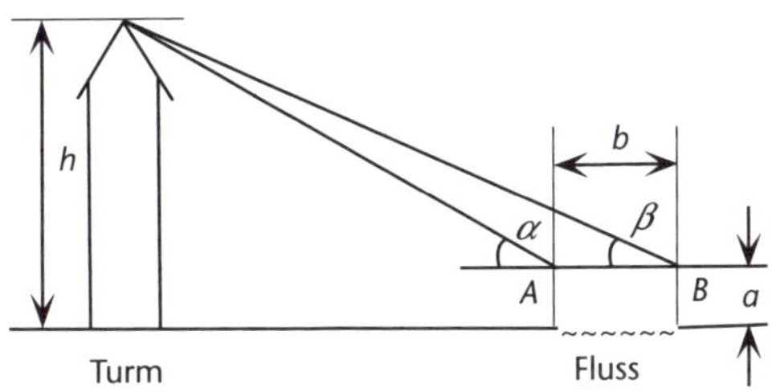

In einer Ebene steht ein Turm der Höhe h. Vom Ufer eines Flusses erscheint die Turmspitze unter dem Winkel $\alpha = 31°$, während vom gegenüberliegenden Uferpunkt B der Winkel β gemessen wird; das Auge des Beobachters befindet sich dabei jeweils $a = 1{,}7$ m über dem Boden. Der Fluss hat die Breite $b = 99$ m, und der Abstand des Punktes A von der Turmmitte beträgt 75 m. Berechne h und β!

Übung 7

ABCDEFGH ist ein Würfel mit der Kantenlänge a; M ist Mittelpunkt der Kante $[EH]$.

a) Berechne die Größe des Winkels δ!
b) Berechne die Größe des Winkels ε, um den die Strecke $[BM]$ gegen die Grundfläche geneigt ist!

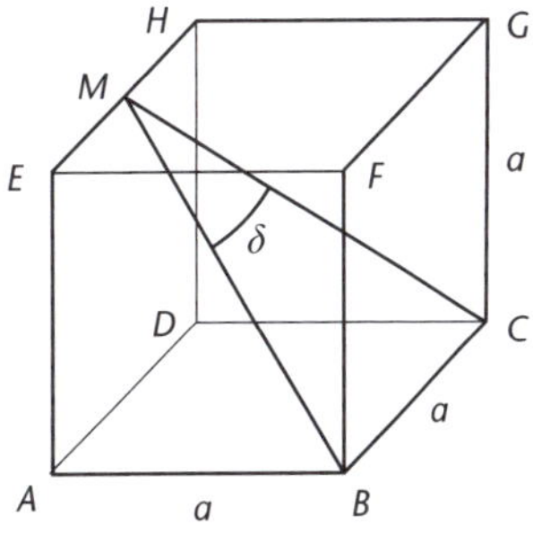

16 Trigonometrie im beliebigen Dreieck: Sinus- und Kosinussatz

Ein beliebiges Dreieck lässt sich durch die Höhe auf eine seiner Seiten in zwei rechtwinklige Dreiecke zerlegen; auf diese Teildreiecke lassen sich nun die Definitionen der Winkelfunktionen anwenden, und mit ein wenig Algebra kann man dann die beiden folgenden Sätze herleiten, die für beliebige spitz- oder stumpfwinklige Dreiecke gelten:

1) Sinussatz: $\frac{a}{b} = \frac{\sin\alpha}{\sin\beta}$; $\frac{b}{c} = \frac{\sin\beta}{\sin\gamma}$; $\frac{c}{a} = \frac{\sin\gamma}{\sin\alpha}$

2) Kosinussatz: $a^2 = b^2 + c^2 - 2\,b\,c \cdot \cos\alpha$

$$b^2 = c^2 + a^2 - 2\,c\,a \cdot \cos\beta$$

$$c^2 = a^2 + b^2 - 2\,a\,b \cdot \cos\gamma$$

zyklische Vertauschung:

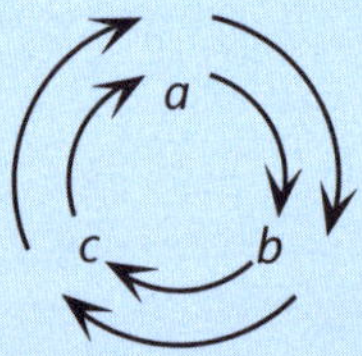

- Mit dem Sinussatz kannst du ein beliebiges Dreieck berechnen, von dem zwei Seiten und ein Gegenwinkel oder von dem eine Seite und zwei Winkel gegeben sind.
- Mit dem Kosinussatz kannst du ein beliebiges Dreieck berechnen, von dem drei Seiten oder von dem zwei Seiten und der eingeschlossene Winkel gegeben sind.

Beispiele

1) Von $\triangle ABC$ ist bekannt: $b = 5$ cm, $c = 6$ cm, $\gamma = 75°$.

Sinussatz: $\sin\beta = \frac{b}{c} \cdot \sin\gamma = \frac{5}{6} \cdot \sin 75° \approx 0{,}8049 \Rightarrow \beta_1 \approx 53{,}6° \vee \beta_2 \approx 53{,}6°$

Tatsächlich scheidet β_2 als Lösung aus, da sonst die Winkelsumme größer als 180° wäre. Also ist $\beta \approx 53{,}6°$ und $\alpha \approx 51{,}4°$ sowie

$$a = c \cdot \frac{\sin\alpha}{\sin\gamma} \approx 6\text{ cm} \cdot \frac{\sin 51{,}4°}{\sin 75°} \approx 4{,}9\text{ cm}$$

2) Von $\triangle ABC$ ist bekannt: $a = 4$ cm, $b = 5$ cm, $c = 6$ cm.

Kosinussatz: $\cos\alpha = \frac{b^2 + c^2 - a^2}{2\,b\,c} = \frac{(25 + 36 - 16)}{2 \cdot 5 \cdot 6} = 0{,}75 \Rightarrow \alpha \approx 41{,}4°$

$\cos\beta = \frac{c^2 + a^2 - b^2}{2\,c\,a} = \frac{(36 + 16 - 25)}{2 \cdot 6 \cdot 4} = 0{,}5625 \Rightarrow \beta \approx 55{,}8°$

$\gamma = 180° - \alpha - \beta \approx 82{,}8°$

Übung 1

a) Zeige, dass der Sinussatz eine Verallgemeinerung der Definition des Sinus im rechtwinkligen Dreieck darstellt!

b) Zeige, dass der Kosinussatz eine Verallgemeinerung des Satzes von Pythagoras darstellt!

Übung 2

Berechne jeweils die Größe der fehlenden Winkel und die Länge der fehlenden Seiten von Dreieck *ABC*, wenn gegeben ist:

a) $a = 9$ cm, $b = 6$ cm, $\alpha = 50°$ b) $a = 9$ cm, $b = 6$ cm, $\beta = 50°$

c) $a = 9$ cm, $b = 8$ cm, $\beta = 50°$ d) $a = 9$ cm, $\alpha = 70°$, $\beta = 30°$

e) $a = 9$ cm, $b = 6$ cm, $c = 8$ cm f) $a = 9$ cm, $b = 6$ cm, $\gamma = 50°$

Tipp

Du kannst die Richtigkeit deiner Rechnungen jeweils annähernd durch Konstruktion überprüfen!

Übung 3

Berechne die Länge der Diagonalen des Parallelogramms aus **Übung 3** von *Kapitel 15*!

Übung 4

Von einem beliebigen Viereck ist bekannt:

a) $a = 7$ cm, $b = 5$ cm, $c = 4$ cm, $d = 7$ cm, $\gamma = 120°$;

b) $a = 6$ cm, $b = 5$ cm, $c = 4$ cm, $d = 6$ cm, $f = 7{,}5$ cm.

Berechne alle fehlenden Seiten und Winkel!

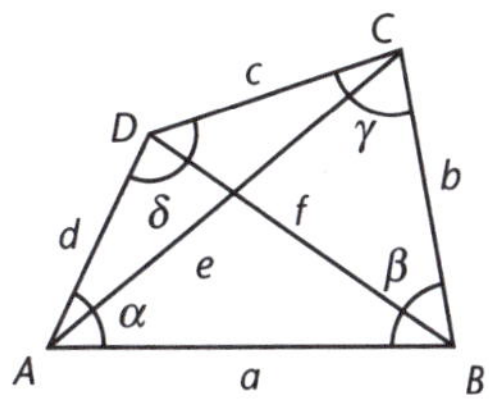

Übung 5

Gegeben ist das Parallelogramm *ABCD* mit $\overline{AB} = 7{,}6$ cm, $\overline{AD} = 4{,}3$ cm und dem Winkel $\alpha = 56°$. Der Punkt $E \in [BC]$ liegt 8,4 cm von *A* entfernt.

a) Berechne die Größe des Winkels ε!

b) Berechne dann $\overline{DE}$!

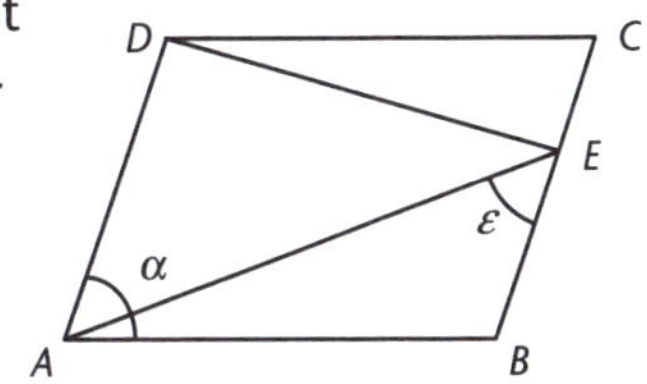

Übung 6

Die kürzeste und die längste Mantellinie eines schiefen Kreiskegels sind 25 cm bzw. 52 cm lang und schließen einen Winkel von 104° 15' ein.

a) Berechne den Durchmesser des Grundkreises!

b) Berechne die Höhe und das Volumen des Kegels!

17 Trigonometrische Gleichungen

Einfache Beispiele trigonometrischer Gleichungen hast du bereits kennengelernt, etwa $\sin x = 0{,}5$; $\mathbb{G} = \mathbb{R}$: diese Gleichung hat unendlich viele Lösungen, nämlich

$$x_1 = \frac{\pi}{6} + k \cdot 2\pi \text{ und } x_2 = \frac{5\pi}{6} + k \cdot 2\pi \text{ mit } k \in \mathbb{Z}$$

Da sin und cos die Periode 2π besitzen und tan die Periode π hat, beschränkt man sich bei der Grundmenge meist auf das Intervall $[0; 2\pi[$; dann ist $L = \left\{\frac{\pi}{6}; \frac{5\pi}{6}\right\}$.

Durch die Bezeichnung x für die Gleichungsvariable und die Schreibweise $[0; 2\pi[$ für die Grundmenge wird zum Ausdruck gebracht, dass die Lösungen im Bogenmaß anzugeben sind. Wäre die Gleichungsvariable mit α bezeichnet und die Grundmenge in der Form $[0°; 360°[$ angegeben, so würden die Lösungen im Gradmaß erwartet, und in obigem Beispiel wäre $\mathbb{L} = \{30°; 150°\}$.

Allgemein versteht man unter einer trigonometrischen Gleichung eine solche, die mindestens einen trigonometrischen Term enthält. Ein einheitliches Rezept zum Lösen trigonometrischer Gleichungen lässt sich nicht angeben; die folgenden typischen Beispiele zeigen dir aber die wesentlichen Fälle:

Beispiele

1. $\cos x + 2 \sin x \cdot \cos x = 0$; $G = [0; 2\pi[$

   Die Gleichung hat „Nullform"; es ist sinnvoll, die linke Seite zu **faktorisieren** und davon Gebrauch zu machen, dass ein Produkt den Wert null hat, wenn mindestens ein Faktor den Wert null hat:

   $\cos x \cdot (1 + 2 \sin x) = 0$; $\cos x = 0 \vee \sin x = -\frac{1}{2}$;

   $$x = \frac{\pi}{2} \vee x = \frac{3\pi}{2} \vee x = \frac{7\pi}{6} \vee x = \frac{11\pi}{6}$$

2. $\sin^2 x - 5 \sin x + 4 = 0$; $G = [0; 2\pi[$

   Die Gleichung ist eine **quadratische Gleichung**, wie durch die **Substitution** $z = \sin x$ deutlich wird: $z^2 - 5z + 4 = 0$; $z = 4 \vee z = 1$;

   $$\underbrace{\sin x = 4}_{\text{nicht erfüllbar}} \vee \sin x = 1; \; x = \frac{\pi}{2}$$

3. $\cos^2 x - 3 \sin x + 3 = 0$

   Die Gleichung enthält Terme verschiedener Winkelfunktionen, ohne dass sich die linke Seite faktorisieren lässt; hier muss so umgeformt werden, dass nur noch Terme einer einzigen Winkelfunktion vorkommen. Hierzu eignen sich meist die bereits bekannten *Zusammenhänge*:

   $$\sin^2 x + \cos^2 x = 1 \text{ oder } \tan x = \frac{\sin x}{\cos x}$$

sowie die folgenden Spezialfälle der sog. Additionstheoreme:
$\sin 2x = 2 \sin x \cos x$, $\cos 2x = 1 - 2\sin^2 x = 2\cos^2 x - 1$
In obigem Beispiel passt $\cos^2 x = 1 - \sin^2 x$, und man erhält:
$\sin^2 x + 3 \sin x - 4 = 0$, eine quadratische Gleichung, die du wieder mit Substitution wie in *Beispiel 2* lösen kannst.

4. $\sin x = 2 \cos x - 1$
Auch hier ersetzt man $\sin x = \sqrt{1 - \cos^2 x}$ und erhält die folgende *Wurzelgleichung*:

$\sqrt{1 - \cos^2 x} = 2 \cos x - 1$; durch Quadrieren ergibt sich wiederum eine quadratische Gleichung. Da Quadrieren jedoch keine Äquivalenzumformung ist, darfst du nach dem Lösen dieser Gleichung keinesfalls auf die *Probe* verzichten.

Übung 1

Bestimme die Lösungen der folgenden Gleichungen auf der Grundmenge $\mathbb{R}$:

a) $\sin x = -1$
b) $\cos x = \frac{1}{2}$
c) $\tan x = 1$
d) $3 \sin x = -2$

Übung 2

Bestimme die Lösungen der folgenden Gleichungen auf der Grundmenge $G = [0; 2\pi[= [0°; 360°[$, also sowohl im Bogenmaß wie auch im Gradmaß:

a) $5 \sin x = 2$
b) $\sqrt{2} \cos x + 1 = 0$
c) $3 \tan x - 10 = 0$

Übung 3

Untersuche, welche der folgenden Gleichungen keine leere Lösungsmenge besitzt, und bestimme die Lösungsmenge auf $G = [0; 2\pi[$:

a) $3 \sin x - 5 = 0$
b) $4 \tan x + 7 = 0$
c) $4 \cos^2 x + 1 = 0$
d) $0{,}5 \cos x + 0{,}75 = 0$

Übung 4

Bestimme die Lösungen der folgenden Gleichungen auf $G = [0; 2\pi[$:

a) $2 \sin x + 4 \sin x \cos x = 0$
b) $\cos x - \sin^2 x \cos x = 0$
c) $3 \sin^2 x + 5 \sin x + 2 = 0$
d) $2 \cos^2 x - 7 \cos x + 5 = 0$
e) $6 \sin^2 x - 1 = 3 \cos^2 x$
f) $7 + 3 \sin x = 9 \cos^2 x$
g) $3 \cos x = 4 \sin x$
h) $3 \sin x + \tan x = 0$
i) $3 \cos x - 4{,}5 \tan x = 0$
j) $2 \cos x = 1 + \sin x$
k) $2 \sin x = 4 \cos x - 3$
l) $2 \sin 2x = 1$
m) $3 \cos 2x = -1$

Teil IV:
Englisch

If-Sätze und Futurformen

Regeln und Übungen

Themenübersicht Teil IV

A Warming up

1. Die Zeiten: Simple Present, Simple Past, Past Perfect

Die Bildung dieser Zeiten solltest du sicher beherrschen, bevor du dich mit den if-Sätzen beschäftigst:

Simple Present

Positive sentence:	Negative sentence:
→ *I **like** ice-cream.*	→ *I **don't like** spinach.*
→ *John **likes** ice-cream.*	→ *John **doesn't like** spinach.*

Simple Past

Positive sentence:	Negative sentence:
→ *Sarah **washed** her hands.*	→ *She **didn't wash** her hair.*
→ *We **went** by car.*	→ *We **didn't go** by bike.*

Past Perfect

Positive sentence:	Negative sentence:
→ *Tom **had seen** the film before.*	→ *He **hadn't seen** the original version.*
→ *Sally and Ben **had stayed** for three days.*	→ *They **hadn't stayed** till Sunday.*

Übung 1

Kevin is reading the TV guide for the weekend.
Fill in the present tense forms of the verbs and decide whether or not you have to add -s.

Air Force One:
In this thriller Harrison Ford plays (play) the US President who finds (find) himself trapped on board a hijacked plane.

The Full Monty:
This smash hit movie is about a group of unemployed Sheffield steel workers who turned (turn) to stripping to escape the poverty trap.

McLeod's Daughters:
Set in the Australian outback, this drama .... (trace) the fortunes of a daughter who returned (return) to the family farm when her father dies (die).

One Fine Day:
George Clooney and Michelle Pfeiffer star (star, *dt. die Hauptrolle spielen*) as two single parents who get (get) through a series of chaotic events.

Übung 2

Samantha found an article about her favourite TV series *Emergency Room*.
Fill in the correct simple past forms of the verbs in brackets.

A million female hearts broke (break) when they came (come) out last year with the news that Dr Doug Ross (George Clooney) would be quitting County General Hospital at the end of the fifth serial. Clooney decided (decide) to concentrate on his big screen career (*dt. Leinwand-, Kinokarriere*).

When the British actress Alex Kingston was offered a role in *Emergency Room*, she didn't find (not find) it easy to move to America. While Alex ~~been~~ was (be) unsure, *Emergency Room's* producers weren't (not be). "When she walked (walk) in, she showed (show) such intelligence and humour that we didn't hesitate (not hesitate) one minute."

At first Alex doesn't like (not like) Los Angeles. "But my colleagues really helped (help) me. They are wonderful actors and there's a lot of laughter around the set. They made (make) me feel at home."

Übung 3

Samantha had written a long list of things she wanted to do at the weekend. Write down what she had already done and what she had not done yet when her friend Sheila phoned her on Sunday.

send an e-mail to Sabine ✓
repair my bike
buy some ice-cream ✓
write an essay for school ✓
learn German words
tidy up my room
make a cake ✓

When Sheila phoned her on Sunday, Samantha had already sent an e-mail to Sabine, her German friend. She hadn't repaired her bike yet.

She had already bought some ice-cream.
She had wrote an essay for school.
She hadn't learn German words.
She hadn't tidy up her room.
She had made a cake

2. Regelmäßige und unregelmäßige Verben

Bei den unregelmäßigen Verben lernst du immer drei Formen, z. B. ***go – went – gone.***

Die 1. Form entspricht dem **Infinitive** (Grundform): ***go*** (gehen). Du brauchst sie für bejahte und verneinte Sätze in der Gegenwart. Achtung: In der 3. Person Singular muss ein *-s* angehängt werden: ***I walk – I don't walk; she walks – she doesn't walk***

Die 2. Form entspricht dem **Simple Past** (1. Vergangenheit): ***went*** (ging).
Achtung: Die verneinte Form wird mit *didn't* + Infinitiv gebildet: ***he didn't go***

Die 3. Form enspricht dem **Past Participle** (Partizip Perfekt). Sie wird für die zusammengesetzten Zeiten, wie z. B. das Past Perfect, benötigt: *he had* ***gone*** (er war gegangen)

Bei den regelmäßigen Verben lauten die 2. und die 3. Form gleich:
paint – painted – painted
skip – skipped – skipped
tidy up – tidied up – tidied up

Übung 1

Complete the table with the correct verb forms.

Simple Present	**Simple Past**	**Past Perfect**
he solves	he solved	he had solved
…………………	we didn't take	…………………
they think	…………………	…………………
…………………	you emptied	…………………
…………………	…………………	she hadn't given
I don't stop	…………………	…………………
…………………	he helped	…………………
…………………	…………………	she had seen
we move	…………………	…………………

Übung 2

Last summer Kevin went to Malta with his parents and his sister Fiona.
Fill in the missing verb forms. Use the tense given in brackets.

After they .... (pick up: *past perfect*) their luggage, a bus .... (take: *simple past*) them to their hotel. They .... (have: *simple past*) rooms with a beautiful view of the sea.

After they .... (spend: *past perfect*) their first day on the beach, they .... (realize: *simple past*) that they all .... (turn: *past perfect*) quite red in the hot summer sun. They .... (not use: *past perfect*) any sunscreen product for their skin – a mistake they .... (not make: *simple past*) again!

Mrs Northam .... (love: *simple present*) going to museums. On Sunday they .... (visit: *simple past*) Malta's capital Valetta. Kevin and Fiona .... (not want: *simple past*) to spend hours at the National Museum with their parents, so they .... (go: *simple past*) to a café instead.

Fiona .... (not like: *simple present*) history at school very much, but she .... (be: *simple past*) very impressed by the prehistoric temples of Tarxien and Ggantija. She .... (not see: *past perfect*) anything like that before.

Kevin and Fiona .... (be: *simple past*) very proud of the bargains they .... (get: *past perfect*) at the street market in Valetta. Kevin .... (buy: *past perfect*) some coins for his collection and Fiona .... (find: *past perfect*) a beautiful orange blouse there.

Übung 3

Change the following sentences into the tense given in brackets.

1. Kevin collected all sorts of coins. *(simple present)*

   ....

2. Mr Northam had forgotten to leave the key at the hotel reception. *(simple past)*

   ....

3. Mrs Northam enjoys looking at the beautiful sunset. *(past perfect)*

   ....

4. Fiona hadn't understood the language of the Maltese people. *(simple present)*

   ....

3. Zwei Kreuzworträtsel …
… und noch mehr unregelmäßige Verben

Übung 1

Fill in the English simple past forms.

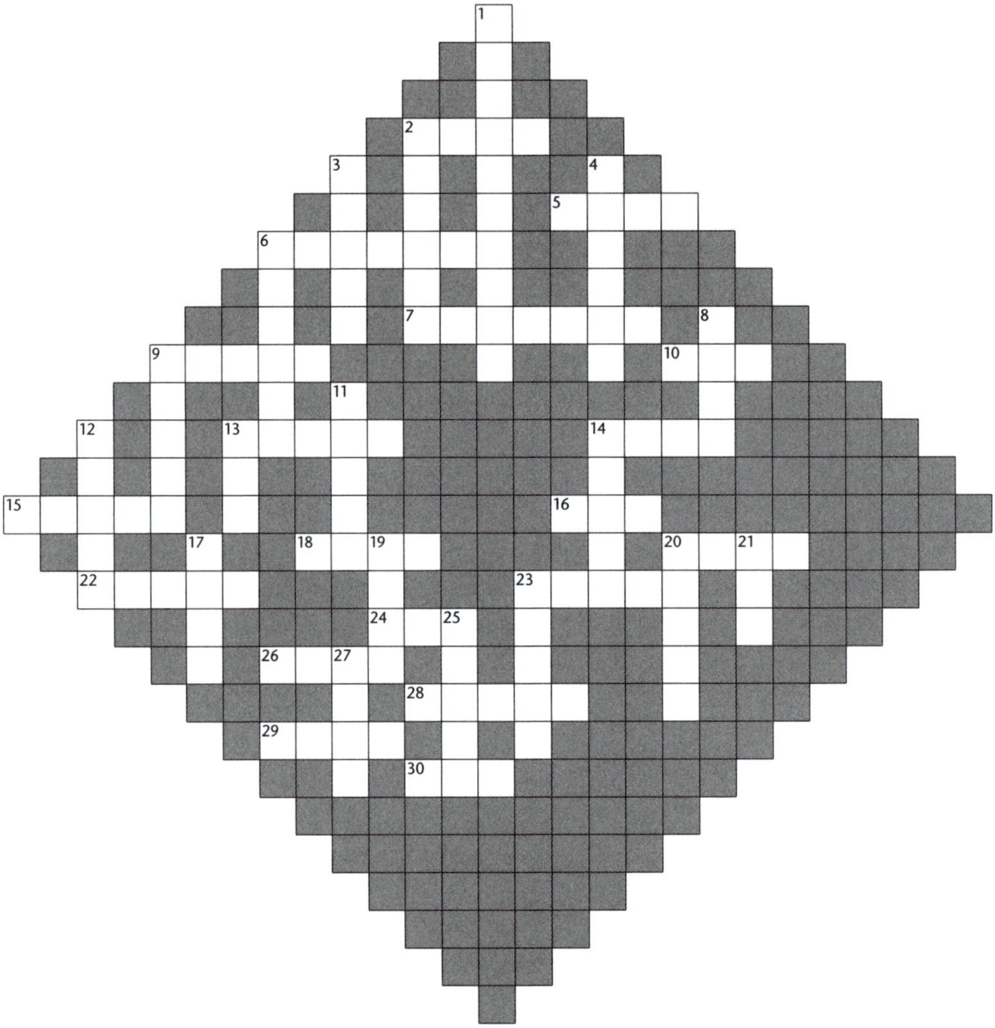

ACROSS 2. blow, 5. come, 6. bring, 7. think, 9. begin, 10. bet, 13. hear, 14. shut, 15. sleep, 16. get, 18. fall, 20. swim, 22. throw, 23. spend, 24. feed, 26. lose, 28. find, 29. send, 30. meet

DOWN 1. understand, 2. buy, 3. break, 4. catch, 6. become, 8. go, 9. build, 11. write, 12. spell ,13. have, 14. speak ,17. beat, 19. leave, 20. stand, 21. eat, 23. shine, 25. drive, 27. sing

Übung 2 **Fill in the English past participles.**

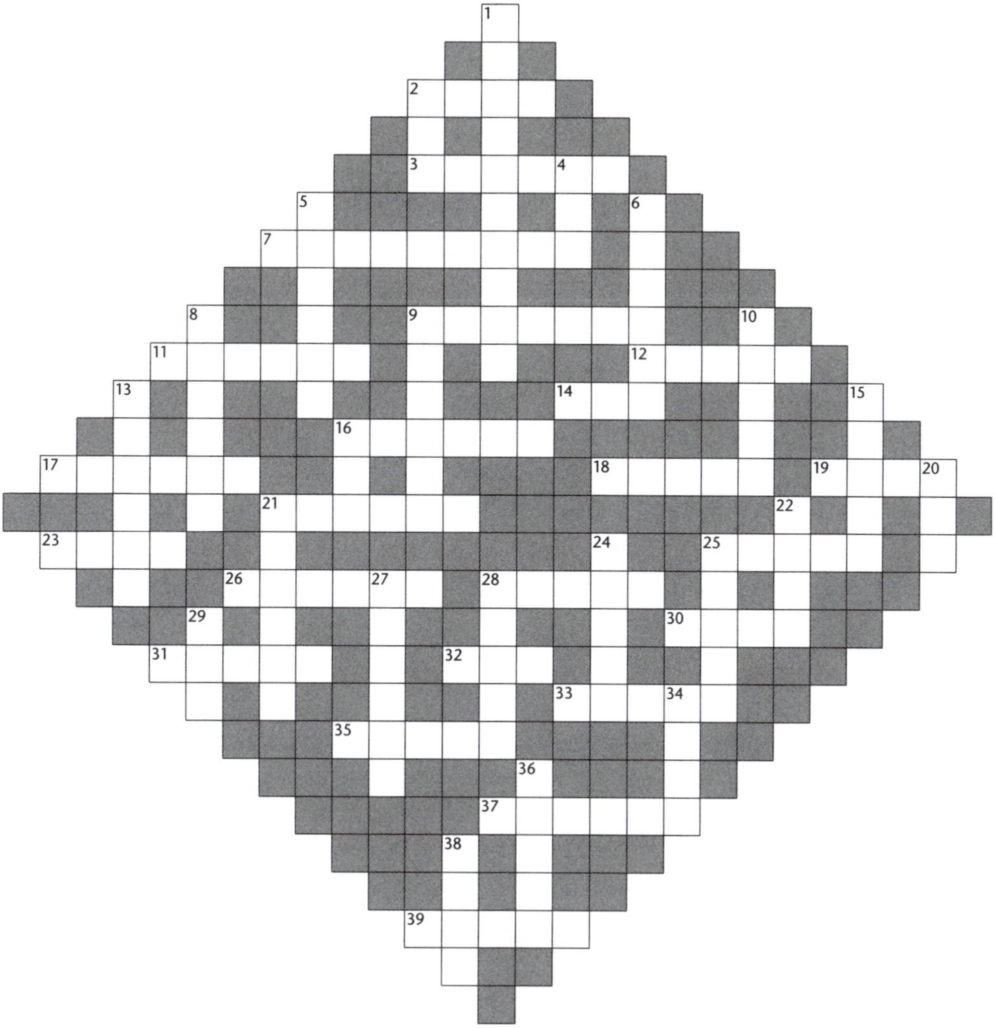

ACROSS 2. gemacht, 3. geworfen, 7. vergessen, 9. gebracht, 11. gefangen, 12. gegessen, 14. gelaufen, 16. gewählt, 17. gefroren, 18. gestanden, 19. gehalten, 21. gebissen, 23. geblutet, 25. geschlafen, 26. gekämpft, 28. gebaut, 30. zerrissen, 31. gegeben, 32. bekommen, 33. gewusst, 35. begonnen, 37. gefahren, 39. gefunden

DOWN 1. verstanden, 2. getroffen, 4. gewonnen, 5. gekauft, 6. geschlagen, 8. gefallen, 9. geworfen, 10. gehört, 13. gestohlen, 15. verbracht, 16. geschnitten, 20. gegraben, 21. gebrochen, 22. gewesen, 24. geflogen, 25. gezeigt, 27. versteckt, 28. geblasen, 29. geschlagen, 34. getragen (Kleidung), 36. gezeichnet, 38. erschossen

B If-Sätze

1. If-Sätze: Grundtypen

Merke

Steht der **if-Satz am Anfang des Satzes, kann** er durch ein **Komma** vom Hauptsatz abgetrennt werden.
→ *If I practise every day, I will be able to juggle soon.*

Erscheint der **if-Satz nach dem Hauptsatz**, steht zwischen beiden Satzteilen kein Komma.
→ *I will be able to juggle soon if I practise every day.*

Grundtypen: Typ I
Die **Bedingung** im if-Satz wird für **erfüllbar** gehalten.
→ *If our team wins the match, we'll get new shirts.*
→ *We'll go camping if it doesn't rain.*

Bildung

if-Satz	Hauptsatz
Simple Present	will-Future

Grundtypen: Typ II
Die **Bedingung** wird für **nicht oder kaum erfüllbar** gehalten.
→ *If our team won the match, we'd get new shirts.*
→ *We'd go camping if it didn't rain.*

Bildung

if-Satz	Hauptsatz
Simple Past	*'d / would* + Infinitive (ohne *to*)

Im gesprochenen Englisch werden oft die Kurzformen ***'ll*** (statt ***will***) und ***'d*** (statt ***would***) verwendet.

Grundtypen: Typ III
Die **Bedingung** ist **nicht mehr erfüllbar**, weil sie sich auf die Vergangenheit bezieht.
→ *If our team had won the match, we would have got new shirts.*
→ *We'd have gone camping if it hadn't rained.*

Bildung

if-Satz	Hauptsatz
Past Perfect	*would have* + Past Participle

Merke

Im **if-Satz** darf **kein will-Future** und generell **kein *would*** stehen!

Übung 1 **Put the following sentences together.**

1. If my friend in Scotland had a computer …
2. Kevin would have come to Julia's birthday party in time …
3. If those cool trousers are still there tomorrow …
4. Vivian would go to the late show at the cinema …
5. If Jomo hadn't sprained his ankle …

◯ … I'll buy them.
◯ … if she didn't have a test tomorrow.
◯ … he would have taken part in the skateboard competition last weekend.
◯ … I would send her e-mails instead of ringing her every few days.
◯ … if his bike hadn't had a puncture.

Übung 2 **Write down whether the sentences from the previous exercise are conditional sentences of type I, type II or type III.**

	type
1. If my friend in Scotland had a computer, …	◯
2. Kevin would have come to Julia's birthday party in time …	◯
3. If those cool trousers are still there tomorrow, …	◯
4. Vivian would go to the late show at the cinema …	◯
5. If Jomo hadn't sprained his ankle, …	◯

Übung 3 **Kevin and some of his classmates are talking about holiday jobs. Fill in the missing verb forms.**

Type I:

1. If I work at the sports shop, I .... (get) a new pair of trainers at a cheaper price.

2. Alicia will get good tips if the manager of the golf club .... (employ) her as a waitress.

Type II:

3. If Pete .... (have) a motorbike, he would apply for a job at Safeway's supermarket. It's definitely too far to go by bike.

4. I would work at the take-away if they .... (pay) a little more!

Type III:

5. If Kevin hadn't broken his leg last summer, he .... (work) at the car wash.

6. I certainly wouldn't have minded the Sullivans' kids if I .... (know) that they never went to bed before eleven o'clock!

B 2. *If you need any help …*
If-Sätze – Typ I

Bei if-Sätzen des Typs I kann im Hauptsatz statt des **will-future** auch ***can, could, may, might, ought to, should, must*** oder ein **Imperativ** stehen.

→ *If the weather is all right,* *we **may** / **might** / **can** / **could** **go** on a bike trip.*

→ *If you still have a temperature tomorrow,* *you **ought to** / **should** / **must** **go** and see a doctor.*

→ *If you need any help,* ***don't hesitate**, just **call** me!*

Merke

Der if-Satz, der Hauptsatz oder auch beide Satzteile können verneint sein.

→ *If it **doesn't rain** tomorrow,* *we can go roller-skating.*
→ *If it rains tomorrow,* *we **won't be** able to go roller-skating.*
→ *If your cold **isn't** any better tomorrow,* *you **shouldn't go** roller-skating.*

Übung 1

At the "Open Day" Samantha is talking to several pupils who want to go to Broughton High School next year.
Use the following auxiliaries to complete the sentences below.
must – will – don't – can – might – shouldn't

1. If you are interested in theatre and acting, you .... join the drama group.
2. If you are ill, you or your parents .... inform the school.
3. If you like music and dancing, you .... come to one of our school discos.
4. If your parents take you to school by car, they .... drive into the school grounds because there isn't much parking space there.
5. If you are keen on earrings, ... wear more than one in one ear! Nose or eye brow studs (*dt. (Ohr-)Stecker, hier: Piercing*) aren't allowed, either!
6. If you and your parents want to know more about the school, you .... find lots of interesting pieces of information in the "Broughton Bulletin" – that's our quarterly newsletter.

Übung 2

A group of eight pupils and teachers are organizing a "Fun & Sports Day".
Fill in the correct negative forms of the verbs in brackets.

1. If we don't find any sponsors, we .... (not have) any prizes for the song contest.
2. We could hold a skateboard competition if it .... (not rain).
3. If there .... (not be) any refreshments, the visitors won't stay long.
4. My uncle will lend us his stereo equipment if we .... (not let) anybody else get near it.
5. If we offer a number of different activities, people .... (not have) to queue up all the time.

Übung 3

Susanne, Vivian's penfriend from Germany, has invited Vivian to spend three weeks of her summer holidays in Germany.
Translate the missing parts of the following sentences into English.

1. Meine Schwester wird dir ihr Fahrrad leihen, wenn wir eine Fahrradtour machen wollen.

   ....

   .... *if we want to go on a bike trip.*

2. Wenn du Fahrradtouren nicht magst, können wir zum Schwimmen gehen.

   ....

   .... *, we can go swimming.*

3. Noch etwas: Wir werden in ein Open-Air-Konzert gehen, falls meine Freundin Karten bekommt.

   One other thing: We'll go to an open air concert ....

   ....

4. Wenn du genügend Platz im Koffer hast, bring deine Rollschuhe mit!

   If you've got enough space in your suitcase, ...

   ....

5. Wenn mein Vater keine Zeit hat, wird meine Mutter mit uns zu einem Freizeitpark fahren.

   ....

   .... *, Mum will go to a theme park with us.*

B 3. *If a fairy granted you one wish …* If-Sätze – Typ II

Auch bei if-Sätzen des Typs II können im Hauptsatz statt ***would*** die Hilfsverben ***might*** oder ***could*** stehen.
→ *If we had a tennis teacher at our school, more pupils **could / might learn** to play tennis.*

Wenn sich jemand in die Lage einer anderen Person versetzt, verwendet man im if-Satz nach ***I, he, she*** oder ***it*** den Konjunktiv ***were***.
→ *Your swollen ankle doesn't look all too good. If I **were** you I would go and see a doctor.*

Merke

Auch bei den if-Sätzen des Typs II können der if-Satz, der Hauptsatz oder beide Satzteile verneint sein.

→ *If it **didn't rain**, we might go roller-skating.*
→ *If the weather was nicer, we **wouldn't sit** here.*
→ *If it **wasn't raining**, we **wouldn't have** to stay inside.*

Übung 1

John Webster is a good tennis player. He has already won several tournaments.
Complete the following conditional sentences.

1. John wouldn't be so successful if he ………………………… (not train) three or four times a week.
2. If John and Vivian had tickets for Wimbledon, they ………………………… (watch) André Agassi live for the first time.
3. If the firm John's father works for ………………………… (not sponsor) his son, John's sport would be too expensive for the Websters.
4. John would finish school even if he ………………………… (earn) a lot of money as a professional tennis player.
5. His girlfriend Vivian ………………………… (love) him even if he didn't win every match.

Übung 2

Jennifer has fallen in love with one of her brother's boyfriends but she doesn't know whether he likes her, too. Vivian and Sheila advise her what to do. Complete the sentences.

Vivian: If you .... (go) out with your brother and his boyfriend, and if your brother .... (pretend) to be tired and .... (go) home, "he" might give you a lift.

Sheila: If I .... (be) you, I .... (wear) that terrific blue top!

Jennifer: If I .... (not have) those braces, I .... (be) more self-confident.

Vivian: Honestly – if I .... (have) your looks, I .... (not worry) about braces!

Übung 3

Kevin and Sheila want to start a new section called "If a fairy granted you one wish ..." in the next school magazine. They made notes about people's answers. Now it will be your job to form sentences:

Chris (16): if / I / have / motorbike / it / not take hours / to get to school

....

....

Judy (14): if / we / not have / school in the afternoon / I / meet / my friends / more often.

....

....

Sarah (15): if / I / become / Hollywood star / I / have dinner / with Leonardo di Caprio.

....

....

Richard (15): if / I / win / free trip to the moon / I / send / my geography teacher / postcard

....

....

B 4. *If or when?* Bedingung oder Zeitpunkt?

„If" in Konditionalsätzen (Bedingungssätzen) wird im Deutschen mit **„wenn, falls"** übersetzt.
→ ***If** I met Prince William, I would ask him about his hobbies.*

„When" steht in Temporalsätzen (Nebensätzen der Zeit) und wird mit **„wenn"** oder **„als"** wiedergegeben. Man benützt es für Ereignisse, die schon geschehen sind oder solche, die ganz sicher geschehen werden.
→ ***When** we were in Disneyland last year, I took a lot of photos.*
→ ***When** I'm older, I'll spend some time in Australia.*

Übung 1

Handelt es sich bei den fett gedruckten Satzteilen um Bedingungssätze oder um Nebensätze der Zeit?

	Bedingungs-satz	Nebensatz der Zeit
1. **Als Sheila eine Einladung von ihrer Tante aus Boston bekam,** war sie sehr aufgeregt.	○	○
2. Sie schrieb: „**Wenn du deine Eltern und deine Freunde nicht vermisst,** würde ich vorschlagen, dass du vier Wochen bleibst."	○	○
3. „**Wenn du ankommst,** hole ich dich vom Flughafen ab."	○	○
4. „Du kannst natürlich sofort deine Eltern anrufen, **wenn wir bei mir zu Hause sind.**"	○	○
5. **Wenn Sheilas Tante keinen Internetanschluss hätte,** könnte Sheilas Freund ihr keine E-Mails schicken.	○	○
6. **Wenn Sheila am Flughafen ist,** wird sie vor dem Abflug genügend Zeit haben, einen Kaffee zu trinken.	○	○

Übung 2 **Now fill in *if* or *when*!**

1. .... Sheila got an invitation from her aunt in Boston, she was very excited.
2. She wrote: "............................ you don't miss your parents and your friends, I would suggest that you stay for four weeks."
3. "............................ you arrive, I will pick you up at the airport."
4. "Of course you can call your parents immediately .... we get to my place.
5. .... Sheila's aunt didn't have internet access, Sheila's boyfriend couldn't send her any e-mails.
6. .... Sheila is at the airport, she will have enough time for drinking a cup of coffee before the departure.

Übung 3 **Now it is your turn to translate!**

1. Chris ruft Sheila fast jeden Tag an, wenn sie von der Schule nach Hause kommt.

   ....

   ....

2. Als sie ihm von ihrer Reise nach Amerika erzählte, war er nicht sehr begeistert.

   ....

   ....

3. Chris fragte: „Wenn du in Boston einen netten Jungen kennenlernen würdest, würdest du dich in ihn verlieben?"

   ....

   ....

4. Sheilas Antwort: „Wenn du nicht aufhörst solche dummen Fragen zu stellen, schicke ich dir ein Foto von mir und Leonardo di Caprio!"

   ....

   ....

   ....

5. Chris lachte. „O.K.! Wenn ich vom Basketballtraining zurückkomme, hole ich dich ab und wir gehen ins Kino – ‚The Beach' mit Leonardo di Caprio läuft gerade!"

   ....

   ....

   ....

B 5. *Mixed exercises:* If-Sätze – Typ I und Typ II

Zur Erinnerung:

Beim **Typ I** wird die Bedingung für erfüllbar gehalten.
Im if-Satz steht das **Simple Present**, im Hauptsatz ***will, can, may, could*** **oder** ***might*** **+ Verb (Infinitiv).**
→ *If Kevin finds a good and inexpensive bike, he will buy it.*
→ *If it isn't raining, he might test it immediately.*

Beim **Typ II** wird die Bedingung für nicht oder kaum erfüllbar gehalten.
Im if-Satz steht das **Simple Past**, im Hauptsatz ***would, could*** **oder** ***might*** **+ Verb (Infinitiv).**
→ *If Sheila had better marks, her mother wouldn't worry so much.*
→ *If Sheila didn't go out every weekend, she would be unhappy.*

Übung 1

Kevin wants to buy some mountain bike equipment. His friend Jeremy gives him some tips.
Complete the following sentences. Choose from the box below.

1. If I were you,
 ....
 ....
2. If you want to buy a second-hand bike,
 ....
 ....
3. If you haven't got a helmet,
 ....
 ....
4. If I didn't have to study for that maths test,
 ....
 ....
5. If you intend to ride regularly,
 ....
 ....

... you should look for a good one that fits perfectly.

... I'd go to the bike shop with you.

... cycling shorts are a must. They have a padded insert *(dt. wattierte / gepolsterte Einlage)* and make cycling much more comfortable.

... check the main mountain bike magazines for classified ads *(dt. Kleinanzeigen).*

... I'd join a cycling club. That's great fun and you can learn a lot!

Übung 2

Sheila wants to go out in the evening, but her mother doesn't like the idea at all.
Fill in the correct verb forms.

Sheila: If you .... (allow) me to go out tonight, I .... (be) back at midnight, I promise.

Mrs Ragunathan: If you .... (not go) out so often, you could have much better marks at school.

Sheila: But Mum! If I only stayed at home, life .... (be) terribly boring and I .... (not study) more than I do now! I promise – if you let me go out tonight, I .... (not go) out tomorrow.

Mrs Ragunathan: If you .... (show) just a little more enthusiasm for your school subjects, I wouldn't have anything to worry about.

Sheila: If Sheila Ragunathan .... (not get) an A or a B in her next test, she won't go out for a whole month. Is that a deal?

Mrs Ragunathan: That sounds fine.

Übung 3

It's Friday evening. Chris, John, Alison and Sheila want to go out together. Complete the following conditional sentences.

1. John: If somebody has got today's newspaper, we .... (have) a look what's on at the cinema.
2. Alison: If the new James Bond film is on, ... (not count) me in! I hate James Bond!
3. Chris: If we .... (live) in London, we would be able to go to the fairground at the Millennium Dome.
4. Sheila: The Escape Club would be a nice place to go to if they .... (not play) such terrible music!
5. Alison: If you .... (be) hungry, we can have a snack first. There's a new Italian pasta bar in Lancaster Road.
6. Sheila: I can only go there if somebody .... (lend) me five pounds.
7. John: O.K. – if we all hurry up, we .... (catch) the bus!

6. *If things had been different …* If-Sätze – Typ III

If-Sätze des Typs III beziehen sich immer auf die **Vergangenheit**.

Im if-Satz steht das **Past Perfect**, im Hauptsatz sind die folgenden Varianten möglich:

→ *If the school team* ***had lost*** *the match, everybody* ***would have been*** *disappointed.*

→ *If Alison* ***had left*** *earlier, she* ***might have caught*** *the train.*

→ *If John* ***had brought*** *his camera, he* ***could have taken*** *some pictures.*

Merke

Auch beim Typ III können der if-Satz, der Hauptsatz oder beide Satzteile verneint sein.

→ *If there* ***hadn't been*** *such a strong wind, John would have come by motorbike.*

→ *If it had rained, John* ***wouldn't have come*** *by motorbike.*

→ *If the weather* ***hadn't been*** *so good, John* ***wouldn't have come*** *by motorbike.*

Übung 1

If things had been different in some films, many cinemagoers would have been surprised!
Complete the following conditional sentences.

1. If Anakin Skywalker .... (be) a girl in "Star Wars: Episode I", she would have been the first female Jedi knight.

2. Fewer hankies would have become soaked with tears if Leonardo di Caprio .... (survive) in "Titanic".

3. If Shakespeare hadn't fallen in love, his career as a playwright .... (come) to a quick end.

4. Mr Bean's American host family .... (not protest) if he had moved out of their house.

5. If Arnold Schwarzenegger .... (not show) his muscles in his latest film, it might have become a flop.

6. Julia Roberts .... (not fall) in love with Hugh Grant in *Notting Hill* if he hadn't spilled his orange juice on her T-shirt.

7. If Rhett Butler .... (not look) so handsome, Scarlett O'Hara mightn't have fallen for him. (she has fallen for him, *dt. er hat es ihr angetan*)

Übung 2

It was one of those days for Kevin. Everything that could go wrong went wrong. Complete what Kevin told his classmates the following day.

Kevin listened to the sports news on the radio. That's why he missed the bus. So he got his motorbike out of the garden-shed. Unfortunately he tore his new jacket. He was so furious that he kicked his motorbike. The motorbike fell on his foot. He played badly at the football match. His team lost the match.

"Yesterday wasn't my lucky day! If I hadn't listened to the sports news on the radio, I wouldn't have missed the bus. If I .... the bus, I ....

....

....

....

....

....

....

....

....

Übung 3

John didn't do well in his last maths test. What could he have done better? Translate into English.

Wenn John besser gelernt hätte, hätte er nicht so viele Fehler gemacht.

.... he wouldn't have made so many mistakes.

Wenn er nicht die ganze Nacht gefeiert hätte, hätte er einen klaren Kopf behalten.

If he had not been partying all night, ...

....

Wenn er seine Armbanduhr nicht vergessen hätte, wäre ihm die Zeit nicht davongelaufen.

....

...., *time wouldn't have run out for him.*

Johns Vater hätte mit ihm gelernt, wenn er ihn gefragt hätte.

....

.... *if he had asked him.*

7. Mixed exercises – Typ I, II und III

Zur Erinnerung noch einmal alle drei Typen von if-Sätzen im Überblick:

Typ I: → *If John **catches** a fish, he **will throw** it back into the water.*

Typ II: → *If John **caught** a fish, he **would throw** it back into the water.*

Typ III: → *If John **had caught** a fish, he **would have thrown** it back into the water.*

Die verneinten Formen findest du auf den Seiten 162, 164 und 170.

Übung 1

John's father is an enthusiastic angler. He and his son often go fishing together.

1. Even if John and his father didn't catch any fish, ...

....

2. They will go on a fishing holiday next summer ....

....

3. They would have gone last spring ....

....

4. If John didn't have to be out at the crack of dawn *(dt. in aller Frühe)*, ...

....

5. If they had a boat, ...

....

6. John's father wouldn't have become soaking wet last weekend ....

....

Choose from the list below to complete the sentences.

... he would enjoy their fishing trips even more.
... if he hadn't slipped and fallen into the water.
... they would have a lot of fun together.
... they could go out onto the river and fish in different areas.
... if John hadn't caught a bad cold.
... if it doesn't cost a fortune.

Übung 2 **One type of if-sentence is given in this exercise. Add the two missing types.**

Type I: John's father can't go fishing with his son in the holidays if he doesn't get a day off from work.

Type II: ....

....

Type III: ....

....

Type I: ....

....

Type II: If Fiona found a well-paid summer job, she would buy a new stereo.

Type III: ....

....

Type I: ....

....

Type II: ....

....

Type III: John would have brought us some pizzas if the take-away round the corner had been open.

Type I: If it doesn't rain, the Hendersons will go camping.

Type II: ....

....

Type III: ....

....

Übung 3 **Complete the following jokes by using the correct form of the verbs in brackets.**

On the top of a high mountain in the Austrian Alps there is a sign warning climbers: "Be careful not to fall. It's a dangerous place. But if you .... (fall), look to the right. The Alps are beautiful!"

A young lady is standing in front of her wardrobe complaining to her husband: "Just look at my clothes. If anyone .... (come), they might think I was a cook. Her husband replies calmly: "If they .... (stay) for dinner they wouldn't!"

B 8. *More mixed exercises* – Typ I, II und III

Merke

Neben den **Bedingungssätzen des Typs I, II und III** gibt es – wie im Deutschen – **Mischformen**. Der Satz muss einen logischen Sinn ergeben.
→ *If Jeremy hadn't fallen off his bike, his trousers wouldn't be dirty.*
→ *If he wasn't a good cyclist, he wouldn't have won so many prizes.*

Übung 1

UKkids online is Samantha's favourite web site. There she can find a lot of information about her favourite pop stars.
Fill in the correct forms of the verbs in brackets.

If Britney Spears hadn't been such a talented girl, she .... (not become) a TV star at 11. Her music videos wouldn't have earned so much praise if she .... (not take) dance classes for years. If her single and album sales continue to break records, she .... (become) a big star. Robbie Williams would be an actor now if he .... (not respond) to the newspaper ad of a band some years ago. If Robbie hadn't drunk too much, he .... (not dive) into the fountain of a hotel and he .... (not have) a scar just above his eyes now.

Übung 2

Jeremy is a very successful mountain biker.
Choose from the following list of verbs to complete the text.
Put the verbs in the correct form.
hurt – train – not have – sponsor – not join – visit

If Jeremy .... the local cycling club two years ago, he wouldn't be so good at this sport now. If he .... hard, he can win the cross-country course next month. And if Jeremy wins the competition, a local helmet manufacturer .... him for two years.

Jeremy and his friends usually ride in the Forest Enterprise woodlands where there are marked trails for cyclists. If they .... good cycling equipment, their parents wouldn't let them do this sport. Last year Jeremy fell off his bike and .... himself badly if he hadn't had such a good helmet. When Jeremy .... his cousin Greg next weekend, Greg will show him the most exciting trails in the area.

Übung 3

Vivian O'Brian would like to work as an au pair after finishing school. Here are parts of the conversation between Vivian and her friend Sharon.
Fill in the correct verb forms.

Sharon: I heard that you can be an au pair if you .... (be) between 18 and 30 years old – is that right?

Vivian: Yes, that's true. And you don't have to be a girl! If I .... (have) enough money, I would go to the United States for a holiday. But if I work as an au pair, I .... (get) pocket money and I .... (not have to pay) anything for room and board.

Sharon: Can you switch families if you .... (not get along) with your host family?

Vivian: Yes, you can. Your au pair agency will help you. That's why it's important to find an agency that belongs to an international au pair organization.

By the way – if I .... (not have) any childcare experience, I wouldn't be accepted by some agencies.

Sharon: If my sister's friend had gathered more information about being an au pair, I'm sure she .... (not have) such a negative experience.

Vivian: If I like the States, maybe I .... (stay) there!

Sharon: If I .... (not have) such a fear of flying, I would come with you.

Übung 4

Translate into English what a former au pair says about her year in the USA.

1. Wenn du Kinder und Hausarbeit nicht magst, solltest du nicht als Au Pair arbeiten.

....

....

2. Viele Au Pairs wären nicht so überrascht, wenn sie ihre Gastfamilie sorgfältiger ausgewählt hätten.

....

....

3. Wenn ich unter 21 gewesen wäre, wäre es für mich in den USA viel schwieriger gewesen am Abend auszugehen.

....

....

B 9. *If only …* – Irreale Wunschsätze

Mit ***if only …*** und **Past Tense** oder mit ***I wish …*** und **Past Tense** bringst du dein Bedauern darüber zum Ausdruck, dass etwas nicht so ist, wie du es gerne hättest.

→ ***If only*** *I* ***had*** *a better mark in the English test.*
→ ***I wish*** *I* ***had*** *a better mark in the English test.*

Die verneinte Form wird so gebildet:

→ ***If only*** *I* ***didn't have*** *so much homework.*
→ ***I wish*** *I* ***didn't have*** *so much homework.*

Beim **Verb *be*** steht in der **1. und 3. Person Singular** nach ***if only …*** und ***I wish …*** die Form ***were***:

→ *I wish I* ***were*** *a little taller.*
→ *If only our neighbour* ***weren't*** *so unfriendly.*

Die Form ***was*** wird nur in der Umgangssprache verwendet.

Bedauerst du, dass etwas in der **Vergangenheit** nicht so verlaufen ist, wie es hätte verlaufen sollen, so verwendest du nach ***if only …*** und ***I wish …*** das **Past Perfect**.

→ *If only I* ***had cycled*** *a little more slowly.*
→ *I wish I* ***hadn't eaten*** *so much cake.*

Übung 1

Vivian is ill. She is lying in bed with flu.
Fill in the correct simple past forms.

1. I wish I .... (not have) a temperature.
2. If only my throat .... (not hurt) so much.
3. I wish Sheila .... (be) here.
4. Wasn't that the doorbell? If only someone .... (come) to visit me.
5. I wish I .... (feel) better. I can't even read a book.
6. If only the hours .... (pass) a little more quickly.
7. If only those church bells .... (not ring) every quarter of an hour.

Übung 2

Samantha celebrated her birthday yesterday. She had invited lots of friends. Now she is thinking about the party.
Fill in the correct past perfect forms of the verbs.

1. If only I .... (make) more sandwiches.
2. I wish Pete .... (not talk) so much.
3. If only Jomo .... (not drop) a full bottle of coke.
4. I wish Susan .... (play) a few songs on the guitar.
5. If only I .... (ask) Karen to bring some of her CDs.
6. I wish Steve .... (compliment) me on my new dress.

Übung 3

Kevin and some of his classmates went camping for three days. On the second day it started to rain and did not stop for hours. Put together what the friends were saying while they were sitting in their tent. Use the correct forms of the verbs.

Alison: If only / the rain / stop .

....

Roger: I wish / we / pack / our raincoats .

....

Kevin: If only / we / watch / the weather forecast .

....

Sheila: I wish / I / not have / wet feet .

....

Jomo: If only / I / find / my cards . Then / we / can play / a game of rummy *(dt. Rommé)*.

....

....

John: I wish / you / not complain / about everything .

....

B 10. *Had it stopped raining …* Verdrehte Bedingungssätze

Should kann im if-Satz stehen, wenn es sich um eine **denkbare Möglichkeit** handelt. Im Hauptsatz steht der Imperativ, *will* + Verb oder *would* + Verb.
→ *If we should come to the cinema late, please buy tickets for us, too.*
→ *If we should miss the bus, we'll take the next one.*
→ *If we should miss the bus, we might ask Dad to give us a lift.*

Wie im Deutschen kann ein solcher Bedingungssatz umgestellt werden:
→ ***If we should come*** *later, we'll give you a ring.*
Wenn wir später kommen sollten, rufen wir dich an.
→ ***Should we come*** *later, we'll give you a ring.*
Sollten wir später kommen, rufen wir dich an.

Auch Bedingungssätze des Typs III können auf diese Weise umgestellt werden. Sie klingen dann etwas förmlicher.
→ ***Had Gregory paid*** *attention, he would know the answer.*
(If Gregory had paid attention, …)
→ ***Had Sandra not left*** *her window open, her room would not have been flooded.*
(If Sandra had not left her window open, …)

Übung 1

Jomo is reading the instruction sheet of his VCR (video cassette recorder). Change the sentences, using *if*.

1. Should you want to watch a bilingual programme, you can select the language.

   ....

   ...., you can select the language.

2. Should the remote control unit *(dt. Fernbedienung)* not operate, change the batteries.

   ....

   ...., change the batteries.

3. Should there be any recording trouble, the clock time might not be set correctly.

   ....

   ...., the clock time might not be set correctly.

4. Should the sound quality be poor, the tape might be defective.

   ....

   ...., the tape might be defective.

Übung 2

There was an article in the newspaper about an 11-year-old boy who had been blown over a 250 feet cliff and had survived. John, his sister and his parents are talking about the boy's lucky escape. Change the sentences – don't use *if*.

Mr Webster: If the boy's father hadn't gone for a walk with his son in such stormy weather, this wouldn't have happened.

....

with his son in such stormy weather, this wouldn't have happened.

Mrs Webster: If they hadn't walked so close to the edge of the cliff, it wouldn't have been so dangerous.

....

...., it wouldn't have been so dangerous.

John: If the boy had fallen into the water, he might have drowned.

....

...., he might have drowned.

Mrs Webster: If it had taken longer to call for help, the boy might have died.

....

...., the boy might have died.

Sarah: If the RAF (= Royal Air Force) helicopter crew hadn't been so excellent, they might not have been able to rescue the boy from the bottom of the cliffs.

....

...., they might not have been able to rescue the boy from the bottom of the cliffs.

Übung 3

Jomo got a new skateboard for his birthday. Of course he wanted to try it out immediately. Unfortunately he fell and broke his wrist. Translate the following sentences into English.

1. Hätte er mit dem neuen Skateboard etwas länger geübt, wäre das nicht passiert.

....

2. Wäre er nicht in die Luft gesprungen, wäre er nicht hingefallen.

....

3. Sollte er versuchen, mit seinem gebrochenen Arm zu fahren, würde seine Mutter sein Skateboard verstecken.

....

....

C Futurformen

1. Spontane Absichtserklärung: will-Future

Hat man gerade im Moment des Sprechens einen Entschluss gefasst, verwendet man das **will-Future**.
Im Deutschen steht in diesen Fällen in der Regel das Präsens.
→ *It's pretty hot today. I'll **buy** an ice-cream.*
Es ist ziemlich heiß heute. Ich kaufe mir (jetzt) ein Eis.
→ *That's the phone. I'll **answer** it.*
Das ist das Telefon. Ich gehe ran.

Die verneinte Form lautet: *won't (will not)* + Verb (Infinitiv)
→ *Look, it has stopped raining. I **won't take** an umbrella.*

Man verwendet häufig ***I think I'll …*** und ***I don't think I'll …*** .
→ *I'm not very hungry. **I think I'll** just **have** a sandwich for dinner.*
→ *I don't feel very well. **I don't think I'll go** to the party.*
*(or: **I think I won't go** to the party.)*

Übung 1

Jomo and John go to Manchester to watch a football match. What do they say in the following situations? Form complete English sentences.

1. After Jomo and John have got off the train in Manchester, they want to get a city map.
   John: I / go / to the information desk / over there

2. They don't know from which platform the train back home will leave in the evening.
   Jomo: I / have a look / at the timetable

3. In front of the stadium there is a stand where fan articles are sold.
   John: I / think / I / buy / one of those T-shirts

   Jomo: I / not think / I / get / one. – Look at the price – they are 10 pounds each!

4. John wants to get something to drink.
   John: I / be / right back

Übung 2

In the following situations you decide to do (or not to do) something at the time of speaking.
Write down what you will or won't do.

1. Your friend has borrowed some books from the library. Now she is ill and you promise to return the books for her. ....
2. You have a toothache. You decide to go to the dentist's. I think ....
3. You wanted to invite 20 guests to your birthday party. But now you have changed your mind. ....
4. There's a new film on at the cinema. You decide to ring and ask your friend Robert if he wants to come along. ....
5. You have ridden on a roller coaster and now you don't feel too well. You decide not to ride again. ....

Übung 3

Kevin, Sheila and their friends have taken part in the volleyball tournament at Broughton High. Now they are exhausted.
Translate what they decide to do.

1. John: Das erste, was ich jetzt tue – ich dusche.
....
2. Kevin: Ich hänge unsere Urkunde im Klassenzimmer auf. (Urkunde, *engl. certificate)*
....
3. Samantha: Ich glaube, ich esse drei Portionen Spaghetti.
....
4. Sheila: Ich glaube nicht, dass ich heute noch mal einen Ball anfasse.
....
5. Jomo: Ich gehe heim und schaue mir das *Star Wars* Video an.
....
6. Vivian: Ich lege Eis auf meinen Daumen. Er ist ganz schön angeschwollen.
....

2. Geplantes Vorhaben: going-to-Future

Bei Vorhaben bzw. Entscheidungen, die schon länger feststehen, d. h. nicht gerade erst spontan gefasst wurden, verwendet man das **going-to-Future**.
→ *John **is going to visit** his cousin in the holidays.*
→ *I'm **going to repair** my bike this afternoon.*

Bildung:
bejahter Satz
am / are / is + *going to* + Verb (Infinitiv)

verneinter Satz
am / are / is + *not* + *going to* + Verb (Infinitiv)

Häufig werden die Kurzformen *I'm going to, he's going to, we aren't going to* etc. verwendet.

Übung 1

What are the families in Hill Street going to do at the weekend? Read the clues and complete the table.

10	12	14	16
The Taylors	....	....	....
are going to	are going to	are going to	are going to
....	....	....	....
....	....	....	....

1. The family who is going to buy a new computer lives in number 16.
2. The Hendersons live next to the Taylors.
3. The Hendersons' other neighbours, the O'Sullivans, are going to visit friends in York.
4. The people who are going to have a barbecue party do not live next to the O'Sullivans.
5. The Campbells are not going to visit friends and they are not going to have a barbecue party.
6. Which family is going to paint their kitchen?

Übung 2

What are the pupils of Broughton High School going to do in the summer holidays?
Form complete English sentences.

1. Alison: work at Safeway's supermarket

....

2. Greg + Laura: go to an open-air concert

....

3. Steve: take part in a kite festival in Coventry

....

4. Gloria: attend a language course in France

....

5. Patrick: spend two weeks in a summer camp in Wales

....

Übung 3

Vanessa didn't do very well in the last German test. Now she has a lot of good intentions.
Translate into English.

1. Ich fange nicht am letzten Tag vor der Prüfung mit dem Lernen an.

....

....

2. Ich lerne jeden Tag eine Viertelstunde lang Wörter.

....

....

3. Ich kaufe ein Buch mit Übungen und mache jedes Wochenende ein paar Aufgaben.

....

....

4. Am Samstag schlafe ich nicht bis 11 Uhr, sondern stehe um 8 Uhr auf.

....

....

5. Ich gebe meiner Deutschlehrerin jede Woche einen Aufsatz zum Korrigieren.

....

....

3. Allgemeine Vorhersage oder Vermutung: will-Future

Im Englischen verwendet man das **will-Future** auch, wenn man eine Vorhersage machen will. Diese kann sich auf das Wetter, auf die Zukunft von Personen oder auf allgemeine Begebenheiten beziehen. Im Deutschen steht in diesen Fällen häufig das Präsens.

→ *In a week's time* ***we'll be*** *in Spain.*
In einer Woche sind wir schon in Spanien.

→ *Don't worry. You'****ll get*** *the job.*
Mach dir keine Sorgen. Du bekommst den Job.

Oft steht das will-Future nach Ausdrücken wie diesen:

→ *I expect*	ich erwarte, denke
→ *I'm sure*	ich bin sicher
→ *I hope*	ich hoffe
→ *probably*	wahrscheinlich

Übung 1

Peter and his girlfriend Claire are planning to make a trip to Edinburgh at the weekend, but only if the weather is fine. Complete the weather forecast for Scotland. Use the following verbs:
bring – be – come – not find – fall – be – calm – rise – blow – need

1. Tomorrow there .... some heavy rain showers in the north of Scotland. The temperature .... below 8°C and you .... warm clothes.
2. Strong winds .... from the east. They .... away the clouds in the late afternoon.
3. The sun .... any clouds to hide behind on Saturday. The winds .... down and the temperature .... to 18°C.
4. Sunday .... excellent weather for all kinds of outdoor activities. It .... sunny and warm all day with temperatures rising to 22°C.

Übung 2

Claire's best friend, Conny, is sure that Claire and Peter will enjoy their trip to Edinburgh.
Form complete English sentences.

1. I'm sure / you / be impressed / by the castle.

....

2. you / probably / taste a whisky / at the Scotch Whisky Heritage Centre

....

3. I expect / you / spend / some time / at the waterfront

....

4. I'm sure / you / try out / lots of / excellent restaurants, bistros and pubs

....

5. I expect / you / visit / *The Tavern* / the oldest pub in Scotland

....

6. I hope / you / have / lots of fun

....

Übung 3

In your horoscope you can read wonderful things about your future.
Translate into English.

1. Nächste Woche wirst du von einem lieben Freund überrascht.

....

2. Das kommende Wochenende wird sehr aufregend für dich.

....

3. Du bekommst einen Brief, der dein Leben verändern wird.

....

4. Zwischen dem 14. und dem 18. triffst du einen alten Freund.

....

5. Dein Traumpartner wird in dein Leben treten, aber du siehst ihn nicht gleich.

....

6. Im Sommer wird sich einer deiner Träume erfüllen.

....

7. Dein Geldbeutel wird nicht lange leer bleiben.

....

C 4. Es bahnt sich etwas an: going-to-Future

Das **going-to-Future** wird dann verwendet, wenn aufgrund **deutlicher Anzeichen** bereits erkennbar ist, dass sich etwas ereignen wird. Meist bezieht sich das Gesagte auf die nahe Zukunft.
Auch in diesen Fällen steht im Deutschen häufig das Präsens.

→ *Look at those dark clouds. It's **going to rain** soon.*
... Es fängt bald an zu regnen.

→ *She's so furious. She's **going to slap** his face.*
... Sie gibt ihm gleich eine Ohrfeige.

Übung 1

What's going to happen? Choose from the list below and connect the sentences that belong together.

1. Vivian feels terrible.
2. Look at James Bond's sports car!
3. Take an umbrella with you.
4. Today there is more traffic in the streets than usual.
5. Those football players look very tired.
6. There was an accident in Preston Road.
7. Don't park your car here.
8. John is running round the corner.

... It's going to explode in a second.
... The ambulance is going to arrive soon.
... You are going to get a ticket.
... She thinks she's going to be sick.
... He's going to catch the bus.
... It's going to rain soon.
... I think I'm going to be late for work.
... The other team is going to score a goal any minute.

Übung 2

Claire and Peter are in Edinburgh. They are walking along the waterfront at Leith, Edinburgh's port.
Complete the sentences with *going to*, using the verbs in brackets.

Claire: There are so many nice places around here. This .... (be) a really trendy area.

Peter: Don't walk so close to the edge of the pier. You .... (fall) into the water!

Claire: And you .... (rescue) me, aren't you?

Peter: How about having lunch instead? I'm hungry – and I .... (not look) at another seafood restaurant without going in.

Übung 3

In the afternoon Claire and Peter go to the city centre.
Complete the sentences with *going to*, using the verbs in brackets.

Claire: Why didn't you take your jacket. You .... (feel) cold pretty soon.

Peter: No, I'm not. I .... (sit) very close to you.

Claire: Look, the sale is on at the moment. They .... (have) fantastic prices in the shops.

Peter: That's a nice blouse. It .... (look) terrific on you! But maybe I should get a jacket …

Übung 4

Claire and Peter are watching a thriller at the cinema. What's going to happen in the following scenes?
Translate into English.

1. A man is running towards the edge of a cliff.	Ein Hubschrauber kommt gleich und rettet ihn. ....
2. The lights go out.	Gleich hören wir einen fürchterlichen Schrei. ....
3. A woman in a sports car is driving too fast.	Das Auto wird sich gleich überschlagen. ....
4. The police detective is looking into the woman's eyes.	Sie werden sich ineinander verlieben. ....

5. Will-Future oder going-to-Future?

Hier noch einmal die wichtigsten Aspekte im Überblick:

Plan, Vorhaben, Absicht:

will-Future bei spontanen Entschlüssen, die erst während des Sprechens gefasst werden

→ *I'm very busy at the moment, but I'll ring you back in the evening.*

going-to-Future bei Vorhaben und Entscheidungen, die schon länger feststehen

→ *We are going to meet some friends at the pub tonight.*

Vorhersage:

will-Future bei allgemeinen Vorhersagen und Vermutungen

→ *You'll have a wonderful time in New York!*

going-to-Future wenn deutliche Anzeichen bereits erkennen lassen, dass sich etwas ereignen wird

→ *We are going to land in a few minutes.*

Übung 1

Samantha and Sheila go to a street market. Put the verbs in brackets into the right form, using *will* or *going to*.

Samantha: I .... (visit) my German penfriend in August. Maybe I'll find a nice present for her.

Sheila: You .... (speak) German fluently when you come back. Look, they sell power bead bracelets *(dt. Perlenarmbänder)* over there.

I .... (get) a pink one for myself – that's for love and romance.

Samantha: That's a nice cardigan. I .... (try) it on.

Sheila: Give me your bag. I .... (hold) it for you. Be careful – that pile of T-shirts .... (fall).

Samantha: What .... you .... (wear) at Jill's birthday next week?

Sheila: I don't know yet. I hope I .... (find) something nice here on the market.

Übung 2

Jomo and John are talking about computer technology. Put the sentences together.

1. I'm going to do
2. Do you think
3. Why don't we start our own Internet business?
4. My dad is going to contact
5. I'm pretty sure
6. There will be a growing demand

○ a business partner in California.
○ I'm sure we'll make a lot of money.
○ for web designers in the future.
○ a course in computer programming.
○ he'll offer me a holiday job.
○ I'll be able to make my own Internet homepage soon?

Übung 3

A class at Broughton High School wants to organize a "Nature Day". This is what they plan to do. Put the verbs in brackets into the right form, using *will* or *going to*.

Jeff: Kevin and I have already decided what we .... (do). Kevin .... (send) an e-mail to the World Land Trust and ask for material. I .... (collect) articles about the rainforest in Brazil.

Jennifer: I'm sure people .... (want) to get information about environmental projects in Britain, too.

Eve: That's a good idea. My uncle is a ranger. I .... (phone) him and interview him about his job. I expect he .... (know) about projects in the area.

Oliver: I've collected some walkabout leaflets for discovering the local countryside. I .... (cut) out the pictures and maps and make a poster.

Jennifer: By the way – Ms Leigh .... (let) us use some geography lessons for preparing the project.

6. Das Simple Present bei Fahrplänen und Öffnungszeiten

Das **Simple Present** – die einfache Form der Gegenwart – kommt immer dann zum Einsatz, wenn über **zukünftige Ereignisse** gesprochen wird, **die von offiziellen Stellen oder anderen Personen festgelegt wurden**, z. B.:

– Fahr- und Flugpläne
– Geburtstage, Feiertage
– Öffnungszeiten
– Veranstaltungstermine

Im Deutschen wird ebenfalls das Präsens verwendet.

→ *My train leaves in half an hour.*
Mein Zug fährt in einer halben Stunde.

→ *What time does the museum open tomorrow?*
Um welche Zeit öffnet morgen das Museum?

→ *Next Saturday the performance doesn't start at 8 o'clock, but half an hour earlier.*
Am kommenden Samstag fängt die Vorstellung nicht um 8 Uhr an, sondern eine halbe Stunde früher.

Übung 1

The Northams are going to fly to San Francisco next week. Translate into English.

1. Das Flugzeug fliegt um 6 Uhr morgens ab.

2. Wir müssen nicht umsteigen, es ist ein Direktflug.

3. Der Flug dauert 13 Stunden.

4. Wir kommen um ungefähr 10 Uhr Ortszeit im Hotel an.

5. Der erste Tag unseres Aufenthalts ist in den USA ein Feiertag.

6. Es ist schade, dass das Theaterfestival nicht eine Woche früher anfängt.

Übung 2

Tom is in London for the first time and he has a lot of questions. Find the correct verbs and forms of *to do* and complete the sentences.
arrive – start – leave – close – open – go

1. When .... the Tate Gallery .... tomorrow morning?
2. .... the sightseeing buses .... every hour this afternoon?
3. .... the 11.15 train to Windsor .... from Victoria station?
4. When .... the train .... at Windsor?
5. What time .... the football match Arsenal vs. Leeds ....?
6. When .... the big department stores .... tonight?

Übung 3

Susanne worked out an interview with Harry Potter, the young magician, for the school magazine.
Translate the sentences into English.

Susanne: Harry, wann sind deine Sommerferien zu Ende?
Harry: Am 1. September fängt die Schule wieder an – und ich freue mich schon darauf.
Susanne: Wie kommst du zurück nach Hogwarts Castle? Mit Zauberkraft? (Zauberkraft , *engl. magic power*)
Harry: Nein, mit dem Zug. Der Hogwarts Express fährt um 11 Uhr von Gleis neundreiviertel ab und kommt am Abend in Hogwarts Castle an.
Susanne: Dürft ihr am ersten Abend länger aufbleiben?
Harry: Nein, um 23 Uhr wird das Licht ausgeschaltet.

Susanne: ....
....

Harry: ....
....

Susanne: ....
....

Harry: ....
....
....

Susanne: ....
....

Harry: ....
....

C 7. Feste Vereinbarung: Present Progressive

Das **Present Progressive** kann in bestimmten Fällen auf zukünftige Ereignisse hinweisen. Es handelt sich dabei um **vorher getroffene Vereinbarungen** bzw. **festgelegte Termine**.
Meist wird durch eine Zeitangabe deutlich, dass es sich um die Zukunft und nicht um die Gegenwart handelt.
→ *What **are** you **doing** on Friday evening?*
→ *I'**m going** to the cinema.*
Anstelle des **Present Progressive** ist häufig auch das **going-to-Future** möglich.

Übung 1

This is Jomo's diary for next week. Form sentences, using the progressive form.

Sun	2 p.m.	play golf with Gerald and Steve
Mon	3 p.m.	meet Vivian in town
Tue	6 p.m.	watch football match
Wed	2.30 p.m.	dentist's
Thu	4 p.m.	driving lesson
Fri	7 p.m.	help John repair his motorbike

1. Jomo is playing golf with Gerald and Steve on Sunday afternoon.
2.
3.
4.
5.
6.

Übung 2

Fiona is telling her friend Vivian about her family's holiday plans. Form complete sentences, use the progressive form.

1. Mum, Dad and I / fly / to Majorca / in August.

....

2. My brother Jim / not come / with us.

....

3. He / go camping / in Wales / with some friends.

....

4. Some friends of ours / join / us / in the second week.

....

5. What / you / do / in the summer holidays?

....

Übung 3

Some people are making arrangements or getting information. Put the verbs into the simple or progressive present.

1. Mrs O'Brien: Vivian, the Tylers .... (have) a barbecue party next Saturday. Would you like to come along?

   Vivian: Yes, I'd love to. What time .... it .... (start)?

2. Geena: Hi, Steve. Jack and I .... (play) crazy golf this afternoon. .... you .... (come) with us?

   Steve: Sorry, I .... (help) Brian paint his room.

3. Samantha: Dad, we .... (go) on an excursion on Tuesday. Could you give me and Sheila a lift to the station? The train .... (leave) at 7.30 a.m.

   Mr Henderson: OK. Tell Sheila that we .... (pick) her up at 7.

4. Kevin: What time .... school .... (start) tomorrow?

   Jomo: It .... (start) at 9.45.

5. Announcement: Due to reconstruction work in progress the 9.30 train to Manchester .... (leave) from platform 3 today, but from platform 8.

8. Nebensätze mit *if, when, as soon as, before, until* und *while*

Wenn der Hauptsatz bereits zum Ausdruck bringt, dass es sich um Zukünftiges handelt, steht in Nebensätzen mit *if, when, after, as soon as, before, until* und *while* das **Simple Present** (die einfache Form der Gegenwart).

→ **If** you **go** now, I'll never look at you again.
→ What are you going to be **when** you **leave** school in two years' time?
→ I'll be leaving **as soon as** Mum **comes** back.
→ Don't forget to brush your teeth **before** you **go** to bed.
→ I'm afraid, Debby has to wait **until** the bank **opens**.
→ I'd really love to look after your baby **while** you**'re** at the party.

Übung 1

Complete the sentences by choosing a) or b).

1. I'll come to see you
   ◯ a) till you come back.
   ◯ b) before you leave.

2. I can't wait
   ◯ a) till he comes.
   ◯ b) as soon as he rings me up.

3. Mr Jackson will complain about his neighbour's dog
   ◯ a) when it stops barking.
   ◯ b) if it doesn't stop barking.

4. Mrs Burnes will be very angry
   ◯ a) when she sees that her children have smashed her favourite flower pot.
   ◯ b) before her children tell her about the damage they have done.

5. As soon as we go to bed
   ◯ a) there will be this strange noise coming from the attic.
   ◯ b) we are going to have dinner.

6. We'll have to stay up
   ◯ a) when the shops open in the morning.
   ◯ b) until the last guest leaves the house.

7. I'll let you know
   ◯ a) as soon as I hear from my boy-friend.
   ◯ b) until I hear from my boyfriend.

8. Don't say anything
   ◯ a) as soon as you know the whole story.
   ◯ b) before you know the whole story.

9. I'm going to bake a cake for Mum
   ◯ a) if she is in town.
   ◯ b) while she is in town.

10. Sheila wants to visit her cousin
   ◯ a) before the summer holidays are over.
   ◯ b) as soon as the summer holidays are over.

Übung 2

Choose a verb for each sentence and fill in the correct verb forms.
find – get – get home – come back – arrive

1. As soon as my dad .... from his trip, I'll tell him to give you a ring.
2. I'll be waiting for you at the information desk when you ....
3. We have to clean our rooms before Mum ....
4. John is going to sell his motorbike as soon as he .... a better one.
5. If you answer this question correctly, you .... a good mark.

Übung 3

Brigitte is daydreaming again. Translate into English.

1. Sobald ich genug Geld habe, reise ich um die Welt.

   ....

2. Wenn ich in San Francisco ankomme, besuche ich den Shakespeare Garten im Golden Gate Park.

   ....

   ....

3. Falls mir das Geld ausgeht, arbeite ich als Bedienung im Moscone Center.

   ....

   ....

4. Ehe ich Kalifornien verlasse, fliege ich nach Los Angeles und schaue mir das neue Getty Museum an.

   ....

   ....

5. Wenn ich München verlasse, wird mich meine Mutter bitten: „Vergiss nicht mir jeden Tag eine Mail zu schicken, bevor du ins Bett gehst."

   ....

   ....

6. Bis ich neue Freunde finde, werde ich Heimweh haben.

   ....

7. Ich schicke meinen Freunden viele Briefe, Mails und Ansichtskarten, während ich weg bin.

   ....

   ....

9. Future Perfect und Future Progressive

Das **Future Progressive** (die Verlaufsform in der Zukunft) verwendet man, wenn man ausdrücken will, dass eine Handlung zu einem zukünftigen Zeitpunkt im Verlauf sein wird.

→ *Next week I'**ll be swimming** in the sea.*
Nächste Woche schwimme ich schon im Meer.

Das **Future Progressive** steht auch, wenn man besonders höflich und taktvoll sein möchte.

→ *How long **will** you **be staying** in Britain?*
Wie lange haben Sie vor in Großbritannien zu bleiben?

Bildung:
will ('ll) be + *ing*-Form

Das **Future Perfect** (die vollendete Zukunft) verwendet man, wenn man ausdrücken will, dass etwas zu einem bestimmten Zeitpunkt in der Zukunft geschehen sein wird.

→ *His aunt left him a generous amount of money, but he lives such an extravagant life that he **will** soon **have spent** all her money.*
Seine Tante hinterließ ihm eine großzügige Geldsumme. Aber er führt ein so ausschweifendes Leben, dass er ihr ganzes Geld bald ausgegeben haben wird.

Bildung:
will ('ll) have + Past Participle

Übung 1

What will the boys and girls be doing this time next year? Fill in the correct verb forms.
work – baby-sit – correct – learn – read – repair

1. This time next year Tom .... the sixth volume of "Harry Potter".
2. John .... in his father's shop.
3. This time next year Ted .... the used car he got from his grandfather.
4. My sister Caroline .... as an au pair in the USA.
5. Our teacher .... our English test papers.
6. .... you still .... English?

Übung 2

Tina and Sarah are spending the week after Christmas in a small hotel in the Alps. A lot of things are not as they should be. Complete the English translation.

1. „Bis heute Abend werden Sie die Spinnen aus unserem Badezimmer entfernt haben."

   "Until tonight you .... the spiders from our bathroom."

2. „Sonst werden wir abgereist sein, bevor Sie bis drei zählen können."

   "Otherwise we .... before you can count to three."

3. Tina und Sarah hoffen auch, dass jemand die Heizung repariert haben wird, bis sie zurückkommen.

   Tina and Sarah also hope that somebody .... the central heating until they come back.

4. Bis zum Ende der Woche werden sie einen Beschwerdebrief geschrieben haben.

   By the end of the week they .... a letter of complaint.

Übung 3

The O'Briens have got a pet now: a puppy. Its name is Mr Bean and it keeps the members of the family quite busy. Put the verbs into the future progressive or the future perfect.

Mrs O'Brien: Vivian, I .... (work) tomorrow afternoon. Can you go for a walk with Mr Bean?

Vivian: I think so. I .... (play) squash with Sheila, but we .... (finish) by three o'clock. Then I can take him for a walk. I hope Mr Bean .... (not eat) one of my shoes again when I come home!

Mr O'Brien: By the way, who .... (look) after Mr Bean when we are away for a week in the summer?

Mrs O'Brien: That's all settled. Mrs Croft .... (come) to our house twice a day and she .... (take) Mr Bean for walks regularly.

Mr O'Brien: I hope he .... (learn) not to dig up the flowers in the garden by then. Otherwise Mrs Croft .... (have) the time of her life!

Vivian: I .... (go) to the dogs' school with him twice a week, starting next Thursday. By August he .... (become) a well-behaved dog!

Mr O'Brien: But my hair .... (turn) grey by then! Maybe we shouldn't have named him Mr Bean!

10. Alle Zukunftsformen im Überblick

Zukunftsform	**Sprechabsicht**	**Verwendung**
will-Future	Spontane Absichtserklärung	**I'll open** the window.
going-to-Future	Geplantes Vorhaben	We **are going to have** a party next Saturday.
will-Future	Allgemeine Vorhersage/ Vermutung	You'**ll like** the film.
going-to-Future	Etwas bahnt sich bereits an.	Stop fooling around. You **are going to fall** off that ladder!
Simple Present	Fahrplan, Veranstaltungs-Termin (von anderen festgelegt)	Which platform **does** the train **leave** from? The film **starts** at eight thirty.
Present Progressive	Getroffene Vereinbarung	We **are making** tortillas on Friday evening.
Future Progressive	Andauernde Handlung zu einem Zeitpunkt in der Zukunft Höfliche Anfrage	**I'll be working** in the after-noon. When **will** you **be moving** to Aberdeen?
Future Perfect	Etwas wird zu einem best. Zeitpunkt geschehen sein.	In two days' time I'**ll have finished** reading the book.

Übung 1

The final exams are drawing nearer at Broughton High School. Um welche Sprechabsicht handelt es sich jeweils? Welche Zukunftsform wird im Englischen verwendet?

	Sprechabsicht	Futurform im Englischen
1. Nächste Woche um diese Zeit werde ich die Prüfung schon geschrieben haben.	....	....
2. Sarah sieht ziemlich müde aus. Sie schläft jede Minute ein.	....	....
3. Morgen zwischen drei und fünf Uhr? Da lerne ich für die Prüfung!	....	....
4. Ich mache mir jetzt eine Tasse Kaffee.	....	....
5. Ich bin sicher, wir werden nicht durchfallen.	....	....
6. Nach der Prüfung verbringen Kevin und John eine Woche am Meer.	....	....
7. Wann fängt die Prüfung am Montag an?	....	....
8. Sheila besucht im August ihre Großmutter in Indien.	....	....

Übung 2

Now translate sentences 1–8 into English.

1. ....
2. ....
3. ....
4. ....
5. ....
6. ....
7. ....
8. ....

11. Übungen zu allen Futurformen

Übung 1

Tim and his girlfriend Pat want to go to Berkeley, California, as exchange students for a year. Pat is telling her friend Pamela about her plans. Fill in the correct future forms.

Pat: I've got some good news for you. Tim and I .... (go) to Berkeley as exchange students for a year. And one other thing: Before we .... (leave) we .... (get married) – on August 21st.

Pamela: That's wonderful! I .... (be) your bridesmaid. That is – if you want me.

Pat: Of course I do! You can be sure that I .... (not say) "Yes" if my best friend .... (not be) at my side. The wedding .... (not be) a big one. Nevertheless, there are lots of things that have to be arranged.

Pamela: You can count on me if you .... (need) any help.

Pat: Thanks a lot. My mother .... (write) the invitations. And my brother's band .... (play) at the wedding party. By the way, my 93-year-old great-grandmother .... (come), too.

Pamela: When .... the semester .... (start) at Berkeley?

Pat: It .... (start) exactly one week after our wedding. So we .... (not have) much of a honeymoon!

Pamela: .... you .... (stay) on campus?

Pat: Yes, that .... (make) things a lot easier. By the time all our friends come visiting us we .... (find) places where they can stay without paying a fortune.

Pamela: I .... (miss) you terribly during that year.

Pat: So will I. But I .... (send) you hundreds of postcards and e-mails.

Pamela: When you come back, you .... (get) an American accent.

Pat: Oh, no – we .... But listen: If you .... (not visit) us in Berkeley, I .... (be) really disappointed.

Oh God, it's late. I .... (meet) Tim at four o'clock.

Pamela: Well, then you'd better hurry up! Give him a kiss from me.

Übung 2

What will the year 2060 be like?
Complete the translations by filling in the correct future forms.
Sometimes more than one form is possible.

1. Niemand wird das Haus verlassen müssen, um Essen oder Kleidung zu kaufen.

   Nobody .... the house to buy food or clothes.

2. Alles wird „online" bestellt und sofort geliefert werden.

   Everything .... online and .... immediately.

3. Aussagen wie: „Nächste Woche machen wir einen Ausflug zum Mond.", werden nicht ungewöhnlich sein.

   Statements like: "Next week we .... a trip to the moon." .... unusual.

4. „Wie lange haben Sie vor zu bleiben?"

   "How long .... you ....?"

5. „Wir verbringen drei Nächte im Weltraumhotel. Von dort aus machen wir mehrere Tagesausflüge zum Mond."

   "We .... three nights at the space resort. From there we .... several day trips to the moon."

6. „Verzeihung, wann geht die nächste Raumfähre?"

   "Excuse me, when .... the next space shuttle ....?"

7. Auf der Erde wird das Wasser der Flüsse wieder genießbar geworden sein.

   On earth the water in rivers .... drinkable again.

8. Jeder Schüler wird seinen Taschencomputer zum Unterricht mitnehmen. Vielleicht wird das Klassenzimmer ein virtuelles geworden sein.

   Every pupil/student .... his pocket computer to class. Maybe the classroom .... a virtual one.

Teil I:
Deutsch

Protokoll, Referat

Lösungen

Protokoll
B Protokollarten
1. Das Verlaufsprotokoll

12 | 13

Hinweis

Eine wichtige Vorbemerkung: In allen Lösungsvorschlägen wurden die Schüleräußerungen in der indirekten Rede wiedergegeben. Wenn du dies nicht berücksichtigt hast – kein Problem, dann ändere die Verbformen schnell um. Solltest du dich aber in der indirekten Rede noch nicht ganz fit fühlen, dann mache erst einmal einige „Vorübungen" im Kapitel D.

Übung

1. Ulla beschwert sich, dass die Klasse zu viel Grammatik lernen müsse. Sie schlägt vor, einen spannenden Roman zu lesen. Maja dagegen findet, dass Ullas Einwand „Meckerei" sei. Alles müsse nach ihrem Kopf gehen, wenn sie etwas nicht verstehe.
   Gut möglich wäre auch eine mehr umschreibende „Einleitung" zu Majas Erwiderung:
   Maja ist mit Ullas Vorschlag nicht einverstanden. Sie findet, dass Ulla sich zu viel beschwere, nur weil sie nichts verstehe.
   Die „Meckerei" sollte als umgangssprachlicher Ausdruck in Anführungsstrichen stehen.
2. Herr Gräulich fragt aufgebracht die Schüler, wie sie denn im Leben ohne Prozentrechnung bestehen könnten. Tobias fordert Herrn Gräulich auf, den Schülern den Stoff besser zu erklären. Außerdem sollte er ihnen mit realistischeren Beispielen klarmachen, was denn seine mathematischen Aufgaben mit dem wirklichen Leben zu tun hätten.
   Den „hochroten Kopf" des armen Herrn Gräulich sollte der Protokollant dezent umschreiben! Da Tobias drei Teilaussagen macht, ist es sinnvoll, abwechslungsreich seine Aussagen indirekt wiederzugeben.
3. Nach einer Gruppenarbeit stellt Peter die Ergebnisse seiner Gruppe vor: Der Autor erzählt die Geschichte aus dem Blickwinkel des Vaters. Somit handelt es sich um einen Er-Erzähler, der von seinen Erlebnissen während seiner Reise berichtet. Es wird ergänzt, dass außerdem zu beachten sei, wie der Erzähler seine Erlebnisse schildere: nämlich in Form langer Gedankengänge, die nur der Leser erfahre, nicht jedoch die anderen Figuren der Geschichte.
   Wenn Ergebnisse präsentiert werden, ist es angebracht, Doppelpunkte zu verwenden. Der Name „Peter" hätte durchaus auch wegfallen können, wenn alle Gruppen ihre Ergebnisse vorgestellt hätten.
4. Es wird die Gliederung von Praktikumsberichten besprochen. Als wichtig wird erachtet, dass zuerst die Arbeitsstätte beschrieben werde. So könne der Leser des Berichts erfahren, wo ein Schüler gearbeitet habe. Zusätzlich müsse aber auch der Aufbau des Betriebes skizziert werden, um folgende Fragen zu klären: Welche Abteilungen gibt es? Wer ist der Chef? Wie viele Mitarbeiter gibt es? Darüber hinaus sollte unbedingt geschrieben werden, welche Tätigkeit man denn ausgeübt habe.
   Das „sollte" bietet sich immer dann an, wenn konkrete Forderungen mit der Äußerung verbunden sind.

2. Das Ergebnisprotokoll

14 15

Übung 1

Eine feste „Streichregel" gibts hier nicht. Grundsatz ist aber: Wesentliches muss übrig bleiben.

1. ~~Es wird das~~ Gedicht „Mondnacht" von Joseph von Eichendorff ~~gelesen. Einige Schüler schildern gleich ihre~~ ersten Leseeindrücke. (Tina meint), dass das Gedicht etwas sehr Leichtes an sich habe. Sie könne sich gut in das lyrische Ich hineinversetzen und dessen Gefühle nachvollziehen. (Peter hingegen bemerkt), dass ihm das Gedicht sehr gekünstelt vorkomme. ~~Der Klassenleiter Herr F. teilt den Schülern an dieser Stelle mit, dass es sich um~~ ein Gedicht aus der Zeit der Romantik ~~handele. Die formalen Elemente von „Mondnacht" werden kurz angesprochen. Herr F. führt weiter aus, dass das Gedicht als~~ Reimschema den Kreuzreim ~~aufweise und des Weiteren~~ viele Zeilensprünge (Enjambements) ~~enthalte~~.
2. ~~In einem Unterrichtsgespräch werden Ansichten gesammelt, wie eine~~ gut funktionierende Gruppenarbeit im Deutschunterricht zu gewährleisten ist. ~~Es ergibt sich eine~~ teilweise heftige Diskussion, ~~weil die unterschiedlichen Meinungen von den jeweils anderen Mitschülern nicht immer akzeptiert werden~~. Ein besonders heikler Punkt ist die Frage, wie viele Schüler denn in einer Gruppe zusammenarbeiten müssen. Es wird eine Anzahl zwischen drei und acht Schülern diskutiert. Nadine ~~ist der Auffassung, dass~~ acht Schüler zu viele seien. ~~Es werde~~ nicht möglich ~~sein~~, dass alle acht eine sinnvolle Mitarbeit leisten. Sie plädiert für maximal vier Schüler. So könne die Arbeit gut aufgeteilt werden. Frank hat eine andere Auffassung. ~~Er argumentiert, dass~~ man mehr leisten könne, wenn mehr Schüler gemeinsam zusammensitzen. ~~Leider merkt man Frank an, dass~~ er weniger aus Überzeugung dieser Ansicht ist, sondern weil er privat etwas gegen Nadine hat. ~~Das wird durch einige seiner Spötteleien – auch weiteren Mädchen gegenüber – deutlich~~. Weitere Jungen stellen sich auf Franks Seite und unterstützen ihn. Der Klassenleiter ~~schaltet sich ein und findet, dass~~ diese Art von Diskussion sehr schade sei. ~~Er wolle zwar niemanden ermahnen, aber doch~~ um mehr Sachgespräche bitten.

Übung 2

Hier stehen jetzt nur Vorschläge. Es gibt sicherlich keine Ideallösung – also keine Angst, wenn dein Ergebnis nicht ganz genauso aussieht.

1. Zum Gedicht „Mondnacht" von Joseph von Eichendorff werden zwei unterschiedliche Leseeindrücke geschildert. Tina findet an dem Gedicht etwas Leichtes. Sie könne sich in das lyrische Ich hineinversetzen. Für Peter ist das Gedicht eher gekünstelt. Dieses Gedicht der Romantik weist einen Kreuzreim auf und enthält viele Zeilensprünge (Enjambements).
   Bei nur zwei oder drei Äußerungen kann man ohne Weiteres die Namen der Schüler angeben; wenns mehrere sind: canceln …
2. Es findet eine kontroverse Diskussion über Gruppenarbeit im Deutschunterricht statt. Problematisch ist die Frage nach einer sinnvollen Gruppengröße. Nadine spricht sich für maximal vier Schüler pro Gruppe aus: Nur dann sei sinnvolles Arbeiten möglich. Frank dagegen hält größere Gruppen für angebracht. Offensichtlich ist er aber davon nicht überzeugt, sondern will Nadine nur widersprechen. Als weitere Jungen Franks Ansicht unterstützen, bittet der Klassenleiter um mehr Sachgespräche.
   Immer wichtig: Der erste Satz eines TOPs sollte kurz und bündig zum Thema führen.

16 | 17

3. Das Mischprotokoll

Übung 1

1. Bei der Untersuchung des 1. Bildes bzw. 1. Aktes des Theaterstücks „Andorra" von Max Frisch gehen wir von dem wichtigen Satz aus, den Barblin auf Seite 125 sagt: „Ich weißle, ich weißle, auf daß wir ein weißes Andorra haben, ihr Mörder!" Dies spricht sie nach dem Tod ihres leiblichen Bruders Andri aus. Die meisten Schüler(innen) vermuten, dass sie mit diesem Satz alle Bürger von Andorra meint. Wir stellen fest, dass der gleiche Satz auch am Anfang des Stückes in veränderter Form steht. Dort bezieht sie die Farbe Weiß auf die Farbe der Häuser Andorras. Tim interpretiert die Wiederholung am Ende des Stückes so: Barblin versucht symbolhaft – die Farbe Weiß könnte für Reinheit stehen – die Schuld der Andorraner am Tod Andris zu übermalen. Karolin schließt sich dieser Interpretation an und vertieft sie noch mit der Erläuterung, dass die Andorraner zwar im Laufe des Stückes „scheibchenweise" ihre Schuld zugeben, aber dabei doch immer wieder versuchen, sie von sich zu weisen.
2. Zu Beginn der Stunde unterhalten wir uns über das 12. Bild von „Andorra". Die grundlegende Ausgangsfrage dabei ist: Warum ist diese Szene – die sogenannte Judenschauer-Szene – so wichtig für das gesamte Stück? Einige Schüler meinen, dass in dieser Szene deutlich werde, dass alle Andorraner Angst davor hätten, selbst als Jude vom Judenschauer identifiziert und damit umgebracht zu werden.
   In einer Kleingruppenarbeit (mit jeweils drei bis vier Schüler(innen)) wird nun anhand des 12. Bildes herausgearbeitet, welche der Figuren im Stück sich am meisten gegenüber Andri schuldig gemacht haben. Der Wirt und der Soldat erweisen sich als besonders feige und damit gefährlich – ja, wie viele aus der Klasse finden, sogar als verbrecherisch und kriminell. Der Wirt verrät sich: Er hat mit einem Steinwurf die Signora getötet – und nicht der zu Unrecht verdächtigte Andri! Der Soldat ist zu den Besatzern – den Schwarzen – übergelaufen und unterstützt den Mord an Andri.
3. Frau Weinrich präsentiert uns das Gedicht „Sachliche Romanze" von Erich Kästner in Schnipselform und bittet uns, paarweise das Gedicht zu rekonstruieren. Zusätzlich dazu erhalten wir die Aufgabe, aufzuschreiben, wie unsere Vorgehensweise beim Zusammenfügen der einzelnen Versstreifen zu Strophen aussieht. Nach folgenden Anhaltspunkten haben sich die Schüler(innen) gerichtet:
   - passende Reimwörter
   - zusammengehörige Teile eines Satzes am Ende bzw. Anfang einer Zeile
   - [...]

Übung 2

1. Untersuchung; ausgehen von; vermuten, dass; feststellen, dass; interpretieren; sich anschließen; mit der Erläuterung vertiefen, dass
2. sich unterhalten; meinen, dass; in Kleingruppenarbeit herausarbeiten; finden
3. präsentieren; bitten; paarweise rekonstruieren; die Aufgabe erhalten; aufschreiben; sich nach Anhaltspunkten richten

C Notizen machen

Übung 1

<u>*Bedeutungen der Zeichen:*</u>

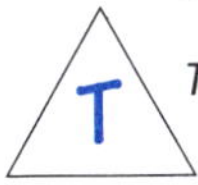

Text

Kurzgeschichte von Margret Steenfatt: „Im Spiegel" (aus: Deutschbuch, S. 29)

Jana liest laut vor

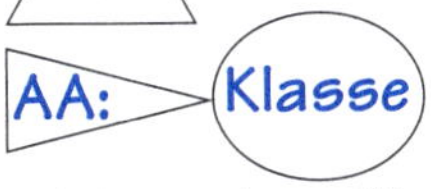

Arbeitsanweisung (für ein Klassengespräch)

Eindrücke schildern; Interpretationsversuche mit genauen Textstellen belegen:

Deutungsansätze/ Hypothesen

- Achim: verzweifelter Jugendlicher, der vielleicht Selbstmord begehen will (Julia); das ist Julias Gesamteindruck
- Peter erwidert sofort: Julias Aussage zu pauschal und zu krass
- der L. bittet darum, Textbelege anzuführen
- hat kein Selbstbewusstsein; ängstlich; isoliert sich (Kai): Welches Nichts, „fragte sich Achim, unter Decken und Kissen vergraben" (Zeile 4)
- ist gelangweilt; Leben einförmig (Mira): Draußen gibt es nur „immer dasselbe" (Z. 18).

Frage (hier: von Peter)

Zerschlägt der Junge sein Spiegelbild (= sein Ich, seine Persönlichkeit? [interpretiert Martin]) oder die Maske, die er auf den Spiegel malt?

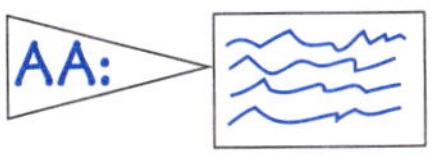

Arbeitsanweisung (hier als Schreibaufgabe)

Inneren Monolog schreiben; Gedanken des Jungen bis zum Schlag nachvollziehen; sich mit dem Jungen identifizieren.

Übung 2

Wir beschäftigen uns mit der Kurzgeschichte „Im Spiegel" von Margret Steenfatt (abgedruckt im Deutschbuch auf Seite 29). Nach dem lauten Vortragen des Textes sollen die Schüler(innen) ihre ersten Leseeindrücke schildern. Deutungsansätze sollen dabei aus genauen Textstellen abgeleitet sein. Nach Ansicht von Julia ist Achim – die Hauptfigur der Geschichte – ein verzweifelter Jugendlicher, der Selbstmord begehen will. Diese pauschale Aussage kann sie aber nicht mit einer Textstelle belegen. Kai vermutet, dass Achim kein Selbstbewusstsein habe, weil er sich scheinbar ängstlich verhält: Er vergräbt sich unter Decken und Kissen (vgl. Z. 4). Für Mira ist Achim hauptsächlich gelangweilt. Er sehe nur das Einförmige des Lebens (vgl. Z. 18). Peter stellt die Frage in den Raum, ob denn der Junge sein Spiegelbild, also seine eigene Persönlichkeit – nach einer Deutung Martins – oder eher die Maske zerschlägt, die dieser auf den Spiegel gemalt hat. Wir erhalten daraufhin die Arbeitsanweisung, einen inneren Monolog zu verfassen. Wir sollen uns dabei mit dem Jungen identifizieren und versuchen, seine Gedanken bis zum Schlag in den Spiegel nachzuvollziehen.

Übung 3

? Wie können die Kleingruppen ihre Ergebnisse am besten vorstellen?

[V] Es werden unterschiedliche Vorschläge gemacht:

- Plakate entwerfen; Tafelanschriebe (Lara)
- eine Art schauspielerischen Dialog vortragen (Ralf)
- [Bsp.] Spiele herstellen (ähnlich Trivial-Pursuit; Wissens-Quiz-Karten) (Nadine: findet ihre eigene Idee verrückt, aber praktisch; die Spiele der einzelnen Gruppen untereinander austauschen)
- L. hält mehrere Materialien zur Verfügung

20 | 21

D Indirekte Rede
1. Überblick

Übung 1

Hast du die Verben im Konjunktiv ans Ende gesetzt?

1. Der Krisenstab beschloss, dass die Bevölkerung gewarnt werden müsse.
2. Bürgermeister Rufus meint, dass Koriander eine gute Waffe gegen böswillige Außerirdische sei.
3. Oma Hemsbach sagt zu ihrer Enkelin, dass endlich mal Leben in das Dorf komme.

Übung 2

In allen Nebensätzen ohne „dass" musst du das Verb im Konjunktiv direkt hinter die handelnde Person setzen!

1. Ein Außerirdischer ruft freudig, er habe die Menschen zum Fressen gern.
2. Ein Bürger berichtet, seine Katze könne mit den Marsmenschen kommunizieren.
3. Der Polizist meint, er sei in einem UFO mitgeflogen.
4. Eine Frau sagt aus, ein Unsichtbarer kitzele sie nachts ständig im Bett.
5. Eine Katze flüstert einem Außerirdischen ins Ohr, sie habe sich in ihn verknallt.

Übung 3

behaupten	schildern	skizzieren
andeuten	kritisieren	veranschaulichen

Übung 4

jemanden	sein
aus etwas	bedenken geben
zu	informieren
überzeugt	geben
Auskunft	schließen

2. Vertiefung

22 23

Übung 1

Beachte wieder die Endstellung des Verbs im Konjunktiv!

1. Der Leiter des Ferienlagers sagt, dass Diebstähle aufgeklärt würden.
   Die Umschreibung mit „werden würden" hört sich hier äußerst holprig an; vermeide dies also!
2. Maria und Tobias beschweren sich, dass viele nach Gebrauch Teller und Bestecke nicht spülten (spülen würden).
3. Egon erwidert trotzig, dass auch die Mädchen ihre Surfbretter selbst zu schleppen hätten.
4. Während der Besprechung mahnt Maria, dass die Jungen auch Wäsche waschen und Töpfe spülen müssten.

Übung 2

1. Sie sagen, dass sie oft morgens an den Strand gingen.
2. Luise schreibt, dass sie sich seit zwei Wochen dort im Camp aufhielten.
   Hast du darauf geachtet? Hier gibts sogar drei Änderungen auf einmal, nämlich: (1) das Pronomen, (2) das Reflexivpronomen und (3) die Ortsangabe!
3. Die Jungen sagen zu Jutta und Bärbel, dass sie ihnen nicht trauten (trauen würden).
   Zwei Pronomenänderungen in einem Satz: Die Jungen als Subjekt des dass-Satzes und Jutta und Bärbel als Dativobjekte!
4. Die Mädchen informierten damals Sven, dass sie in jener Nacht zu ihm kämen und ihn abholten (kommen und ihn abholen würden).
   Hier ändern sich nicht nur die drei Pronomen, sondern auch die Zeitangabe („in jener Nacht")!
5. Melanie und Britta behaupten, dass sie dort in der Bucht einen Hai gesehen hätten.

E Fakten nennen
1. Aussagesätze

Übung 1

Hast du alle Verben im Indikativ geschrieben? Prima!

1. Die Trainerin ist mit dem Torwart zufrieden.
2. Der Mittelstürmer will in der Halbzeit Tee mit einem Schuss Rum trinken.
3. Karlheinz Rumgekicke knickt mit den neuen Schuhen der Firma Tiger immer um.
4. Der Masseur der Handballmannschaft wartet auf die Diagnose des Vereinsarztes.
5. Der zierliche Kopfballspezialist kann das anstrengende Krafttraining nicht mitmachen.

Übung 2

Das hast du bestimmt nicht vergessen: die Konjunktivformen im Begründungssatz zu verwenden, oder?

1. Der Hallenwart läuft immer heimlich mit Schuhen mit schwarzen Sohlen in der Halle herum, weil er damit die Schüler in Verdacht bringen wolle.
2. Der dicke Robert lehnt die Übung am Barren strikt ab, weil er zu hart sei.
3. Der Sportlehrer Max Maus fühlt sich von den Schülern nicht verstanden, weil sie so unfreundlich zu ihm seien.
4. Der zwei Meter große Center des Basketballvereins lehnt die neue Taktik des Trainers ab, weil die alte sich doch gut bewährt habe.
5. Lisa gefällt Jazzgymnastik gut, weil dabei Körperbeherrschung und Rhythmusgefühl geschult würden.

2. Passivsätze

26 27

Übung 1

Subjekt und Objekt werden im Passiv vertauscht. Beachte, dass sich „werden" nach dem Numerus (Personenzahl) des neuen Subjekts richtet!

1. Die beiden Schauspieler werden während der Drehpause vom Regisseur der Fernsehserie „Marienkäfer-Hof" beim Küssen überrascht.
   Es geht auch: Die beiden Schauspieler werden beim Küssen ...
   Oder auch: Beim Küssen während der Drehpause werden die beiden Schauspieler ...
2. Die Kabel werden vom Kameramann vermisst.
3. Das Gesicht der Hauptdarstellerin wird von der Schminkdame verunstaltet.
4. Der Kamerawagen wird vom Helferteam hin und her geschoben.

Übung 2

Die „Urheber" – also die eigentlichen Subjekte der Sätze – verschwinden!

1. Das Studio wird aufgeräumt.
2. Die Szene in der Badewanne wurde gut gespielt.
   Hier könntest du auch schreiben: Die Badewannenszene ...
3. In der Drehpause wird das Drehbuch gestohlen.
   Oder: Das Drehbuch ...

Übung 3

Achtung: Einzahl und Mehrzahl der Verbformen beachten! Und: Hast du alle Urheber verschwinden lassen?

1. Ein lautes „Hallo!" muss gerufen werden.
2. Ein großes Feuerwerk soll entzündet werden.
3. Der Film muss in der richtigen Reihenfolge zusammengeschnitten werden.
4. Eine ausdrucksstärkere Mimik und zurückhaltendere Gestik sollen verwendet werden.
   Wichtig: dass du das Modalverb „sollen" im Plural belässt – auch wenn das satzeinleitende „Eine" an die Einzahl denken lässt: Es geht dann ja um zwei Dinge: Mimik und Gestik!

Übung 4

1. Es soll auf Kommando geweint werden.
2. Es muss die Mordszene spannender geschrieben werden.
3. Es soll anstatt mit Make-up lieber mit Ketchup gearbeitet werden.
4. Es muss in einem Werbespot für Schokolade auf einer Kuh geritten werden.

28 | 29

F Am Ausdruck feilen
1. Vom Umgang mit der Quelle

Übung 1

Wendungen für subjektive Äußerungen	Wendungen für Sachinformationen
nach Ansicht des/der/von	nach Berichten des/der/von
laut	nach Auskunft des/der/von
der/dem/den zufolge	nach Untersuchungen des/der/von

Übung 2

Als Lösung ist immer nur eine Wendung angegeben. In Klammern steht hinter jedem Lösungssatz, ob eher subjektive oder eher objektive Wendungen erforderlich sind.

1. Frau Schmidt zufolge hat Herr Müller ihren Wäschekorb geklaut. *(subjektiv)*
2. Nach Auskunft von Europol ist der Geldfälscher bereits auf den Bahamas. *(objektiv)*
3. Nach Berichten der Deutschen Presse-Agentur (dpa) droht ein Computervirus die öffentliche Verwaltung lahmzulegen. *(objektiv)*

Übung 3

1. Jeder Laie soll den Tresor der Dorfsparkasse „Spielgeld" öffnen können.
2. Der Erpresser soll von einer Telefonzelle im Stadtzentrum aus telefonieren.
3. Der Mörder soll aus dem engeren Freundeskreis des Opfers stammen.
4. An der Schule soll mit Drogen gehandelt werden.
5. Der freundliche Kioskbesitzer soll der Kopf einer Verbrecherbande sein.

2. Infinitivsätze mit *zu*

30 | 31

Übung 1

1. Sie entschließen sich(,) den Fahrradweg direkt am Rhein zu nehmen.
2. Der Vater riet seinem Sohn(,) die Stützräder seines Fahrrades endlich abzumontieren.
3. Sie hoffen(,) bis zur Abenddämmerung bei der Herberge anzukommen.
4. Sie beschlossen(,) übermorgen eine gemeinsame Radtour zu unternehmen.
5. Er rief uns zu(,) nicht übermäßig stark zu bremsen.

Übung 2

1. Roland beschließt, dass er Maria um 18 Uhr mit dem Tandem abholt.
2. Sie hofft, dass sie sich weiter im Radrenntraining verbessert hat.
3. Der Sportreporter hofft, dass er Sabine Sattelfest am Ende des Rennens interviewen kann.
4. Die Fahrer des Telegoing-Teams beabsichtigen, dass sie während des Rennens gemeinsam im Chor deutsche Schlager singen.
5. Marco Pantaloni erklärt, dass er das Radfahren eigentlich hasse und viel lieber Mühle spiele.
6. Er hehauptet, dass er der Talentierteste sei.

Anmerkung zu den Sätzen 1–4: Das Verb im Nebensatz steht im Indikativ, da die Hauptsatz-Verben „beschließen", „hoffen" und „beabsichtigen" sich in diesen Beispielen auf die persönlichen Gedanken – also die „inneren Beschlüsse" der Personen – beziehen!

Übung 3

Denke daran, dass die Befehlsformen aufgelöst werden und damit auch die Ausrufezeichen wegfallen!

1. Sie empfiehlt ihrem Freund(,) die Fahrradkette zu ölen.
2. Der Arzt rät dem Verletzten(,) sich zu schonen.
3. Der Fahrradhändler fordert den Kunden auf(,) in bar zu bezahlen.
4. Klaus schlägt vor(,) mit der Bahn zurückzufahren.

32 | 33

3. Sachlich bleiben: Power-Wörter

Übung 1

1. die Reparatur der Unterwasserscheinwerfer *oder* das Reparieren der Unterwasserscheinwerfer
2. die Reinigung des Schwimmbeckens *oder* das Reinigen des Schwimmbeckens
3. die Desinfektion der Füße *oder* das Desinfizieren der Füße
4. das Tragen einer Badekappe

In allen Beispielen ist es möglich, das Verb direkt (nämlich in der Infinitivform) mit dem Artikel „das" zu substantivieren, ohne dass jeweils unbedingt auf die besonderen Substantivierungen mit verschiedenen Nachsilben (wie in 1–3) zurückgegriffen werden muss (die von jedem Verb anders gebildet werden).

Übung 2

1. Beim Start der Sommersaison gibt es ein buntes Festprogramm.
2. Er gab zu erkennen, dass er zum Losschwimmen bereit sei.
3. Der Schüler Peter berichtete seinen Mitschülern stolz von seiner Teilnahme am Turmspringen.
4. Michael Klein beschließt sein Fernbleiben von den nächsten Olympischen Spielen.

Übung 3

einen Antrag stellen auf
eine Abstimmung vornehmen über
einen Beschluss fassen über
eine Äußerung machen über
einen Vortrag halten über
einen Einwand vorbringen gegen
sein Einverständnis erklären
den Beweis erbringen für
eine Unterscheidung treffen zwischen
Bezug nehmen auf
etwas in Erwägung ziehen
etwas in Zweifel ziehen

Übung 4

1. Der Bademeister stellt einen Antrag auf Belegung eines Schwimmkurses.
2. Die Mitglieder des Tauchklubs „Sauerstofflos" nehmen eine Abstimmung über das Tragen von Schnorcheln bei Landgängen vor.
3. Alle erklären ihr Einverständnis mit dem Bau des neuen Zehn-Meter-Sprungturmes.
4. Aufgrund der schlechten Ergebnisse der Wasseruntersuchung des Schwimmbeckens wird eine Reduzierung des Chlorgehaltes in Erwägung gezogen.

Referat
B Die Vorbereitung
1. Einen Zeitplan aufstellen

36 | 37

Übung 1

Arbeitsschritte:

1) Thema genau mit dem Lehrer absprechen und den Lehrer um Material (Bücher, Zeitungsartikel usw.) bitten (**15 Minuten**)
2) sich über das Thema grundlegend informieren (**1 Stunde[n]**)
3) mehr Material besorgen, um sich tiefer einzuarbeiten (**2 Stunde[n]**)
4) Texte lesen und Wichtiges herausschreiben (**3 Stunde[n]**)
5) ein Rohkonzept mit einer Gliederung entwerfen (**1 Stunde[n]**)
6) mehrere Entwürfe schreiben (**2 Stunde[n]**)
7) das endgültige Referat in Reinschrift schreiben und dabei den äußeren Aufbau beachten (**2 Stunde[n]**)
8) das Referat für den Vortrag vor der Klasse laut einüben (evtl. vor Freunden, Geschwistern, Eltern) (**1 Stunde[n]**)

Als Faustregel empfehlen wir dir für die Einteilung der Zeit, die dir zur Anfertigung deines Referats zur Verfügung steht: ***ein Viertel der Gesamtzeit für die Vorbereitung (Punkte 1–3), die Hälfte für die Verarbeitung des Materials (Punkte 4–6) und ein Viertel für die Reinschrift und das Einüben des Referats (Punkte 7 + 8).***

Übung 2

Zeit / Aufgaben	Tag: 12. Juni 20..									
	9.00	10.00	11.00	12.00	13.00	14.00	15.00	16.00	17.00	18.00
Themenabsprache Referat (Birnbaum)	—									
Materialien in der Schulbibliothek besorgen			—							
Lexikonartikel kopieren				—						
Hausaufgaben						—	—			
Lexikonartikel lesen								—		
Stadtbibliothek: im Stichwortkatalog nachsehen									—	

38 | 39

2. Material besorgen: was und wo?

Übung 1

Ein **Sachbuch** ist (d) ein Buch über ein bestimmtes Thema – z. B. aus dem Bereich der Naturwissenschaften, der Musik, des Sports, der Literatur usw. Es richtet sich meistens an Nichtfachleute und ist oft verständlich geschrieben.

Eine **Biografie** ist (b) eine Lebensbeschreibung einer oder mehrerer Personen, die meistens in der Öffentlichkeit bekannt sind. Auch das Leben bereits verstorbener Berühmtheiten (z. B. Schriftsteller, Musiker, Wissenschaftler, Politiker usw.) wird hier dargestellt.

Eine **Autobiografie** ist (f) eine Schilderung, die der Autor von seinem eigenen Leben gibt.

Ein **Handbuch** ist (e) ein umfangreiches Buch, in dem zu bestimmten Bereichen (z. B. Fotografie, Computeranwendung, Motorradreparatur usw.) neben theoretischen Erläuterungen auch praktische Hinweise gegeben werden.

Ein **Fachlexikon** ist (c) ein Lexikon, in dem Stichwörter zu einem bestimmten Sachbereich (z. B. Kunst, Theater, Musik, Literatur, Technik usw.) aufgeführt sind. Unter diesen Stichwörtern findet man jeweils nur die wichtigsten Daten und Fakten in aller Kürze.

Ein **Wörterbuch** ist (a) ein Buch, in dem eine große Menge an Wörtern einer Sprache alphabetisch aufgelistet ist. Man zieht es heran, wenn man eine Fremdsprache lernen will. Oder wenn man wissen will, wie bestimmte Wörter geschrieben werden.

Auf ins Netz!

Zur Ergänzung: die Suche im Internet

Nicht immer nur bei Google nachschauen… Im Folgenden ein paar nützliche Internetadressen.

Schule im Web!
Hier findest du Lernhilfen, Vokabeltrainer, Schüler-Chat, Hausaufgaben mit Lösungen und sogar fertige Referate!
Interessante Internetadressen rund um die Schule:
http://www.fundus.org
http://www.referate.de
http://www.schulen-ans-netz.de
http://www.klassenarbeiten.net

Und natürlich:
http://www.mentor.de

Bitte hüte dich aber davor, dir einfach Referate auszudrucken, sie ein bisschen umzuändern und dann beim Lehrer abzugeben. Die Lehrer kennen nämlich auch die einschlägigen Internetadressen. Und außerdem erkennen sie schnell, ob du das Referat selbst geschrieben oder „abgekupfert" hast!

Der Deutsche Bildungsserver – das Mega-Archiv für Schüler und Lehrer!
Beim Deutschen Bildungsserver solltest du dich unbedingt einmal einklicken. Dort findest du alle Unterrichtsfächer aufgelistet und kannst per Stichwortsuche unterschiedlichste Materialien zu deinem Thema finden (z. B. Biografien, Zeitschriften, weiterführende Links etc.):
http://www.dbs.schule.de

Online-Archive von deutschen Zeitungen und Zeitschriften nutzen!
Die meisten Tages- und Wochenzeitungen sowie Zeitschriften stellen Artikel online zur Verfügung. Allerdings ist in der Regel nur der Zugriff auf relativ neue Artikel kostenlos. Ältere können zwar häufig über das Archiv angefordert werden – das kostet aber Geld!
http://www.sueddeutsche.de
http://www.frankfurter-rundschau.de
http://www.zeit.de
http://www.focus.de
http://www.spiegel.de

Wichtig!!!
Wenn du Text- oder Bildmaterial aus dem Internet für dein Referat verwendest, musst du unbedingt die genauen **Internetadressen im Quellenverzeichnis** (vgl. dazu das Kapitel F 1) angeben.

40 | 41

3. Vor dem Lesen: Inhalts-Check!

Übung 1

Literatur, die ich gefunden habe:

- Judith B. Geller: Titanic – Frauen und Kinder zuerst. Bielefeld 1999.
  Der Titel weist eher auf einen Bericht der Katastrophe (evtl. von Augenzeugen) hin.
- Peter-Matthias Gaeden (Hrsg.): SOS im Nordmeer. Von der Titanic bis Apollo 13. Dramen, die die Welt bewegten. Hamburg 1997.
  Mit den „Dramen" sind wohl verschiedene bekannte Unglücke gemeint; neben Schiffsunglücken werden auch Katastrophen anderer technischer Beförderungsmaschinen beschrieben.
- Walter Lord: Titanic – wie es wirklich war. Die Geschichte des Luxusliners und seiner Passagiere. München 1998.
  Das Buch scheint sich ausschließlich mit der „Titanic" zu beschäftigen. Der Titelteil „wie es wirklich war" bezieht sich wahrscheinlich auf einen Bericht der Geschehnisse.
- Robert D. Ballard/Rick Archbold: Lost liners. Von der Titanic bis zur Andrea Doria. Glanz und Untergang der großen Luxusliner. München 1997.
  Je nachdem, ob die Schülerin einen Vergleich zu anderen Schiffskatastrophen in ihr Referat einbeziehen will, könnte dieses Buch für sie lohnend sein. Der Titel deutet bereits darauf hin, dass jedes einzelne Schiff (womöglich sogar jeweils in einem Kapitel) abgehandelt wird.
- Daniel A. Butler: Unsinkbar. Die wahre Geschichte der Titanic. Bielefeld 2000.
  Der Titel trifft genau einen Fragepunkt der Schülerin. Es ist anzunehmen, dass in diesem Buch die Legende der Unsinkbarkeit als solche entlarvt wird.

Übung 2

Ein großer GEO-Report:

● Die wiedergeborene Legende	Seite 130
● Der Mythos	Seite 140
● Der Kampf um das Wrack	Seite 142
● Die aktuelle Forschung	Seite 146
● Fehlersuche	Seite 148
● Die letzten 160 Minuten	Seite 155

Übung 3

Text 1: Auszug aus: Melissa Müller: Das Mädchen Anne Frank

Dieser Text versucht, sehr genau das Alltagsleben zu beschreiben. Es handelt sich um einen eher erzählerischen Text, der auch die innere Gefühls- und Gedankenwelt der Figuren darstellt. Daten der Weltgeschichte werden als Zwischenberichte in die „Handlung" eingebaut. Man kann den Text wie einen Roman lesen – und man entwickelt dabei ein intensives Verhältnis zu den Personen.

Im Hinblick auf ein Referat würden wir diesen Text zur Vertiefung, nicht aber zur ersten Einarbeitung bzw. Erstinformation empfehlen, da „handfeste" Daten und Fakten im Text verstreut sind und man erst einmal eine große Textmenge lesen muss, um sich ein Gesamtbild zu verschaffen.

Text 2: Auszug aus: Mirjam Pressler: Ich sehne mich so. Die Lebensgeschichte der Anne Frank

Dieser Text versucht, biografische Daten von Mitgliedern der Familie Frank mit allgemeinen geschichtlichen Ereignissen zu verbinden. Auffällig dabei ist die Betonung von scheinbar objektiven Fakten (ausgedrückt durch die Jahres- und Prozentwertangaben).

Hinsichtlich eines Referates erscheint dieser Text geeignet, wenn man sich schnell in gröberen Zügen informieren will; er liefert viele Sachinformationen.

C Die Gliederung
1. Erstinformation und Grobgliederung

Übung 1

Ein Lexikon (Mehrzahl: Lexika) ist ein Nachschlagewerk, in dem alphabetisch aufgelistete Stichwörter zu finden sind. Der Lexikontext gibt zunächst eine knappe Definition des gesuchten Begriffes; dann liefert er mehr oder weniger umfangreiche Informationen. Ein Lexikon bietet in der Regel (1) Worterklärungen an, führt (2) in Sachgebiete ein und enthält zudem (3) Kurzbiografien von Personen. Im Lexikontext finden sich auch oft kleine Pfeile: Das sind Verweise auf weitere Stichwörter.

Übung 2 und 3

1. Die multimediale Alltags- und Berufswelt
   - das Alltags- und Berufsleben ist „computerisiert"
   - Digitalkameras zeichnen sich durch hohe Bildqualität aus
   - die Computerindustrie entwickelt ständig leistungsfähigere Computer
   - beispielsweise nutzt die Druck- und Bauindustrie Multimedia-Anwendungen
2. Die Erweiterung der Audio-Compact-Disc: die CD-ROM
   - mehr als 7 Millionen Zeilen Text speicherbar
   - kostengünstige Verbreitung multimedialer Unterhaltungsprodukte
   - Konferenzschaltungen ersetzen Treffen z. B. von Politikern
   - Scheiben aus beschichtetem Polycarbonat
3. „Sagst du die Wahrheit, Bild?"
   - Bilder können durch den Computer verarbeitet werden
   - durch digitale Verarbeitung lassen sich Bilder perfekt manipulieren
   - beispielsweise nutzt die Druck- und Bauindustrie Multimedia-Anwendungen
   - Digitalkameras zeichnen sich durch hohe Bildqualität aus
4. Das Telefon zum Hören und Sehen
   - ISDN-Telefonverbindungen machen es möglich, Bilder zu übertragen
   - man kann sich miteinander über Distanz unterhalten und sich sehen
   - Scheiben aus beschichtetem Polycarbonat
   - Konferenzschaltungen ersetzen Treffen, z. B. von Politikern

Nicht immer ist eine eindeutige Zuordnung eines Punktes möglich: Der Punkt, der unter 1 falsch war, passt nicht nur zu 3, sondern auch zu 4; der Punkt, der unter 2 falsch war, nicht nur zu 4, sondern auch zu 1.

2. Stoffsammlung und Feingliederung

Übung 1

1 Die rasante Entwicklung auf dem Computermarkt
2 Multimedia: Was bedeutet das?
2.1 Leistungsstarke Speichermedien
2.2 Möglichkeiten der Bildbearbeitung
2.3 Neue Kommunikationsformen
2.4 Praktische Möglichkeiten von Multimedia in der Schule: eine Multimedia-Präsentation der Schule auf CD-ROM erstellen
3 Meine Spekulationen zu zukünftigen Entwicklungen

Die Schülerin könnte folgende Überlegungen angestellt haben:
Einleitung (1): den Leser über neue Entwicklungen informieren (= Thema)
Hauptteil (2): den Leser über die wichtigsten Punkte im Detail informieren (= Einzelgesichtspunkte)
Schluss (3): dem Leser eigene Gedanken vorstellen (= Schlussfolgerungen / persönliche Stellungnahme)

Übung 2

Die Unterschiede zwischen beiden Gliederungsschemas:
Das Schema A. I. 1. a) muss optisch durch Einrücken der Buchstaben und Ziffern nach rechts hervorgehoben werden.
Beim sog. numerischen (Zahlen-)Schema stehen die Ziffern einfach untereinander.
Beachte bei beiden Schemas, wie die Zeichen (Klammern und Punkte) gesetzt werden!

Übung 3

2.4 Praktische Möglichkeiten von Multimedia in der Schule: eine Multimedia-Präsentation der Schule auf CD-ROM erstellen
2.4.1 Vorbereitung
2.4.1.1 Aufstellen eines Projektplanes
2.4.1.2 Schreiben eines „Drehbuchs"
2.4.2 Arbeitsschritte
2.4.2.1 Aufteilen von Gruppen gemäß dem Projektplan
2.4.2.2 Medien auswählen
2.4.2.2.1 Texte schreiben
2.4.2.2.2 Bilder suchen
2.4.2.2.3 Videosequenzen auswählen
2.4.2.2.4 Musik auswählen
2.4.2.3 Medien digitalisieren
2.4.2.4. Präsentation erstellen
2.4.2.4.1 Digitalisierte Medien gemäß „Drehbuch" zusammenfügen
2.4.2.4.2 Ablauf der Präsentation testen
2.4.2.4.3 Präsentation den anderen Schülern vorführen

46–49

D Mit Texten umgehen (Text 1)
1. Die Bleistiftphase

Text 1: Auszug aus: Jörg-Uwe Albig: Das Menetekel der Maschine

Übung 1, 2 und 3

Warum ausgerechnet die „Titanic“? Warum heute noch diese Aufregung, die Ausstellungen, die Bücher, das Musical, der teuerste Film aller Zeiten? Grob geschätzt eine Million Schiffe sind in den letzten 2000 Jahren untergegangen, noch immer sind es 200 bis 300 im Jahr – aber wer schon erinnert sich noch an die Fähre „Neptuno“, die 1993 vor Haiti mit mehr als 1000 Menschen versank? Was macht die „Titanic“ so besonders?

Einzigartige Titanic?

Steht ihr Untergang wirklich, wie alle sagen, „für Hybris und Vanitas, für technologische Vermessenheit und katastrophales Scheitern“ („Spiegel“-Autor Fritz Rumler), für die „größte Blamage, die der technische Fortschritt je erlitten hat“ (GEO-Autor Wolf Schneider)?

Überheblichkeit
Wahn/Eitelkeit
Symbol für menschliche/technische Überheblichkeit?

Das Desaster, heißt es, war ein Wendepunkt in der Geschichte. „Das blinde Vertrauen in die Technik hat einen schrecklichen Schock erlitten“, schrieb der Schriftsteller Joseph Conrad gleich nach dem Untergang. […]

Bis heute ist die hartnäckigste Moral vom Meeresgrund die Lektion des Zauberlehrlings geblieben: die Moritat vom Menschen im Machbarkeitswahn, das Menetekel der Maschine. Robert Ballard etwa, der Entdecker des Wracks, verglich ihr Los mit dem der Raumfähre „Challenger“, die im Januar 1986 in 16 000 Meter Höhe verglühte.

moralisierende(s) (= mahnende[s]) Geschichte/Lied
Orakel (Weissagung)

Es sah aus, als wäre mit der „Titanic“ ein Fluch auf die Welt gekommen, der nun fortzeugend Böses gebar: der Fluch der Technik. ?

Dabei hatte die „Titanic“ nie so recht als Flaggschiff des Fortschritts getaugt. Gewiss, sie war damals das größte Schiff der Welt – aber nur gerade mal 30 Zentimeter länger als die ein halbes Jahr ältere „Olympic“ (die auch schon über die bei der „Titanic“ als revolutionär gepriesenen, automatisch schließenden Schotttüren verfügte). Die kühnste Neuerung an Bord waren die elektrischen Kartoffelschälmaschinen – als schneller und stärker unter den Atlantikkreuzern galten dagegen Konkurrenten wie etwa die „Mauretania“.

Schiff des Fortschritts?
Titanic nicht das leistungsstärkste Schiff!

Forderte die „Titanic“ auf ihrer Jungfernfahrt, wie immer wieder behauptet wird, über Gebühr die Natur heraus? Doch wohl eher nicht, denn ihr Tempo von 21,5 Knoten war absolut rekordunverdächtig, die Route über den Nordatlantik erprobt und auch nicht riskanter als das Reisen mit der Eisenbahn: Im Schreckensjahr 1912 gab es gleich zwei Zugunglücke in England und den USA, bei denen etwa ebenso viele Menschen ums Leben kamen wie beim Untergang der „Titanic“.

Und war es wirklich vermessen, sie „unsinkbar“ zu nennen? Unsinkbarkeit – das war in jener Zeit ein leichtfertig vergebenes Prädikat, mit dem sich seit Jahrzehnten jedes Schiff mit Stahlrumpf schmückte (auch jener Luxusdampfer beispielsweise, der 1873 mit 585 Passagieren vor Halifax unterging, weil der Kapitän schlief). Zudem hatten sich die Ingenieure der Belfaster „Titanic“-Werft Harland & Wolff wohlweislich davor gehütet, ihrem Schiff dieses Prädikat zu geben: Der Mythos von der angeblichen Unsinkbarkeit war vielmehr die Erfindung von Reportern gewesen – die ihr eigenes Diktum nach dem Unglück dann ausgiebig zitierten.

Unsinkbarkeit der Titanic: ein Mythos!
hier: falsche bzw. irreführende Behauptung

In Wirklichkeit habe „das Desaster nichts verändert außer ein paar Schiffahrtsregeln“, schreibt der Harvard-Dozent Steven Biel in seiner „Kulturgeschichte des Titanic-Unglücks“ – die Frühjahrsroute über den Nordatlantik wurde verändert, die Zahl der vorgeschriebenen Rettungsboote an Bord eines Schiffes erhöht. […]

Unglück kaum Konsequenzen!

Ausspruch

46–49

2. Die Zusammenfassungsphase (Text 1)

Was also macht die „Titanic" so besonders? Es war ihr überbordender Luxus, der sie vor allen anderen Schiffen auszeichnete. [...]
[...] Dröhnend höhnten protestantische Pfarrer gegen „Juwelen mit siebenstelligem Wert", gegen „das vergoldete Mobiliar dieses versunkenen Palastes der Meere", gegen all den „Luxus, der zum Verlust der ‚Titanic' führte".
[...]

Titanic: das Luxus-Schiff!

Bemerkungen zum Text:
Auffällig sind die häufigen Fragesätze; sie sind ein Merkmal vieler Zeitschriftenartikel. Sie haben die Funktion, dem Leser auf spannende, ja fast dramatische Weise Behauptungen und Meinungen über bestimmte Sachverhalte nahezubringen. Man nennt diese Fragen auch rhetorische Fragen – weil der Autor hierbei gar nicht ernsthaft an einer Antwort interessiert ist, sondern diese für offensichtlich hält.

Übung 4 *Unsere Zusammenfassung ist nur eine von möglichen Versionen. Denke bitte bei deinen Zusammenfassungen daran, den Inhalt der Absätze so oft wie möglich mit deinen **eigenen Worten wiederzugeben.***

Jörg-Uwe Albig: Das Menetekel der Maschine. In: GEO 12/1997, S. 140ff.

- was ist an dem Schiff „Titanic" so besonders?
- es gab ungefähr eine Million Schiffsuntergänge in den vergangenen 2000 Jahren

- ist der Untergang der „Titanic" ein Symbol für die Gefahr des technischen Fortschritts?
- mit ihm sei „der Fluch der Technik" aufgekommen, so meinen viele
- der „Machbarkeitswahn", dass nämlich Menschen mit maschineller Technik alles erreichen können – ja, die Natur beherrschen können –, habe sich mit dem Untergang gezeigt
- Robert Ballard, der das Wrack der „Titanic" entdeckt hat, verglich den Untergang mit der Explosion der Raumfähre „Challenger"

- doch ist die „Titanic" überhaupt als Symbol für den technischen Fortschritt brauchbar?
- im Bereich der Schifffahrt gab es Atlantikkreuzer, die schneller waren
- z. B. besaß die „Olympic" bereits vor der „Titanic" automatisch schließende Schotttüren
  Die ironische Bemerkung, dass die „kühnste Neuerung" die elektrischen Kartoffelschälmaschinen waren, könntest du durchaus als treffendes, anschauliches Beispiel übernehmen.
- weder die Geschwindigkeit noch die Fahrtstrecke über den Nordatlantik war zu der Zeit etwas Besonderes
- andere Katastrophen (z. B. Zugunglücke) mit fast ebenso hoher Opferzahl gab es auch

- unsinkbar war die „Titanic" nur in Berichten von Reportern
- die Ingenieure der Schiffswerft Harland & Wolff jedenfalls haben dies nicht behauptet

- selbst die Konsequenzen dieses Schiffsunglückes waren eher unbedeutend: außer einer Änderung der Frühjahrsroute über den Nordatlantik und der Vorschrift, eine ausreichende Anzahl von Rettungsbooten mitzuführen, war wohl kaum etwas geschehen
- das Besondere an der „Titanic" war ihr immenser Luxus

46–49

D Mit Texten umgehen (Text 2)
1. Die Bleistiftphase

Text 2: Auszug aus: Mirjam Pressler: Ich sehne mich so. Die Lebensgeschichte der Anne Frank

Übung 1, 2 und 3

Wie liberal gesinnt die Familie Frank war, geht daraus hervor, dass weder Otto Frank noch seine Geschwister die jüdische Schule besuchten und dass es für die Knaben der Familie auch keine Bar-Mizwa-Feier zum dreizehnten Geburtstag gab. Otto Frank besuchte das Lessing-Gymnasium und lernte Latein und Griechisch, aber Hebräisch hat er nie gelernt. Er wuchs in jener Stadt Deutschlands auf, die den im Vergleich zur Bevölkerung höchsten Anteil jüdischer Bürger hatte, zuweilen 10%. (Der Landesdurchschnitt lag um 1900 bei knapp 1%.) […]
Otto Frank erzählte später, er habe als Kind keinen Antisemitismus erlebt. Das ist […] schwer vorstellbar, denn auch in Frankfurt wird der längst nicht mehr nur religiös, sondern vor allem rassisch definierte Antisemitismus, der nach 1870 in Deutschland aufkam, zu spüren gewesen sein. Annes Vater wird mit „keinen Antisemitismus erlebt" vermutlich gemeint haben, daß ihm persönlich nie etwas passiert sei. Im Ersten Weltkrieg diente Otto Frank, wie andere Deutsche auch, als Soldat an der Westfront, er wurde ausgezeichnet und als Offizier der Reserve entlassen. […]
1925 heiratete Otto Frank, 36 Jahre alt, die 25-jährige Edith Holländer, Tochter eines alteingesessenen Unternehmers in Aachen, der Mitbesitzer einer Metallgroßhandlung war, die sich mit dem Abbau und der Wiederverarbeitung von Alteisen befasste. Am 16. Februar 1926 kam Margot zur Welt. Die Familie zog im Jahr darauf um, aus dem feineren Frankfurter Westend in ein Neubaugebiet, in dem nur wenige Juden wohnten. In diesem Haus, Marbachweg 307, wohnten sie noch, als am 12. Juni 1929 die zweite Tochter geboren wurde, Annelies Marie, die Anne genannt wurde. Die Atmosphäre am Marbachweg wird als liberal und fortschrittlich beschrieben, die Kinder der evangelischen Familien spielten mit den wenigen katholischen, und Anne wuchs in diese Kinderschar hinein, zu der auch schon Margot gehörte. Bedingt durch die Auswirkungen der Weltwirtschaftskrise zogen die Franks 1931 in die Ganghoferstraße um. Das sogenannte „Dichterviertel" ähnelte eher dem Westend, doch die neue Wohnung war kleiner und billiger, und die bürgerliche Umgebung bot möglicherweise auch mehr Schutz vor den immer augenfälliger und brutaler werdenden Aktivitäten der Nationalsozialisten. Schon zum März 1933 kündigten die Franks diese Wohnung „infolge der veränderten wirtschaftlichen Lage", sie wollten wieder zur Großmutter ziehen.
Am 12. März 1933 fanden in Frankfurt Kommunalwahlen statt, die NSDAP erhielt 42 der 85 Mandate in der Stadtverordnetenversammlung, der jüdische Bürgermeister Ludwig Landmann hatte am Tag zuvor seinen Rücktritt erklärt. […]
Der Vorstand der [jüdischen] Gemeinde sprach sich eindeutig gegen eine Emigration aus. Das zeigt ganz deutlich, dass damals noch niemand ahnte oder glaubte (obwohl Hitlers „Mein Kampf" schon 1925/26 erschienen war), was die Nationalsozialisten letztlich anstrebten: Deutschland „judenfrei" zu machen.

Familie Frank liberal (d. h. nicht traditionell lebend)

In Frankfurt 10% Juden

Judenfeindlichkeit (-hass)

Otto Frank

Im 1. Weltkrieg Soldat

Heirat 1925 mit E. Holländer

Geburt v. Margot 1926
1. Umzug
Geburt v. Anne 1929

2. Umzug: wg. Schutz vor Nazis?

NSDAP fast die Hälfte aller Mandate

Jüdische Gemeinde gegen: erzwungenes Verlassen des Heimatlandes

46–49

2. Die Zusammenfassungsphase (Text 2)

Die Franks dachten trotzdem über Emigration nach. Das unterschied sie von vielen anderen Juden, die erst einmal abwarteten und hofften, der „braune Spuk“ würde vorübergehen. Aber Emigrieren, mit zwei kleinen Kindern, das war keine leichte Entscheidung, denn wovon sollten sie leben?
Nun war der Schwager Otto Franks, Erich Elias, bereits vier Jahre zuvor mit seiner Familie nach Basel ausgewandert und fungierte dort als Vertreter der Firma Opekta [einer Handelsfirma für Geliermittel]. Er vermittelte Otto Frank das Angebot, für die Opekta-Werke eine niederländische Auslandsvertretung in Amsterdam aufzubauen. Diese geschäftliche Möglichkeit wird wohl, zusammen mit der Tatsache, dass Otto Frank von der misslungenen Bankgründung her Amsterdam schon kannte und dort Freunde hatte, zu der Entscheidung geführt haben, nach Amsterdam zu emigrieren.

Die Franks wollen emigrieren
↓
Ziel: Amsterdam (Holland)

Bemerkungen zum Text:
Auszüge aus Biografien enthalten in der Regel in jedem Absatz eine Menge an Informationen. Hier ist es schwierig, das Wesentliche ausfindig zu machen. Damit du dich im „Dickicht“ von Daten und Geschehnissen nicht verlierst, ist es umso wichtiger, Schlüsselwörter zu finden und prägnante Randnotizen zu formulieren.

Übung 4

Mirjam Pressler: Ich sehne mich so. Die Lebensgeschichte der Anne Frank. [Kapitel 4: Ich wohnte bis zu meinem vierten Jahr in Frankfurt. Geschichte der Familie Frank.] Weinheim und Basel, S. 38–42

- die Familie Frank war sehr liberal
- Otto Frank und seine Geschwister besuchten keine jüdische Schule
- er besuchte das Lessing-Gymnasium
- in Frankfurt war der Anteil deutscher Bürger mit jüdischer Religionszugehörigkeit ziemlich hoch; teilweise 10% der gesamten Stadtbevölkerung waren Juden

- Otto Frank erlebte nach seinen Aussagen keine antisemitischen Anfeindungen
- im Ersten Weltkrieg diente er als Soldat an der Westfront

- O. Frank heiratete 1925 Edith Holländer, Tochter eines Aachener Unternehmers
- Annes Schwester Margot wurde 1926 geboren
- die Familie zog vom Frankfurter Westend in den Marbachweg
- wohl wegen schlechter finanzieller Situation nach der Weltwirtschaftskrise zog die Familie Frank in die Ganghoferstraße, wo die Wohnungen günstiger waren

- bei den Kommunalwahlen im März 1933 erhielt die NSDAP fast die Hälfte aller Mandate in der Stadtverordnetenversammlung
- der jüdische Bürgermeister Ludwig Landmann trat einen Tag vorher zurück

- obwohl Hitlers Ziel, Deutschland „judenfrei“ zu machen, schon seit 1925 in seinem Buch „Mein Kampf“ zu lesen war, nahm wohl die jüdische Gemeinde diese verrückte Drohung noch nicht ernst und sprach sich gegen Emigration aus

- die Franks zogen eine Emigration in Betracht
- Otto Frank hatte auf Vermittlung seines Schwagers Erich Elias die Möglichkeit, eine niederländische Filiale für dessen Handelsfirma aufzubauen
- außerdem hatte O. Frank bereits Freunde in Amsterdam

F Die schriftliche Form
1. Die äußeren Bestandteile eines Referats

52 | 53

Übung 1

Sie Seitenzählung beginnt mit der **Titelseite** (= Seite 1) und geht durch bis zur letzten Seite, dem **Quellenverzeichnis**. Allerdings lässt du bei der Titelseite die Ziffer 1 weg. Die erste nummerierte Seite ist somit immer das **Inhaltsverzeichnis** (= Seite 2).
Die folgenden Seiten versiehst du dann durchgehend ebenfalls mit Seitenzahlen. Am besten schreibst du die Zahlen **oben rechts** auf die Seite.
Lege das Inhaltsverzeichnis mit den Seitenzahlen erst dann an, wenn du bereits die endgültige **Reinschrift** der Textseiten vorgenommen und diese mit Nummern versehen hast!

Übung 2

Direkt nach den Lösungen stehen die jeweiligen „Baupläne" für richtige Titelangaben! Beachte bei den „Bauplänen": Alle Satzzeichen (Kommas, Punkte, Doppelpunkte) musst du genau so übernehmen!

Findeisen, Hans-Volkmar: Schlaflos in Bochum. Am Landesspracheninstitut NRW werden die Schüler an ihre Grenzen geführt. In: Die Zeit, Nr. 15 vom 6. April 2000, S. 61.
(Zeitungsartikel)
NACHNAME, VORNAME: TITEL. UNTERTITEL. In: NAME DER ZEITUNG, NR. UND DATUM, SEITENANGABE.
Das „In:" gibt an, in welcher Ausgabe einer Zeitung oder Zeitschrift ein Artikel ***enthalten*** *ist.*

Lakotta, Beata: Doktor Flipper. Delphine im Nürnberger Zoo sollen behinderten Kindern helfen [...].In: Der Spiegel 3 (2000), S. 192–195.
(Zeitschriftenartikel)
NACHNAME, VORNAME: TITEL. UNTERTITEL. In: NAME DER ZEITSCHRIFT NR. (JAHR), SEITENANGABE.
Es ist auch möglich, den Jahrgang mit Schrägstrich nach der Nummer zu schreiben, also z. B.: Der Spiegel 3/2000

Pleticha, Heinrich (Hrsg.): dtv junior Literatur-Lexikon. Sprache, Lebensbilder, literarische Begriffe und Epochen. 6. Auflage. München 1996.
(Buch)
NACHNAME, VORNAME: TITEL. UNTERTITEL. AUFLAGE. ERSCHEINUNGSORT ERSCHEINUNGSJAHR.
Bei dieser Titelangabe gibt es zwei – häufig vorkommende! – Besonderheiten:
1. *Der Autor hat nicht das gesamte Buch – in diesem Fall ein Speziallexikon – allein geschrieben, sondern er hat das Buch* ***herausgegeben****. Er ist also der* ***Herausgeber****, abgekürzt:* **Hrsg.**
2. *Das Buch ist schon sechsmal neu gedruckt worden, d. h., es ist bereits in der sechsten Auflage erschienen. Die Auflagenzahl kannst du auch als hochgestellte Ziffer nach der Jahreszahl schreiben, also:* 1996^{6}.

Beachte allgemein bei allen Angaben:
Titelangaben solltest du ab Zeile 2 immer ein Stückchen ***einrücken****, also nach rechts verschieben! Das hat den Vorteil, dass der Leser den Nachnamen des Autors sofort lesen kann.*

54 | 55

2. Zitieren: So gehts richtig!

Übung

1. Die Autorin schreibt in ihrem Vorwort: „Als Dreizehnjährige las ich das Tagebuch der Anne Frank zum ersten Mal“ (Müller 1998, S. 10).
2. Weiter führt sie aus: „Diese Biographie will Annes Tagebuch keineswegs ersetzen, vielmehr will sie dieses in seiner Aufrichtigkeit und Klarheit unersetzbare Dokument ergänzen“ (ebd., S. 11).
3. „Anne war sehr gesellig, berichtet Miep, sie liebte Poesiealben, Geheimnisse und Schwätzen“ (Pressler 1992, S. 54).
4. „Anfang Juni kam Otto Frank nach Amsterdam zurück, das er ein knappes Jahr vorher verlassen hatte“ (ebd., S. 16).

3. Klar formuliert und formal o. k.? Super!

56 | 57

Übung 1

1. Billy Eiwigehts ist ein durchtriebener Informatiklehrer. Es bereitet ihm Spaß, heimlich böse Junkmails zu verschicken, um einige Kollegen zu ärgern, die er hasst.
   Genauso gut könntest du auch den „um zu"-Nebensatz weglassen; denn eigentlich reicht es ja – und das ist wichtig und muss im Satz bleiben –, zu wissen, dass Billy einige Kollegen hasst. Das ist ja der Grund für sein Tun. Also:
   Es bereitet ihm Spaß, heimlich böse Junkmails an Kollegen zu verschicken, die er hasst.
2. Die meisten Eltern und Lehrer sind mit der Informationstechnologie überfordert.
   „nicht mitkommen" und „überfordert sein" haben in etwa die gleiche Bedeutung; deshalb wäre es überflüssig, beide Ausdrücke zusammen in einem Satz zu verwenden.
3. Viele Wirtschaftsunternehmen haben versprochen, bald an jeder Schule brauchbare Internetanschlüsse einzurichten. So können die Schüler frühzeitig den Umgang mit den neuen Medien einüben.
4. Es wird bestimmt in Zukunft möglich sein, Fernsehen und Kino mit Geschmack und Geruch als Gesamterlebnis zu erfahren. Die Folge davon könnte sein, dass sich die Menschen zu regelrechten Sessel-Tieren entwickeln.

Übung 2

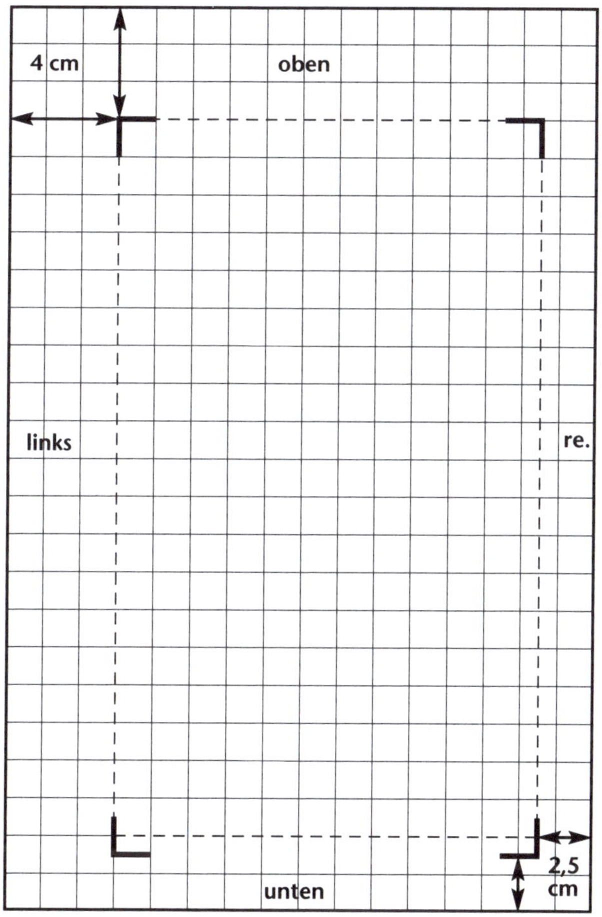

Teil II:

Mathematik

Quadratische Gleichungen und Ungleichungen

Lösungen

62 | 63

1. Quadratische Gleichungen I

Übung 1

a) $\mathbb{L} = \{-8; 8\}$ d) $\mathbb{L} = \{-\sqrt{3}; \sqrt{3}\}$ g) $\mathbb{L} = \{-2\sqrt{2}; 2\sqrt{2}\}$

b) $\mathbb{L} = \{-11; 11\}$ e) $\mathbb{L} = \{-\sqrt{10}; \sqrt{10}\}$ h) $\mathbb{L} = \{-3\sqrt{3}; 3\sqrt{3}\}$

c) $\mathbb{L} = \{-25; 25\}$ f) $\mathbb{L} = \{-\sqrt{21}; \sqrt{21}\}$ i) $\mathbb{L} = \{-6\sqrt{5}; 6\sqrt{5}\}$

Übung 2

a) $(x+3)^2 = 9$

$(x+3)_{1,2} = \pm\sqrt{9}$

$(x+3)_{1,2} = \pm 3$

$\Rightarrow \quad x_1 = 0; \quad x_2 = -6; \qquad \mathbb{L} = \{-6; 0\}$

b) $\mathbb{L} = \{-2; 8\}$

c) $\mathbb{L} = \{-8; 1\}$

d) $\mathbb{L} = \{-2{,}5; 0{,}5\}$

e) $\mathbb{L} = \{1{,}8; 2{,}2\}$

Übung 3

a) $x^2 - 2x = 15 \quad | +1$

$x^2 - 2x + 1 = 16$

$(x-1)^2 = 16$

$\Rightarrow \quad x_1 = 5; \quad x_2 = -3$

$\mathbb{L} = \{-3; 5\}$

b) $x^2 + 3x - 10 = 0$

$x^2 + 2 \cdot \frac{3}{2}x + \left(\frac{3}{2}\right)^2 = 10 + \left(\frac{3}{2}\right)^2$

$(x + 1{,}5)^2 = 12{,}25 \quad \Rightarrow \quad \mathbb{L} = \{-5; 2\}$

c) $\mathbb{L} = \{-1; 7\}$

d) $\mathbb{L} = \{-11; -5\}$

Übung 4

a) $\left(x + \frac{11}{2}\right)^2 = \frac{9}{4}$

b) $x^2 + 11x + 28 = 0$

$\Rightarrow \quad \mathbb{L} = \{-7; -4\}$ Welcher Weg war schneller?

Übung 5

a) $2x^2 - 3x - 5 = 0 \quad \Rightarrow \quad x_{1,2} = \frac{3 \pm \sqrt{9 + 40}}{4}; \qquad \mathbb{L} = \{-1; 2{,}5\}$

b) $\mathbb{L} = \{-1{,}5; 2\}$ c) $\mathbb{L} = \{-1; 0{,}2\}$ d) $\mathbb{L} = \{-1; -0{,}25\}$

Übung 6

a) $2x^2 + 7x - 1 = 3x^2 - x - 10$

$-x^2 + 8x + 9 = 0$

$x_{1,2} = \frac{-8 \pm \sqrt{64 + 36}}{-2}$

$x_{1,2} = \frac{-8 \pm 10}{-2} \quad \Rightarrow \quad \mathbb{L} = \{-1; 9\}$

b) $\mathbb{L} = \{-4; 4\}$

c) $\mathbb{L} = \{-1; 7\}$

d) $\mathbb{L} = \{3; 5\}$

e) $\mathbb{L} = \{-5; 4\}$

Übung 7

a) $(x-1)^2 - 4x = 17$

$(x^2 - 2x + 1) - 4x = 17$

$x^2 - 6x - 18 = 0 \quad \Rightarrow \quad \mathbb{L} = \{-2; 8\}$

b) $\mathbb{L} = \{-7; 5\}$

c) $\mathbb{L} = \{-4; 3\}$

d) $\mathbb{L} = \{-5; 6\}$

e) $\mathbb{L} = \{-5; 3\}$

f) $\mathbb{L} = \{-1; 11\}$

2. Quadratische Gleichungen II

64 | 65

Übung 1

a) $\mathbb{L} = \{0; 2\}$ c) $\mathbb{L} = \{0\}$ e) $\mathbb{L} = \{-1; 1\}$ g) $\mathbb{L} = \{1\}$

b) $\mathbb{L} = \{0{,}5\}$ d) $\mathbb{L} = \{-2{,}5\}$ f) $\mathbb{L} = \left\{-\frac{1}{3}; 5\right\}$ h) $\mathbb{L} = \{-3\}$

Übung 2

a) $(x+5)^2 + 2\cdot(x+5) - 35 = 0 \wedge (x+5) = u$

$u^2 + 2u - 35 = 0$

$\Rightarrow \quad u_1 = 5; \quad u_2 = -7$

$u_1 = 5 \quad \Rightarrow \quad x_1 + 5 = 5 \quad \Rightarrow \quad x_1 = 0$

$u_2 = 7 \quad \Rightarrow \quad x_2 + 5 = -7 \quad \Rightarrow \quad x_2 = -12$

$\mathbb{L} = \{-12; 0\}$

b) $\mathbb{L} = \{-3; 3\}$

c) $(x-5)^2 + 2x - 10 \quad \Leftrightarrow \quad (x-5)^2 + 2\cdot(x-5)$; $\mathbb{L} = \{-5; 13\}$

Übung 3

a) $x^4 - 13x^2 + 36 = 0 \wedge x^2 = u \quad \Rightarrow \quad u^2 - 13u + 36 = 0$

$u_1 = 4 \quad \Rightarrow \quad x^2 = 4 \quad \Rightarrow \quad x_1 = 2; \quad x_2 = -2$

$u_2 = 9 \quad \Rightarrow \quad x^2 = 9 \quad \Rightarrow \quad x_3 = 3; \quad x_4 = -3$

$\mathbb{L} = \{-3; -2; 2; 3\}$

b) $\mathbb{L} = \{-\sqrt{11}; \sqrt{11}\}$ c) $\mathbb{L} = \{\,\}$ (keine Lösung)

Übung 4

a) $|x^2 - 2| = 2$

$(x^2 - 2)^2 = 2^2$

$x^4 - 4x^2 + 4 = 4$

Substitution: $x^2 = u$

$u_1 = 0 \quad \Rightarrow \quad x^2 = 0 \quad \Rightarrow \quad x_1 = 0$

$u_2 = 4 \quad \Rightarrow \quad x^2 = 4 \quad \Rightarrow \quad x_2 = -2; \quad x_3 = 2$

$\mathbb{L} = \{-2; 0; 2\}$

b) $\mathbb{L} = \{-2; 2\}$

c) $\mathbb{L} = \{0; 3\}$

d) $\mathbb{L} = \{-1\}$

Übung 5

a) $x = 2\sqrt{x} \wedge \sqrt{x} = u \quad \Rightarrow \quad u^2 = 2u$

$u_1 = 0 \quad \Rightarrow \quad \sqrt{x} = 0 \quad \Rightarrow \quad x_1 = 0$

$u_2 = 2 \quad \Rightarrow \quad \sqrt{x} = 2 \quad \Rightarrow \quad x_2 = 4$

$\mathbb{L} = \{0; 4\}$

b) $x + 2\sqrt{x} = 0 \wedge \sqrt{x} = u \quad \Rightarrow \quad u^2 + 2u = 0$

$u_1 = 0 \quad \Rightarrow \quad \sqrt{x} = 0 \quad \Rightarrow \quad x_1 = 0$

$u_2 = -2 \quad \Rightarrow \quad \sqrt{x} = -2$ (nicht definiert)

$\mathbb{L} = \{0\}$

c) $\mathbb{L} = \{25; 81\}$ d) $\mathbb{L} = \{1; 49\}$

Übung 6

a) $(x-4) - 5\sqrt{x-4} + 6 = 0 \wedge \sqrt{x-4} = u$

$u^2 - 5u + 6 = 0 \quad \Rightarrow \quad u_1 = 2; \quad u_2 = 3$

$u_1: \sqrt{x-4} = 2 \quad \Rightarrow \quad x - 4 = 4 \quad \Rightarrow \quad x_1 = 8$

$u_2: \sqrt{x-4} = 3 \quad \Rightarrow \quad x - 4 = 9 \quad \Rightarrow \quad x_2 = 13$

$\mathbb{L} = \{8; 13\}$

b) $\mathbb{L} = \{-4; 59\}$ d) $\mathbb{L} = \{-2; -1; 3; 4\}$ f) $\mathbb{L} = \{-5; -3; 5; 7\}$

c) $\mathbb{L} = \{39\}$ e) $\mathbb{L} = \{-4; -2; -1; 1\}$ g) $\mathbb{L} = \{-3; 0; 2; 5\}$

Übung 7

a) $\mathbb{L} = \{0; 0{,}2; 1; 1{,}2\}$ b) $\mathbb{L} = \{-1; 0; 4; 5\}$

66 | 67

3. Gleichungen mit Formvariablen (Parametern)

Übung 1

Gleichung	$\mathbb{L}$	definiert für
$x^2 = a$	$-\sqrt{a}$; $\sqrt{a}$	$a \geqq 0$
$x^2 = a - 4$	$-\sqrt{a-4}$; $\sqrt{a-4}$	$a \geqq 4$
$x^2 = a^2 - b$	$-\sqrt{a^2-b}$; $\sqrt{a^2-b}$	$a^2 \geqq b$
$x^2 = a + b$	$-\sqrt{a+b}$; $\sqrt{a+b}$	$(a+b) \geqq 0$
$a^2x^2 = 4$	$-\frac{2}{a}$; $\frac{2}{a}$	$a \neq 0$
$ax^2 = 4$	$-\frac{2\sqrt{a}}{a}$; $\frac{2\sqrt{a}}{a}$	$a > 0$
$ax^2 = b$	$-\frac{\sqrt{ab}}{a}$; $\frac{\sqrt{ab}}{a}$	$a > 0 \wedge b \geqq 0$

Übung 2

a) $x^2 - 2ax = 3a^2$

$x^2 - 2ax + a^2 = 4a^2 \quad \Rightarrow \quad (x-a)^2 = 4a^2 \qquad \mathbb{L} = \{-a; 3a\}$

b) $(x+2a)^2 = 25a^2 \qquad \mathbb{L} = \{-7a; 3a\}$

c) $(x+1)^2 = (2-a)^2 \qquad \mathbb{L} = \{(1-a); (a-3)\}$

d) $(x-a)^2 = (a-2b)^2 \qquad \mathbb{L} = \{2\cdot(a-b); 2b\}$

Übung 3

a) $\mathbb{L} = \{-a; 2b\}$

b) $\mathbb{L} = \{b; (3a-b)\}$

c) $\mathbb{L} = \{(a-2); a\}$

d) $\mathbb{L} = \{(2a-1); (2-a)\}$

Übung 4

a) $\mathbb{L} = \{(2b + \sqrt{2b^2 - a^2}); (2b - \sqrt{2b^2 - a^2})\} \wedge 2b^2 \geqq a^2$

b) $\mathbb{L} = \{(a - \sqrt{b}); (a + \sqrt{b})\} \wedge b \geqq 0$

c) $\mathbb{L} = \{(a + b + 2\sqrt{ab}); (a + b - 2\sqrt{ab})\} \wedge ab \geqq 0$

Übung 5

a) $a \neq 0 \wedge b > 0 \qquad \mathbb{L} = \left\{-\frac{\sqrt{b}}{b}; \frac{1}{a}\right\}$

b) $a \neq 0 \wedge b \leqq 0 \qquad \mathbb{L} = \{\,\}$

c) $a \neq 0 \wedge b = 0 \quad \Rightarrow \quad ax - 1 = 0 \qquad \mathbb{L} = \left\{\frac{1}{a}\right\}$

d) $a = 0 \wedge b = 0 \qquad \mathbb{L} = \{\,\}$

4. Vermischte Aufgaben I

68 69

Übung 1

a) $(x+2)^2 = 16$ $\mathbb{L} = \{-6; 2\}$

b) $(x+3)^2 = 25$ $\mathbb{L} = \{-8; 2\}$

c) $(x-4)^2 = 36$ $\mathbb{L} = \{-2; 10\}$

d) $(x-2)^2 = 64$ $\mathbb{L} = \{-6; 10\}$

e) $(x+3a)^2 = 49a^2$ $\mathbb{L} = \{-10a; 4a\}$

f) $(x-3a)^2 = (2b+3a)^2$ $\mathbb{L} = \{-2b; 2\cdot(3a+b)\}$

Übung 2

a) $\mathbb{L} = \{2; 4\}$

b) $\mathbb{L} = \{-2; 4\}$

c) $\mathbb{L} = \{-3; 2{,}5\}$

d) $\mathbb{L} = \{0{,}5; 1{,}6\}$

Übung 3

a) $\mathbb{L} = \{-b; a\}$

b) $\mathbb{L} = \{2a; 3a\}$

c) $\mathbb{L} = \left\{-\frac{a}{2}; -\frac{b}{2}\right\}$

d) $\mathbb{L} = \left\{2b; \frac{4a}{3}\right\}$

Übung 4

a) $\mathbb{L} = \{-11; 7\}$

b) $\mathbb{L} = \left\{-5; -\frac{2}{3}\right\}$

c) $\mathbb{L} = \{1; 21\}$

Übung 5

a) $\mathbb{L} = \left\{-b; \frac{a}{2}\right\}$

b) $\mathbb{L} = \left\{\frac{2}{3}b; a^2\right\}$

Übung 6

a) $\mathbb{L} = \{-2; 2\}$

b) $\mathbb{L} = \{-5; -3; 3; 5\}$

c) $\mathbb{L} = \{-5; -4; 4; 5\}$

Übung 7

a) $\mathbb{L} = \{-2\sqrt{2}; 0; 2\sqrt{2}\}$

b) $\mathbb{L} = \{\,\}$

c) $\mathbb{L} = \{-1; 0; 1\}$

d) $\mathbb{L} = \{-\sqrt{6}; 0; \sqrt{6}\}$

e) $\mathbb{L} = \{-a; 0\}$

f) $\mathbb{L} = \{-\sqrt{2a}; -\sqrt{2b}; \sqrt{2a}; \sqrt{2b}\}$

Übung 8

a) $\mathbb{L} = \{7; 9\}$

b) $\mathbb{L} = \{-2{,}5; 0{,}5\}$

c) $\mathbb{L} = \{6; 7\}$

d) $\mathbb{L} = \{-6; -3; -2; 1\}$

e) $\mathbb{L} = \{-\sqrt{2a}; \sqrt{2a}\}$

f) $\mathbb{L} = \{0; 2(a-b)\}$

Übung 9

a) $\mathbb{L} = \{625\}$

b) $\mathbb{L} = \{16; 256\}$

c) $\mathbb{L} = \{0; 256\}$

d) $\mathbb{L} = \{4\}$

e) $\mathbb{L} = \{0; 8\}$

f) $\mathbb{L} = \{0; 1; 8; 9\}$

g) $\mathbb{L} = \{(a^2+2a); (b^2+2a)\}$

70 | 71

5. Koeffizientensatz von Vieta, Linearfaktoren

Übung 1

a) $p = -7$; $q = 10$; $x^2 - 7x + 10 = 0$

b) $p = -3$; $q = -10$; $x^2 - 3x - 10 = 0$

c) $p = 3$; $q = -10$; $x^2 + 3x - 10 = 0$

d) $p = 7$; $q = 10$; $x^2 + 7x + 10 = 0$

e) $p = 0$; $q = -16$; $x^2 - 16 = 0$

f) $p = 3$; $q = 0$; $x^2 + 3x = 0$

Übung 2

a) $x^2 - 4x + 1 = 0$

b) $x^2 + 2x\sqrt{5} - 4 = 0$

c) $x^2 - 2ax + (a^2 - a) = 0$

Übung 3

a) $x^2 + px + 42 = 0 \wedge x_1 = 2$; $q = 2 \cdot x_2 = 42 \Rightarrow x_2 = 21$

$-(2 + 21) = p \Rightarrow p = -23$

b) $x_2 = -6$; $p = 3$

c) $x_2 = a$; $p = a$

Übung 4

a) $x^2 + 5x + q = 0 \wedge x_1 = -7$

$-(-7 + x_2) = 5 \Rightarrow x_2 = 2$

$q = 2 \cdot (-7) \Rightarrow q = -14$

b) $x_2 = 2$; $q = 24$

c) $x_2 = -\sqrt{2}$; $q = 2$

d) $x_2 = -2a$; $q = 2a^2$

Übung 5

a) $\mathbb{L} = \{-4; 5\}$

b) $\mathbb{L} = \{-5; -4\}$

c) $\mathbb{L} = \{-10; -6\}$

d) $\mathbb{L} = \{-6; 10\}$

e) $\mathbb{L} = \{1; \sqrt{5}\}$

f) $\mathbb{L} = \{-a; -b\}$

Übung 6

a) $x \cdot (x + 4)(x - 2) = 0$ $\mathbb{L} = \{-4; 0; 2\}$

b) $(x + 2)(x - 3)(x + 3) = 0$ $\mathbb{L} = \{-3; -2; 3\}$

c) $(x - 3)(x + 2) = 0$ $\mathbb{L} = \{-2; 3\}$

d) $(2x - 3)(x - 2)(x - 3) = 0$ $\mathbb{L} = \{1{,}5; 2; 3\}$

6. Quadratische Funktion, Parabel

72 | 73

Übung 1

a) $S(1|2)$ d) $S(-1|2)$ g) $S(0|5)$

b) $S(1|-2)$ e) $S(0|0)$ h) $S(5|0)$

c) $S(-1|-2)$ f) $S(0|-5)$ i) $S(-5|0)$

Übung 2

a) $y = (x-2)^2 - 4$ $S(2|-4)$

b) $y = (x+2)^2 - 3$ $S(-2|-3)$

c) $y = -(x+2)^2 + 6$ $S(-2|6)$

d) $y = 2\cdot(x-4)^2 - 32$ $S(4|-32)$

e) $y = -2\cdot(x+1)^2 + 2$ $S(-1|2)$

f) $y = 3\cdot(x+2)^2 - 17$ $S(-2|-17)$

g) $y = -3\cdot(x-1)^2 + 1$ $S(1|1)$

Übung 3

a) $N_1(-1|0)$ $N_2(5|0)$ $S(2|-9)$ $T(0|-5)$

Aus der Geometrie ist bekannt, dass die Nullstellen, falls vorhanden, symmetrisch zur Achse der Parabel durch den Scheitel liegen. Dadurch ergibt sich in solchen Fällen eine einfache Berechnung des Scheitels:

$$\left.\begin{aligned} x_S &= \frac{x_{N_1} + x_{N_2}}{2} = \frac{-1+5}{2} \quad \Rightarrow \quad x_S = 2 \\ y_S &= 2^2 - 4\cdot 2 - 5 \quad \Rightarrow \quad y_S = -9 \end{aligned}\right\} \quad S(2|-9)$$

b) $N_1(3|0)$ $N_2(7|0)$ $S(5|-4)$ $T(0|21)$

c) $N_1(-5|0)$ $N_2(3|0)$ $S(-1|64)$ $T(0|60)$

Übung 4

a) $N_1(-2|0)$ $N_2(2|0)$

$S(0|-2)$ $T(0|-2)$

x	–3	–2	–1	0	1	2	3
y	2,5	0	–1,5	–2	–1,5	0	2,5

b) $N_1(-1|0)$ $N_2(3|0)$

$S(1|4)$ $T(0|3)$

x	–2	–1	0	1	2	3	4
y	–5	0	3	4	3	0	–5

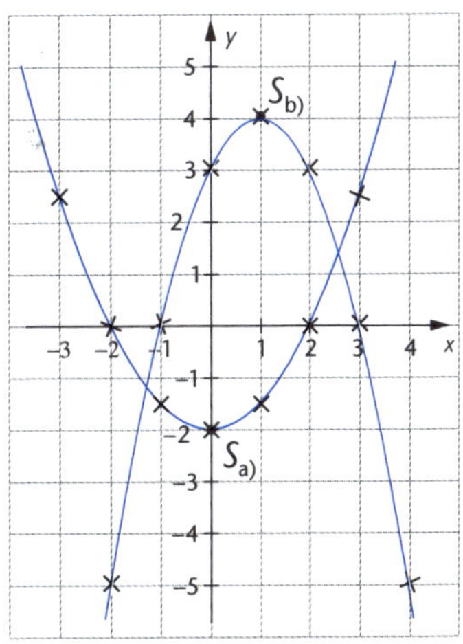

74 75

7. Textaufgaben; Geometrie

Übung 1

a) Die eine Zahl sei n, dann ist die andere $(n + 5)$.

Ansatz: $n \cdot (n + 5) = 14$ $\qquad \mathbb{D} = \mathbb{N}$

Berechnung:

$$n^2 + 5n - 14 = 0$$
$$(n + 7)(n - 2) = 0$$
$$\Rightarrow \quad n_1 = -7 \notin \mathbb{D}$$
$$n_2 = 2; \quad (n_2 + 5) = 7$$

Die beiden Zahlen sind 2 und 7.

b) $8x = x^2 - 9$ $\qquad \mathbb{D} = \mathbb{R}$

Die gesuchte Zahl ist entweder −1 oder 9.

c) $x^2 - 12x = 28$ $\qquad \mathbb{D} = \mathbb{R}$

Die gesuchte Zahl ist entweder − 2 oder 14.

d) $x \cdot (x + 6) = 55$ $\qquad \mathbb{D} = \mathbb{R}^+$

Die positive Zahl ist 5.

e) $28 - n = (n + 2)^2$ $\qquad \mathbb{D} = \mathbb{N}$

Die gesuchte natürliche Zahl ist 3.

Übung 2

a) Die Breite sei x m, dann ist die Länge $(20 + x)$ m.

$x \cdot (x + 20) = 7125$

Das Grundstück ist 75 m breit und 95 m lang.

b) Das Quadrat sei x m breit.
Das Rechteck hat dann eine Breite von $(7 + x)$ m und ist x m hoch.

$x \cdot (x + 7) = 120$

Das ursprüngliche Quadrat hat eine Seitenlänge von 8 m.

c) 1 m = 100 cm
Das Stoffband ist x cm breit und hat nach dem Abschneiden eine Länge von $(100 - 5x)$ cm.

$x \cdot (100 - 5x) = 375$

Das Stoffband ist entweder 5 cm oder 15 cm breit.

$(100 - 5 \cdot 5)$ cm = 75 cm; $\qquad (100 - 5 \cdot 15)$ cm = 25 cm

Der verbleibende Rest ist entweder 75 cm oder 25 cm lang.

8. Berechnungen zur Geometrie

76 77

Übung 1

a) Die Quadratseite sei x cm lang.

$3x \cdot (x : 2) = x^2 + 450$

Die Quadratseite misst 30 cm, die Fläche beträgt 900 cm².

b) Das Quadrat hat die Seitenlänge x cm, das Rechteck ist $(x + 5)$ cm lang und $(x - 2)$ cm breit.

$(x + 5)(x - 2) = 30$

Das Quadrat hat eine Seitenlänge von 5 cm und eine Fläche von 25 cm².

c) Länge und Breite werden um x m vergrößert.

$(14 + x)(10 + x) = 14 \cdot 10 + 81$

Man muss Länge und Breite um 3 m vergrößern.

d) Die Seitenwand ist bei einem Zimmer x m, bei dem anderen $(x - 2{,}2)$ m lang.

$x^2 + (x - 2{,}2)^2 = 54{,}44$

Bei dem einen Zimmer ist die Seitenwand 6,2 m lang, bei dem anderen 4 m.

e) Bei dem Quader haben die Quadrate der Grund- und Deckfläche eine Kantenlänge von x m, die Höhe beträgt 3 m und damit ist die Oberfläche in m²:

$2x^2 + 4 \cdot (3x) = 46{,}98$

Die Quadratseite misst 2,7 m, der Rauminhalt beträgt 21,870 m³.

Übung 2

a) Die eine Kathete sei x cm lang, dann misst die andere $(x + 5)$ cm.

$\frac{1}{2}x \cdot (x + 5) = 25$

Die eine Kathete ist 5 cm lang, die andere 10 cm, die Hypotenuse misst $5\sqrt{5}$ cm.

b) Die eine Kathete sei x cm lang, die andere $(x - 14)$ cm.

$x^2 + (x - 14)^2 = 26^2$

Die eine Kathete ist 24 cm lang, die andere 10 cm.

c) Die Hypotenuse ist x cm lang, die eine Kathete misst $(x - 17)$ cm, die andere $((x - 17) - 17)$ cm.

$x^2 = (x - 17)^2 + ((x - 17) - 17)^2$

Die Katheten messen 68 cm und 51 cm, die Hypotenuse ist 85 cm lang.

d) Sind a und b die Rechteckseiten, so ist der Umfang $u = 2a + 2b$ und somit $b = (u - 2a) : 2$.

$a^2 + ((102 - 2a) : 2)^2 = 39^2$

Die Rechteckseiten sind 15 cm und 36 cm lang, die Fläche beträgt 540 cm².

78 | 79

9. Vermischte Aufgaben II

Übung 1

a) $y = 3x^2 + 24x + 36 \quad \Rightarrow \quad y = 3\cdot(x^2 + 8x + 12) \quad \Rightarrow \quad y = 3\cdot(x+4)^2 - 12$

$N_1(-6|0) \quad N_2(-2|0) \quad S(-4|-12) \quad T(0|36)$

b) $y = 2\cdot(x-3)^2 - 8$

$N_1(1|0) \quad N_2(5|0) \quad S(3|-8) \quad T(0|10)$

c) $y = (x-1)^2 + 24$

keine Nullstellen! $S(1|24) \quad T(0|25)$

Übung 2

a) $x + \frac{3}{x} = 4 \qquad |\cdot x$

$x^2 + 3 = 4x \qquad \mathbb{D} = \mathbb{R} \setminus \{0\}$ Die Zahl ist entweder 1 oder 3.

b) $\frac{12}{x} = x + 1 \qquad \mathbb{D} = \mathbb{R} \setminus \{0\}$ Die Zahl ist entweder entweder −4 oder 3.

Übung 3

a) x cm sei der Abstand, dann ist die Breite des Bildes $(24 - 2x)$ cm und die Höhe $(32 - 2x)$ cm.

$(24 - 2x)(32 - 2x) = (24\cdot 32) : 2$

Der Abstand bis zum Rahmen beträgt 4 cm.

b) Das Foto ist $(24 - 2\cdot 4)$ cm $= 16$ cm breit und $(32 - 2\cdot 4)$ cm $= 24$ cm hoch.

$x^2 = 16^2 + 24^2 \quad \Rightarrow \quad x = 8\sqrt{13}$

Die günstigste Entfernung beträgt rund 29 cm.

Übung 4

a) $x^2 + x - 12 = 0$

b) $x^2 + 16x + 60 = 0$

c) $x^2 + (a-1)\cdot x - a = 0$

d) $x^2 - 7 = 0$

Übung 5

a) $x_2 = -2; \quad q = -14$

b) $x_2 = -\sqrt{3}; \quad p = (\sqrt{3} - \sqrt{2})$

c) $x_2 = -2a; \quad q = 2a^2$

d) $(p = 0) \quad x_2 = -\sqrt{6}; \quad q = -6$

e) $(q = 0) \quad x_2 = 0; \quad p = a$

Übung 6

a) $\mathbb{L} = \{-9; 0; 1{,}5; \sqrt{7}; 4\}$

b) $\mathbb{L} = \{-a; -1{,}5b; 0; a\}$

c) $\mathbb{L} = \{-2; 0; 2\}$

Übung 7

a) $(x-9)(x+9) = 0$

b) $(x-2)^2 = 0$

c) $(2x-a)(2x+a) = 0$

d) $(x-3a)(x-a) = 0$

e) $-3\cdot(x+12a)(x+2a) = 0$

Übung 8

a) $(x-5)(x-11) = 0 \qquad \mathbb{L} = \{5; 11\}$

b) $(x+2)(x-3)(x+3) = 0 \qquad \mathbb{L} = \{-3; -2; 3\}$

10. Quadratische Ungleichungen

80 81

Übung 1

a) $\mathbb{L} = \{x \mid x < 2 \vee x > 5\}$

b) $\mathbb{L} = \{x \mid x < -5 \vee x > 2\}$

c) $\mathbb{L} = \{x \mid x < -5 \vee x > -2\}$

d) $\mathbb{L} = \{x \mid x < -2 \vee x > 5\}$

Übung 2

a) $(x-3)(x-7) < 0$

$$\left.\begin{array}{lll} (x-3) < 0 \wedge (x-7) > 0 & \Rightarrow & x < 3 \wedge x > 7 \\ (x-3) > 0 \wedge (x-7) < 0 & \Rightarrow & x > 3 \wedge x < 7 \end{array}\right\} \quad \mathbb{L} = \{x \mid 3 < x < 7\}$$

b) $\mathbb{L} = \{x \mid -7 < x < 3\}$

c) $\mathbb{L} = \{x \mid -7 < x < -3\}$

d) $\mathbb{L} = \{x \mid -3 < x < 7\}$

Übung 3

a) $-x\cdot(x-3) \geqq 0 \quad |\cdot(-1)$

$x\cdot(x-3) \leqq 0$

$\mathbb{L} = \{x \mid 0 \leqq x \leqq 3\}$

b) $\mathbb{L} = \{x \mid -3 < x < 0\}$

c) $\mathbb{L} = \{x \mid x \leqq 4 \vee x \geqq 7\}$

Übung 4

a) $(x+a)^2$ ist immer positiv oder null. $\Rightarrow$ $(x+a)^2 \geqq 0$

$(x-5)^2 > 0$ schließt $(x-5)^2 = 0$, also $x = 5$ aus.

$\mathbb{L} = \mathbb{R} \setminus \{5\}$

b) $\mathbb{L} = \{-2\}$, da $(x-2)^2 < 0$ in $\mathbb{R}$ nicht definiert ist.

Übung 5

a) $\mathbb{L} = \{x \mid x < -3 \vee x > 3\}$

b) $\mathbb{L} = \{x \mid -3 \leqq x \leqq 3\}$

c) $\mathbb{L} = \mathbb{R}$

d) $\mathbb{L} = \{2\}$

Übung 6

a) $\mathbb{L} = \{x \mid x < -7 \vee x > -1\}$

b) $\mathbb{L} = \{x \mid -7 \leqq x \leqq -1\}$

c) $\mathbb{L} = \{x \mid x \leqq -5 \vee x \geqq 2\}$

d) $\mathbb{L} = \{x \mid -5 < x < 2\}$

e) $\mathbb{L} = \{\,\}$

f) $\mathbb{L} = \mathbb{R}$

Übung 7

a)

$$\begin{aligned} 2x^2 - 11x + 20 &> 5\cdot(x-2) \\ 2x^2 - 11x + 20 &> 5x - 10 \\ 2x^2 - 11x + 20 - 5x + 10 &> 0 \\ 2x^2 - 16x + 30 &> 0 \qquad |:2 \\ x^2 - 8x + 15 &> 0 \\ (x-3)(x-5) &> 0 \qquad \Rightarrow \quad \mathbb{L} = \{x \mid x < 3 \vee x > 5\} \end{aligned}$$

b) $\mathbb{L} = \{x \mid 3 \leqq x \leqq 5\}$

c) $\mathbb{L} = \mathbb{R} \setminus \{5\}$

82 | 83

11. Die Diskriminante

Übung 1

a) $D = 9$; 2 Lösungen
b) $D = 0$; 1 Lösung
c) $D = -4$; 0 Lösungen
d) $D = 96$; 2 Lösungen
e) $D = 21$; 2 Lösungen
f) $D = -39$; 0 Lösungen
g) $D = 0$; 1 Lösung
h) $D = 800$; 2 Lösungen

Übung 2

a) $x^2 - 6x + \lambda = 0 \quad D = 36 - 4\lambda \wedge D = 0 \quad \Rightarrow \quad \lambda = 9 \quad \mathbb{L} = \{3\}$
b) $\lambda = 16 \quad \mathbb{L} = \{-4\}$
c) $\lambda = -2 \quad \mathbb{L} = \{1\}$
d) $\lambda = -70 \quad \mathbb{L} = \{-5\}$

Übung 3

a) $\lambda \neq 0: \quad \lambda = 1 \quad \mathbb{L} = \{5\} \qquad \lambda = 0: \quad \mathbb{L} = \{2{,}5\}$
b) $\lambda \neq 0: \quad \lambda = 5 \quad \mathbb{L} = \{-3\} \qquad \lambda = 0: \quad \mathbb{L} = \{-1{,}5\}$
c) $\lambda \neq 0: \quad \lambda = -3 \quad \mathbb{L} = \{-1\} \qquad \lambda = 0: \quad \mathbb{L} = \{-0{,}5\}$

Übung 4

a) $x^2 - 5\lambda x + 25 = 0 \quad D = 25\lambda^2 - 4 \cdot 25 \quad \Rightarrow \quad \lambda^2 = 4$
$\lambda_1 = 2 \quad \mathbb{L}_1 = \{5\} \qquad \lambda_2 = -2 \quad \mathbb{L}_2 = \{-5\}$
b) $\lambda_1 = 4 \quad \mathbb{L}_1 = \{-6\} \qquad \lambda_2 = -4 \quad \mathbb{L}_2 = \{6\}$
c) $\lambda_1 = 0 \quad \mathbb{L}_1 = \{0\} \qquad \lambda_2 = -4 \quad \mathbb{L}_2 = \{2\}$
d) $\lambda_1 = 0 \quad \mathbb{L}_1 = \{0\} \qquad \lambda_2 = 8 \quad \mathbb{L}_2 = \{12\}$
e) $\lambda_1 = 0 \quad \mathbb{L}_1 = \{\,\} \qquad \lambda_2 = 4 \quad \mathbb{L}_2 = \{1\}$

Übung 5

a) $9x^2 + 6bx + 1 = 0 \quad D = 36b^2 - 36 > 0$
$\Rightarrow \quad b^2 - 1 > 0$
$b^2 > 1 \quad \Rightarrow \quad b < -1 \vee b > 1$
b) $b < -8 \vee b > 8$
c) $c < 3$
d) $c > -10$
e) $a > -5$
f) $a < 4$

Übung 6

a) $5x^2 + bx + b = 0 \quad D = b^2 - 4 \cdot 5b < 0$
$\Rightarrow \quad b \cdot (b - 20) < 0 \quad \Rightarrow \quad b < 0 \wedge b > 20 \vee b > 0 \wedge b < 20$
$\Rightarrow \quad 0 < b < 20$
b) $a < -2 \vee a > 2$
c) $0 < a < 16$

12. Gerade und Parabel

84 85

Übung 1

a) t: $2x + 9 \wedge f(x)$: $y = -x^2 - 6x - 7 \quad \Rightarrow \quad B(-4 \mid 1)$

b) $y = -(x+3)^2 + 2 \qquad S(-3 \mid 2)$

c)

x	$f(x)$	g	t
−6	−7		
−5	−2	−5	−1
−4	1		
−3	2		
−2	1	1	5
−1	−2		
0	−7	5	9

Bei Geraden genügen drei Wertepaare in der Tabelle: zwei für die Zeichnung, das dritte zur Kontrolle.

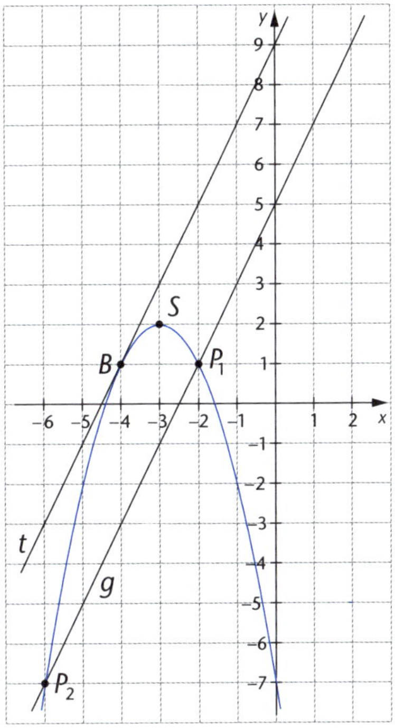

Übung 2

a) Sekante $(D > 0)$: g_2

Tangente $(D = 0)$: g_1, g_3

Passante $(D < 0)$: g_4

b) Sekante: g_4 Tangente: g_1, g_3 Passante: g_2

Übung 3

a) t: $y = 2x - 7 \qquad B(2 \mid -3)$

b) t: $y = -2x - 6 \qquad B(0{,}5 \mid -7)$

Übung 4

a) $P_1(-2 \mid 5) \qquad P_2(3 \mid 5)$

b) t: $y = -1{,}25$

86 | 87

13. Zwei Parabeln

Übung 1

a) $y = x^2 - 2x \wedge y = -2x^2 + 4x$

$\Rightarrow \quad x^2 - 2x = -2x^2 + 4x$

$3x^2 - 6x = 0 \quad \Rightarrow \quad x\cdot(x-2) = 0$

$x_1 = 0$ in $y = x^2 - 2x$ gibt $y_1 = 0$

$x_2 = 2$ in $y = x^2 - 2x$ gibt $y_2 = 0$ $\quad \Big\}$ $P_1(0|0)$; $P_2(2|0)$

b) $P_1(2|0)$; $P_2(-1|3)$ c) $B(2|0)$ d) $f_1(x) \cap f_2(x) = \{\,\}$

Übung 2

a) $P_1(2|3)$; $P_2(-4|3)$ b) $P_1(-1|2)$; $P_2(3|-2)$

Übung 3

a) $y = 2x^2 - 2x + 4 \wedge y = 2x^2 + x - 2$

$\Rightarrow \quad 2x^2 - 2x + 4 = 2x^2 + x - 2$

$3x - 6 = 0$

$x - 2 = 0$

$x = 2$ in $y = 2x^2 + x - 2$ gibt $y = 8$.

$P(2|8)$ ist ein Schnittpunkt $(a_1 = a_2)$.

b) $y = 2x^2 - 2x + 4 \wedge y = x^2 + 3$

$\Rightarrow \quad 2x^2 - 2x + 4 = x^2 + 3$

$x^2 - 2x + 1 = 0$

$(x-1)^2 = 0$

$x = 1 \quad y = 4 \quad P(1|4)$ ist ein Berührpunkt $(a_1 \neq a_2)$.

Randbemerkung:
Bei Übung 3a hat die lineare Gleichung $x - 2 = 0$ nur eine Lösung.
$\Rightarrow$ Punkt P ist ein Schnittpunkt.
Bei Übung 3b hat die quadratische Gleichung $(x-1)^2 = 0$ bzw. $(x-1)(x-1) = 0$ eine Doppellösung. Der Punkt P „entsteht" durch das „Zusammenschmelzen" zweier Schnittpunkte zu einem einzigen Punkt P. $\Rightarrow$ P ist ein Berührpunkt.

c) $P(1|-1)$ ist ein Berührpunkt. $(a_1 \neq a_2)$

Übung 4

a) $y = \lambda x^2 + 7x + 2 \wedge y = -x^2 + x - 1$

$\Rightarrow \quad \lambda x^2 + 7x + 2 = -x^2 + x - 1$

$x^2\cdot(\lambda + 1) + 6x + 3 = 0$

Die Gleichung hat keine Lösung(en) für $D < 0$:

$36 - 4\cdot 3\cdot(\lambda + 1) < 0$

$36 - 12\lambda - 12 < 0$

$-12\lambda < -24 \quad |\cdot(-1)$

$12\lambda > 24 \quad \Rightarrow \quad \lambda > 2$

b) $-10 < \lambda < 10$

c) $\lambda > 6$

d) $\lambda \notin \mathbb{R}$ (Für jedes λ gibt es eine Lösung!)

14. Vermischte Aufgaben III

88 89

Übung 1

a) $\mathbb{L} = \{x \mid x < 0 \lor x > 5\}$

b) $\mathbb{L} = \{x \mid x < -5 \lor x > 0\}$

c) $\mathbb{L} = \{x \mid 0 < x < 8\}$

d) $\mathbb{L} = \{x \mid -8 \leqq x \leqq 0\}$

e) $\mathbb{L} = \{x \mid x > 3\}$

f) $\mathbb{L} = \{x \mid x < -3\}$

g) $\mathbb{L} = \{x \mid x < -2 \lor x > 6\}$

h) $\mathbb{L} = \{x \mid -2 < x < 6\}$

Übung 2

a) $\mathbb{L} = \mathbb{R} \setminus \{5\}$

b) $\mathbb{L} = \{x \mid x < 2 \lor x > 8\}$

c) $\mathbb{L} = \{x \mid -8 < x < -2\}$

d) $\mathbb{L} = \{x \mid x < 2\}$

e) $\mathbb{L} = \{x \mid x < -2\}$

f) $\mathbb{L} = \{x \mid 1 < x < 3\}$

Übung 3

a) $D = 8$ b) $D = -24$ c) $D = 80$ d) $D = 48$

Übung 4

a) $\lambda = -2$ $\mathbb{L} = \{1\}$

b) $\lambda = -70$ $\mathbb{L} = \{-5\}$

c) $\lambda = 20$ $\mathbb{L} = \{6\}$

Übung 5

a) $u < -2$

b) $u > 2$

c) $u < -4$

d) $u > 4$

e) $-4 < u < 4$

f) $u \notin \mathbb{R}$

Übung 6

a) $v > 0$

b) $v \in \mathbb{R} \setminus \{1\}$

c) $v \in \mathbb{R} \setminus \{-2\}$

d) $v < -20 \lor v > 20$

e) $v \notin \mathbb{R}$

Übung 7

a) t: $y = 6x - 7$ $B(2 \mid 5)$

b) t: $y = -4x - 12$ $B(-3 \mid 0)$

c) t: $y = -2x - 7$ $B(-2 \mid -3)$

d) t: $y = -4$ $B(-1 \mid -4)$

Übung 8

a) t: $y = -4x$ $B(0 \mid 0)$

b) t_1: $y = 0$ (Das ist die x-Achse.)

$B(-2 \mid 0)$ Waagrechte Tangente, B ist hier der Scheitel $S(-2 \mid 0)$.

t_2: $y = 8x$

$B(2 \mid 16)$

90 | 91

15. Linearfaktoren kürzen

Übung 1

a) $\frac{x-2}{x^2+2x} \cdot \frac{x}{x^2-4} = \frac{(x-2) \cdot x}{x \cdot (x+2)(x-2)(x+2)} = \frac{1}{(x+2)^2}$ $\mathbb{D} = \mathbb{R} \setminus \{-2; 0; 2\}$

b) $\frac{(x-2)^2}{x^2}$ $\mathbb{D} = \mathbb{R} \setminus \{-2; 0; 2\}$

c) $(x-2)^2$ $\mathbb{D} = \mathbb{R} \setminus \{-2; 0; 2\}$

d) $\frac{x^2-x-12}{x^2+x-12}$ $\mathbb{D} = \mathbb{R} \setminus \{-4; 3; 4\}$

e) $\frac{x^2-2x-15}{x^2+2x-15}$ $\mathbb{D} = \mathbb{R} \setminus \{-5; 3\}$

Übung 2

a) $\frac{x+4}{x-5} \cdot \frac{x^2-10x+25}{x^2-x-20} = \frac{(x+4)(x-5)^2}{(x-5)(x-5)(x+4)} = 1$ $\mathbb{D} = \mathbb{R} \setminus \{-4; 5\}$

b) $\frac{(x+4)^2}{(x-5)^2}$ $\mathbb{D} = \mathbb{R} \setminus \{-4; 5\}$

c) $\frac{x-7}{x+3}$ $\mathbb{D} = \mathbb{R} \setminus \{-7; -3; 3\}$

d) $\frac{x-3}{x+3}$ $\mathbb{D} = \mathbb{R} \setminus \{-7; -3; 7\}$

e) $\frac{x^2-16}{x^2-1}$ $\mathbb{D} = \mathbb{R} \setminus \{-1; 1; 4\}$

f) $\frac{x^2-1}{x^2-16}$ $\mathbb{D} = \mathbb{R} \setminus \{-4; -1; 4\}$

g) $\frac{(x-10)^2}{(x+10)^2}$ $\mathbb{D} = \mathbb{R} \setminus \{-11; -10; 11\}$

h) $\frac{(x+11)^2}{(x-11)^2}$ $\mathbb{D} = \mathbb{R} \setminus \{-11; -10; 10; 11\}$

Übung 3

a) 1 $\mathbb{D} = \mathbb{R} \setminus \{-1; 0; 2; 3\}$

b) $\frac{(x+1)^2}{(x-3)^2}$ $\mathbb{D} = \mathbb{R} \setminus \{-1; 0; 2; 3\}$

c) x $\mathbb{D} = \mathbb{R} \setminus \{-5; -3; -2; -1; 5\}$

92 93

16. Der Hauptnenner; Addieren und Subtrahieren

Übung 1

a) $x^2 - 9 = (x-3)(x+3)$; $x^2 - 6x + 9 = (x-3)^2$; $x^2 - 4x + 3 = (x-3)(x-1)$

HN $= (x-3)(x-1)(x+3)$ $\qquad \mathbb{D} = \mathbb{R} \setminus \{-3; 1; 3\}$

b) HN $= x \cdot (x-5)(x+2)(x+5)$ $\qquad \mathbb{D} = \mathbb{R} \setminus \{-5; -2; 0; 5\}$

c) HN $= 2x \cdot (x-5)(x-3)(x+1)$ $\qquad \mathbb{D} = \mathbb{R} \setminus \{-1; 0; 3; 5\}$

d) HN $= x \cdot (x+1)(x-3)(x+3)(x+11)$ $\qquad \mathbb{D} = \mathbb{R} \setminus \{-11; -3; -1; 0; 3\}$

Übung 2

a) $\dfrac{-2x}{x^2-1} + \dfrac{x+1}{x-1} = \dfrac{2x}{(x+1)(x-1)} + \dfrac{x+1}{x-1} =$

$= \dfrac{2x + x^2 + 2x + 1}{(x+1)(x-1)} = \dfrac{x^2+1}{x^2-1}$ $\qquad \mathbb{D} = \mathbb{R} \setminus \{-1; 1\}$

b) $\dfrac{x}{x^2-1}$ $\qquad \mathbb{D} = \mathbb{R} \setminus \{-1; 1\}$

c) $\dfrac{4 \cdot (x+8)}{x^2-16}$ $\qquad \mathbb{D} = \mathbb{R} \setminus \{-4; 4\}$

Übung 3

a) $\dfrac{x}{x^2+x-6} - \dfrac{1}{x+3} = \dfrac{x}{(x+3)(x-2)} - \dfrac{1}{x+3} =$

$= \dfrac{x-(x-2)}{(x+3)(x-2)} = \dfrac{x-x+2}{(x+3)(x-2)} =$

$= \dfrac{2}{(x+3)(x-2)} = \dfrac{2}{x^2+x-6}$ $\qquad \mathbb{D} = \mathbb{R} \setminus \{-3; 2\}$

Ein Hinweis:
Es ist immer zweckmäßig, den Nenner als Produkt mit Linearfaktoren bis zum Schluss stehen zu lassen. So behält man den Überblick für die Möglichkeit, den Bruch zu kürzen.

b) $\dfrac{1}{x-4}$ $\qquad \mathbb{D} = \mathbb{R} \setminus \{4; 5\}$

c) $\dfrac{2}{x^2-1}$ $\qquad \mathbb{D} = \mathbb{R} \setminus \{-1; 1; 2\}$

d) $\dfrac{3}{x-1}$ $\qquad \mathbb{D} = \mathbb{R} \setminus \{-3; 1; 2\}$

e) 0 $\qquad \mathbb{D} = \mathbb{R} \setminus \{-3; 2\}$

94 95

17. Bruchgleichungen

Übung 1

a) $x - 1 = \frac{2x + 23}{x + 1} \quad |\cdot(x+1) \qquad \mathbb{D} = \mathbb{R} \setminus \{-1\}$

$x^2 - 1 = 2x + 23$

$x^2 - 2x - 24 = 0 \qquad \mathbb{L} = \{-4; 6\}$

b) $\mathbb{L} = \{0; 15\}$

c) $\mathbb{L} = \{-8; 5\}$

d) $\mathbb{L} = \{11\}$ $(-3 \notin \mathbb{D})$

Übung 2

a) $\frac{5}{x} - \frac{3x}{x-2} + 4 = 0 \quad |\cdot x\cdot(x-2) \qquad \mathbb{D} = \mathbb{R} \setminus \{0; 2\}$

$5x - 10 - 3x^2 + 4x^2 - 8x = 0$

$x^2 - 3x - 10 = 0 \qquad \mathbb{L} = \{-2; 5\}$

b) $\mathbb{L} = \{-0{,}5; 2\}$ d) $\mathbb{L} = \{-15; -2\}$

c) $\mathbb{L} = \{0; 2\}$ e) $\mathbb{L} = \{-1\}$

Übung 3

a) $\frac{5x+1}{3x-1} = \frac{x-7}{x-5} \qquad \mathbb{D} = \mathbb{R} \setminus \left\{\frac{1}{3}; 5\right\}$

$(5x + 1)(x - 5) = (3x - 1)(x - 7)$

$5x^2 - 25x + x - 5 = 3x^2 - 21x - x + 7$

$2x^2 - 2x - 12 = 0$

$x^2 - x - 6 = 0 \qquad \mathbb{L} = \{-2; 3\}$

b) $\mathbb{L} = \{3; 4\}$

c) $\mathbb{L} = \{-1; 2\}$

d) $\mathbb{L} = \{-3; 0{,}5\}$

Übung 4

a) $\frac{3}{x-5} + \frac{2}{x+1} + 1 = 0 \quad |\cdot(x-5)(x+1) \qquad \mathbb{D} = \mathbb{R} \setminus \{-1; 5\}$

$3x + 3 + 2x - 10 + (x - 5)(x + 1) = 0$

$5x - 7 + x^2 - 4x - 5 = 0$

$x^2 + x - 12 = 0 \qquad \mathbb{L} = \{-4; 3\}$

b) $\mathbb{L} = \{-2; 1\}$ e) $\mathbb{L} = \{-7; 4\}$

c) $\mathbb{L} = \{-10\}$ f) $\mathbb{L} = \{2{,}5; 5\}$

d) $\mathbb{L} = \{-6; 2\}$ g) $\mathbb{L} = \{5{,}6\}$

18. Parameter

96 | 97

Übung 1

a) $(a+b) : \frac{a^2-b^2}{b} = \frac{(a+b)\cdot b}{(a-b)(a+b)} = \frac{b}{a-b} \wedge (|a| \neq |b| \wedge b \neq 0)$

b) $\frac{a}{b-a} \wedge (|a| \neq |b| \wedge b \neq 0)$

c) $\frac{(a+b)^2}{4a^2-9b^2} \wedge (|2a| \neq |3b|$

d) $\frac{4a\cdot(a+3b)}{a-3b} \wedge (|a| \neq |3b| \wedge b \neq 0)$

e) $\frac{1}{a+2b} \wedge |a| \neq |2b|$

f) $4 \wedge (|2a| \neq |3b| \wedge ab \neq 0)$

Übung 2

a) $\frac{2x-2a}{1-x} = x-2a \qquad \mathbb{D} = \mathbb{R} \setminus \{1\}$

$2x-2a = (x-2a)(1-x)$

$x^2 + x\cdot(1-2a) = 0$

$x\cdot(x+1-2a) = 0 \qquad x_1 = 0; \quad x_2 = 2a-1$

$(2a-1) \neq 1$ (Definitionsmenge) $\Rightarrow \quad a \neq 1 \qquad \mathbb{L} = \{0; (2a-1)\} \wedge a \neq 1$

b) $\mathbb{L} = \{0; b\} \wedge b \neq -a \wedge a \neq 0$

c) $\mathbb{L} = \{-2\} \wedge |a| \neq 2 \wedge a \neq 0$

d) $\mathbb{L} = \{-5a; 5a\} \wedge a \neq 0$

e) $\mathbb{L} = \{0; -2b\} \wedge b \neq 0$

Übung 3

a) $\frac{4-x^2}{25-x^2} : \frac{x+2}{5x-x^2} = \frac{(2-x)(2+x)(5-x)\cdot x}{(5-x)(5+x)(x+2)} = \frac{x\cdot(2-x)}{5+x}$

$\mathbb{D} = \mathbb{R} \setminus \{-5; -2; 0; 5\}$

b) $\frac{x-2}{x+5} \qquad \mathbb{D} = \mathbb{R} \setminus \{-5; -2; 2\}$

c) $\frac{x^2-9}{x^2-25} \qquad \mathbb{D} = \mathbb{R} \setminus \{-5; -4; -3; 1; 5\}$

d) $\frac{4\cdot(x-1)}{x^2-7x+10} \qquad \mathbb{D} = \mathbb{R} \setminus \{2; 5\}$

e) $\frac{2}{1-x^2} \qquad \mathbb{D} = \mathbb{R} \setminus \{-1; 1; 2\}$

Übung 4

a) $\frac{2x+7}{x+3} = \frac{x-1}{x+1} \qquad \mathbb{D} = \mathbb{R} \setminus \{-3; -1\}$

$(2x+7)(x+1) = (x+3)(x-1)$

$2x^2+9x+7 = x^2+2x-3$

$0 = x^2+7x+10$

$\Rightarrow \quad x_1 = 5; \quad x_2 = 2 \qquad \mathbb{L} = \{2; 5\}$

b) $\mathbb{L} = \{-23; 23\}$

c) $\mathbb{L} = \{-9; 1\}$

d) $\mathbb{L} = \{-1; 5\}$

e) $\mathbb{L} = \{4\}$

98 | 99

19. Sachaufgaben I

Übung 1

a) Die beiden Gewinnchancen sind gleich: $P_1 = P_2$ $(= P)$

$64\% = 0{,}64$; $P + P - P^2 = 0{,}64$

Kauft man nur ein einziges Los, so liegen die Gewinnchancen bei 40 %.

b) Gewinnchancen bei A: P, bei B: $(P - 0{,}30)$

$P \cdot (P - 0{,}30) = 0{,}04$

Ein Los bei A allein hat 40 % Gewinnchancen, bei B 10 %.

c) Chancen bei der Urne: P, bei der Schachtel: $(P - 0{,}15)$

$P + (P - 0{,}15) - P \cdot (P - 0{,}15) = 0{,}55$

Beim Griff in die Urne liegen seine Chancen bei 40 %.

Übung 2

a) Die Bildweite b ist $b = 36 - g$.

$$\frac{1}{g} + \frac{1}{36 - g} = \frac{1}{8}$$

Die Gegenstandsweite beträgt 12 cm oder 24 cm.

b) Der eine Widerstand hat $x\,\Omega$, der andere $(x + 15)\,\Omega$.

$$\frac{1}{x} + \frac{1}{x + 15} = \frac{1}{10}$$

Die einzelnen Widerstände haben 15 Ω und 30 Ω.

c) Der ursprüngliche Widerstand hat $R\,\Omega$, der verkleinerte $(R - 16)\,\Omega$.

$$\frac{1}{R} + \frac{1}{12} = \frac{1}{R - 16}$$

Der Widerstand hat 24 Ω.

Übung 3

a) Das eine Rohr füllt das Becken in x Stunden (in einer Stunde den x-ten Teil); das andere Rohr füllt das Becken in $(x + 5)$ Stunden (in einer Stunde den $(x + 5)$-ten Teil).

$$\frac{1}{x} + \frac{1}{x + 5} = \frac{1}{6}$$

Das eine Rohr allein benötigt 10 Stunden, um das Becken zu füllen, das andere allein 15 Stunden.

b) Das eine Rohr füllt (+) den Fischteich in x Stunden, durch das andere allein wird er in $(x - 25)$ Stunden geleert (–). Sind beide geöffnet, so wird in einer Stunde ein 6tel vom Teich geleert (–).

$$\frac{1}{x} - \frac{1}{x - 25} = -\frac{1}{6}$$

Das eine Rohr allein benötigt 30 Stunden, um den Fischteich zu füllen, das andere 5 Stunden allein zum Leeren.

20. Sachaufgaben II

100 101

Übung 1

a) Der Fußgänger legt in einer Stunde x km/h zurück, mit $(x + 16)$ km/h fährt der Radfahrer. Beide begegnen einander in der Mitte, nach einem Weg von (40 : 2) km, zur gleichen Uhrzeit:

$$\frac{40:2}{x} = \frac{40:2}{x+16} + 4$$

Der Fußgänger legt in einer Stunde 4 km zurück.

b) Der Radfahrer fährt mit x km/h, der Sportler läuft mit $(x - 24)$ km/h und startet 45 Minuten früher (45 min $= \frac{3}{4}$ h). Die Wegstrecke bis zum Einholen ist 8 km.

$$\frac{8}{x} + \frac{3}{4} = \frac{8}{x-24}$$

Der Radfahrer fährt mit 32 km/h.

c) Der Radfahrer fährt mit der Geschwindigkeit x km/h die Strecke von 20 km und startet 3 Stunden später als der Fußgänger, der $(x - 15)$ km in einer Stunde geht.

$$\frac{20}{x} + 3 = \frac{20}{x-15} \quad \Rightarrow \quad x = 20$$

Der Radfahrer fährt mit 20 km/h. Für die 20 km bis zum Einholen benötigt er also eine Stunde.

$12^h + 1\text{ h} = 13^h$ $\Rightarrow$ Der Radfahrer holt seinen Freund um 13^h ein.

d) Der Motorradfahrer benötigt für 150 km eine Fahrzeit von x Stunden, sein Freund auf dem Mofa braucht für die Strecke von (250 – 150) km bis zum Treffpunkt eine Fahrzeit von $(x + (10 - 8))$ Stunden.

Geschwindigkeit Motorrad – 30 km/h = Geschwindigkeit Mofa

$$\frac{150}{x} - 30 = \frac{250-150}{x+(10-8)}$$

Der Motorradfahrer trifft seinen Freund nach einer Fahrt von 3 Stunden um 13 Uhr.

e) x km/h ist die Fließgeschwindigkeit des Wassers, das Boot fährt stromaufwärts mit $(15 - x)$ km/h, stromabwärts mit $(15 + x)$ km/h, jeweils auf einer Strecke von 4 km.

Fahrzeiten: $$\frac{4}{15+x} + \frac{1}{2} = \frac{4}{15-x}$$

Die Fließgeschwindigkeit des Wassers beträgt 9 km/h.

f) Die Wegstrecke (Länge des Treibriemens) von 14,40 m ist für beide Räder gleich (14,40 m = 1440 cm). Der Umfang ist gleich der Wegstrecke geteilt durch die Zahl der Umdrehungen.
Das große Rad macht x Umdrehungen, das kleine $(x + 36)$.

$$\frac{1440}{x+36} + 90 = \frac{1440}{x}$$

Das kleinere Rad hat sich insgesamt 48-mal gedreht.

102 103 21. Sachaufgaben III

Übung 1

a) Es werden x Liter Flüssigkeit entnommen und es verbleiben $(60 - x)$ Liter, nach dem Auffüllen mit Wasser sinkt die Konzentration auf $\frac{60 - x}{60}$.

Beim zweiten Mal werden somit von der ursprünglichen Flüssigkeit $x \cdot \frac{60 - x}{60}$ Liter entnommen.

$$(60 - x) - x \cdot \frac{60 - x)}{60} = 15$$

Es wurden jedes Mal 30 Liter Flüssigkeit entnommen.

b) Man hat zunächst x Liter, dann $(x - 4)$ Liter entnommen und durch Wasser ersetzt. Nach der zweiten Entnahme betrug die Menge an blauer Flüssigkeit $\frac{30 - x}{30}$ Liter.

$$(30 - x) - \frac{30 - x}{30} \cdot (x - 4) = 16 \quad \text{(Liter)}$$

Es wurden zunächst 10 l, dann 6 l der Mischung entnommen.

Übung 2

a) x € zahlt man täglich für das Strandhotel, $(x - 30)$ € am Tag für den „Urlaub am Bauernhof".

Anzahl der Tage im Hotel + 6 Tage = Tage am Bauernhof

$$\frac{1400}{x} + 6 = \frac{1400}{x - 30}$$

Ein Tag im Strandhotel kostet 100 €.

b) Ein Herrenanzug kostet den Händler x €, ein Damenmantel $(x + 75)$ €. Der gesamte Einkauf bezieht sich auf 50 Kleidungsstücke.

$$\frac{3500}{x} + \frac{7500}{x + 75} = 50$$

Der Anzug kostet 175 €, der Mantel 250 €.

Übung 3

a) p% ist der Zinssatz. Im ersten Jahr werden 400 € verzinst, im zweiten Jahr:

$$\left(400 \cdot \frac{p}{100} + 400 + 100\right) €$$

$$\left(400 \cdot \frac{p}{100} + 400 + 100\right) \cdot \frac{p}{100} = 15{,}36$$

Der Zinssatz betrug 3 %.

b) Im 1. Jahr ist die Verzinsung p%, im 2. Jahr $\frac{p}{4}$%.

Das angelegte Kapital in € ist zu Beginn des 2. Jahres $(50\,000 + 50\,000p - 4000)$ und am Ende:

$$(50\,000 + 50\,000p - 4000) \cdot \left(1 + \frac{p}{4}\right) = 56\,160$$

Der Zinssatz war im 1. Jahr 16 %, im 2. Jahr 4 %.

22. Wurzelgleichungen I

104 105

Übung 1

a) $\sqrt{x^2 - 5} = 2 \quad \Rightarrow \quad x^2 - 5 = 4 \quad \Rightarrow \quad x^2 = 9$

$x_1 = 3$ Probe: $\sqrt{4} = 2$

$x_2 = -3$ Probe: $\sqrt{4} = 2$

$\mathbb{L} = \{-3; 3\}$

b) $\mathbb{L} = \{-1; 1\}$

c) $\mathbb{L} = \{0; 4\}$

d) $\mathbb{L} = \{-4; 0\}$

e) $\mathbb{L} = \{-5; 3\}$

f) $\mathbb{L} = \{-3; 5\}$

g) $\mathbb{L} = \{2\}$

h) $\mathbb{L} = \{\,\}$

i) $\mathbb{L} = \{2; 5\}$

k) $\mathbb{L} = \{3\}$

l) $\mathbb{L} = \{5\}$

Übung 2

a) $\mathbb{L} = \{3\}$

b) $\mathbb{L} = \{\,\}$

c) $\mathbb{L} = \{1; 8\}$

d) $\mathbb{L} = \{-8; 1\}$

Übung 3

a) $\sqrt{6x \cdot (x-1)} = 6 \quad \Rightarrow \quad 6x \cdot (x-1) = 36 \quad \Rightarrow \quad x^2 - x - 6 = 0$

$x_1 = -2$ Probe: $\sqrt{6 \cdot (-2)(-2-1)} = 6 \quad \Rightarrow \quad 6 = 6$

$x_2 = 3$ Probe: $\sqrt{6 \cdot 3 \cdot (3-1)} = 6 \quad \Rightarrow \quad 6 = 6$

$\mathbb{L} = \{-2; 3\}$

b) $\sqrt{6x}\sqrt{x-1} = 6 \quad \Rightarrow \quad x^2 - x - 6 = 0$

$x_1 = -2$ Probe: $\sqrt{6(-2)}$ nicht definiert

$x_2 = 3$ Probe: $\sqrt{6 \cdot 3} \cdot \sqrt{3-1} = 6$

$\mathbb{L} = \{3\}$

c) $\mathbb{L} = \{-6; 5\}$

d) $\mathbb{L} = \{\,\}$

Übung 4

a)
$$\begin{aligned} \sqrt{(x-1)(x+4)} &= 6 \\ (x-1)(x+4) &= 36 \\ x^2 + 3x - 4 &= 36 \\ x^2 + 3x - 40 &= 0 \end{aligned}$$

$x_1 = -8$ Probe: $\sqrt{(-8-1)(-8+4)} = 6 \quad \Rightarrow \quad 6 = 6$

$x_2 = 5$ Probe: $\sqrt{(5-1)(5+4)} = 6 \quad \Rightarrow \quad 6 = 6$

$\mathbb{L} = \{-8; 5\}$

b) $\mathbb{L} = \{5\}$

c) $\mathbb{L} = \{-4; 3\}$

d) $\mathbb{L} = \{-4\}$

e) $\mathbb{L} = \{1; 8\}$

f) $\mathbb{L} = \{8\}$

g) $\mathbb{L} = \{3\}$ $(x = 1 \notin \mathbb{D})$

h) $\mathbb{L} = \{\,\}$

106 | 107

23. Wurzelgleichungen II, Ungleichungen

Übung 1

a) $\mathbb{D} = \{x \mid x \geqq -2\}$ $\quad \mathbb{L} = \{x \mid 0 \leqq x < 2\}$

b) $\mathbb{D} = \{x \mid x \leqq -3 \vee x \geqq 3\}$ $\quad \mathbb{L} = \{x \mid x < -3 \vee x > 3\}$

c) $\mathbb{D} = \{x \mid x \geqq 3\}$ $\quad \mathbb{L} = \{x \mid x > 3\}$

d) $\mathbb{D} = \{x \mid x \leqq -4 \vee x \geqq 1\}$ $\quad \mathbb{L} = \{x \mid x < -7 \vee x > 4\}$

e) $\mathbb{D} = \{x \mid x \leqq 0 \vee x \geqq 6\}$ $\quad \mathbb{L} = \{x \mid x < -2 \vee x > 8\}$

f) $\mathbb{D} = \{x \mid x \geqq 0\}$ $\quad \mathbb{L} = \{x \mid x > 64\}$

Übung 2

a)

$$\begin{aligned} \sqrt{x + 6\sqrt{x}} &= 4 \qquad |(\ldots)^2 \\ x + 6\sqrt{x} &= 16 \\ 6\sqrt{x} &= 16 - x \qquad |(\ldots)^2 \\ 36x &= 256 - 32x + x^2 \\ x^2 - 68x + 256 &= 0 \quad \Rightarrow \quad x_1 = 64; \quad x_2 = 4 \end{aligned}$$

Probe: $x_1 = 64 \quad \sqrt{112} = 4$ (falsch); $x_2 = 4 \quad \sqrt{16} = 4$ (wahr) $\quad \mathbb{L} = \{4\}$

b) $\mathbb{L} = \{9\}$

c) $\mathbb{L} = \{1\}$

d) $\mathbb{L} = \{25\}$

e) $\mathbb{L} = \{4\}$

f) $\mathbb{L} = \{5\}$

g) $\mathbb{L} = \{4\} \quad 0 \notin \mathbb{D}$

Übung 3

a)

$$\begin{aligned} \sqrt{3x+1} - \sqrt{2x-1} &= 1 \\ \sqrt{3x+1} &= 1 + \sqrt{2x-1} \qquad |(\ldots)^2 \\ 3x + 1 &= 1 + 2\sqrt{2x-1} + 2x - 1 \\ 2\sqrt{2x-1} &= x + 1 \qquad |(\ldots)^2 \\ 8x - 4 &= x^2 + 4x + 1 \\ x^2 - 4x + 5 &= 0 \quad \Rightarrow \quad x_1 = 1; \quad x_2 = 5 \end{aligned}$$

Probe: $x_1 = 1 \quad 2 - 1 = 1$ (wahr); $x_2 = 5 \quad 4 - 3 = 1$ (wahr) $\quad \mathbb{L} = \{1; 5\}$

b) $\mathbb{L} = \{-4\}$

c) $\mathbb{L} = \{8\}$

d) $\mathbb{L} = \{2\}$

e) $\mathbb{L} = \{3\}$

f) $\mathbb{L} = \{-4\}$

g) $\mathbb{L} = \{3\}$

h) $\mathbb{L} = \{1\}$

i) $\mathbb{L} = \{5\}$

j) $\mathbb{L} = \{-1\}$

k) $\mathbb{L} = \{-5; 0\}$

24. Vermischte Aufgaben IV

108 | 109

Übung 1

a) Das Rohr füllt das intakte Becken in x Stunden, bei undichtem Boden dauert es insgesamt $(x + 7)$ Stunden.
In einer einzigen Stunde geschieht Folgendes: $\frac{1}{x} - \frac{1}{42} = \frac{1}{x+7}$

Ohne undichte Stellen wäre das Becken in 14 Stunden voll, tatsächlich benötigt man jetzt 21 Stunden.

b) Ursprünglich waren es x Personen und jede Person zahlt $\frac{48}{x}$ € bei $(x - 4)$ Personen. Später zahlt jede Person 1 € mehr.

$$\frac{48}{x} + 1 = \frac{48}{x-4}$$

Ursprünglich waren es 16 Personen.

c) Der Zinssatz p bei den Reparaturen tritt beim Verkauf mit $2p$ als Verlust auf. Zu seinen Kosten von $(240\,000 + 240\,000 \cdot p\,\%)$ ist beim Verkauf ein Verlust von $2p\,\%$ davon einzukalkulieren.

$$\left(240\,000 + 240\,000 \cdot \frac{p}{100}\right) \cdot \left(1 - \frac{2p}{100}\right) = 226\,800$$

Die Renovierungsarbeiten haben 5 % des Kaufpreises gekostet.

d) $50\% = 0{,}5$ Der Korbflasche entnommen werden x Liter, somit $x \cdot 0{,}5$ l von den ursprünglich $8 \cdot 0{,}5$ l Alkohol, und es verbleibt ein Alkoholanteil von $(8 \cdot 0{,}5 - x \cdot 0{,}5) : 8$. Der Vorgang wird jetzt bei dem neuen Alkoholanteil mit x l Entnahme wiederholt. $(x : 2) \cdot 0{,}75$ Liter Alkohol werden dann hinzugefügt.

$$\frac{1}{8} \cdot ((8 \cdot 0{,}5 - 0{,}5 \cdot x) - \frac{8 \cdot 0{,}5 - 0{,}5 \cdot x}{8} \cdot x + \frac{x}{2} \cdot 0{,}75) = 0{,}375$$

Man hat jedes Mal 2 Liter Flüssigkeit ausgetauscht.

Übung 2

a) $\mathbb{L} = \{-5; 3\}$ d) $\mathbb{L} = \{-4\}$ g) $\mathbb{L} = \{-1\}$

b) $\mathbb{L} = \{-4; 0\}$ e) $\mathbb{L} = \{6\}$ h) $\mathbb{L} = \{3; 3{,}8\}$

c) $\mathbb{L} = \{3; 4\}$ f) $\mathbb{L} = \{97\}$ i) $\mathbb{L} = \{-1\}$

Übung 3

a) $\mathbb{L} = \{-10; 2\}$ c) $\mathbb{L} = \{7\}$ e) $\mathbb{L} = \{4\}$ g) $\mathbb{L} = \{0; 4\}$

b) $\mathbb{L} = \{2\}$ d) $\mathbb{L} = \{-11; 7\}$ f) $\mathbb{L} = \{-9; 4\}$

Übung 4

a) $\mathbb{D} = \{x \mid x \leqq -5 \lor x \geqq 0\}$ $\mathbb{L} = \{x \mid x < -6 \lor x > 1\}$

b) $\mathbb{D} = \{x \mid -\frac{1}{2} \leqq x \leqq 1\}$ $\mathbb{L} = \{x \mid 0 < x < 1\}$

c) $\mathbb{D} = \{x \mid x < -1 \lor -\frac{1}{2} < x < 1\}$ $\mathbb{L} = \{x \mid x < -2 \lor 0 < x < 1\}$

d) $\mathbb{D} = \{x \mid -24 \leqq x < 0 \lor x \geqq 9\}$ $\mathbb{L} = \{x \mid -2 < x < 0\}$

Teil III:
Mathematik

Geometrie

Lösungen

114 115

1. Zentrische Streckung

Übung 1

a) $k = 0{,}5$ b) $k = -\frac{2}{3}$ c) $k = 1{,}5$

d) Bildpunkt ist B e) Zentrum ist H f) Urpunkt ist E

Übung 2

a)

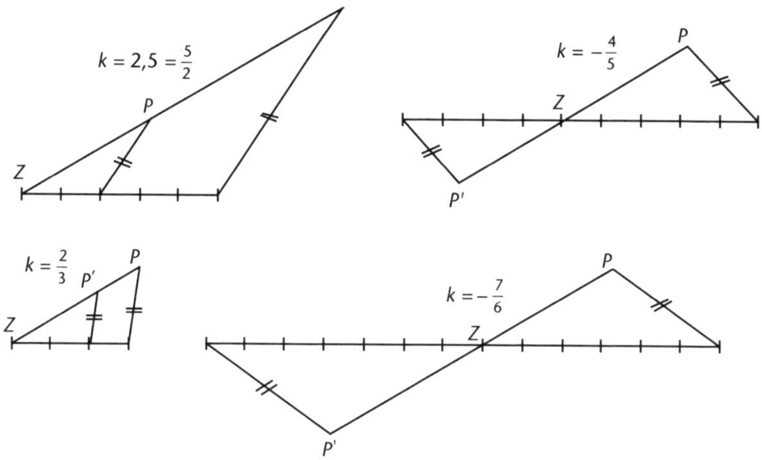

b)

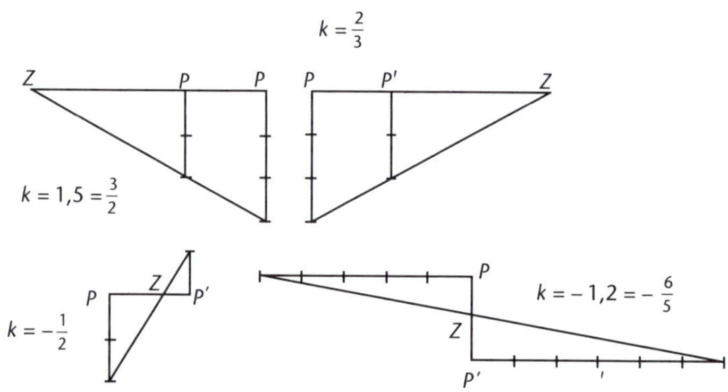

Übung 3

1. Möglichkeit: $k = \frac{\overline{ZP'}}{\overline{ZP}} = \frac{7{,}2}{4{,}8} = 1{,}5$

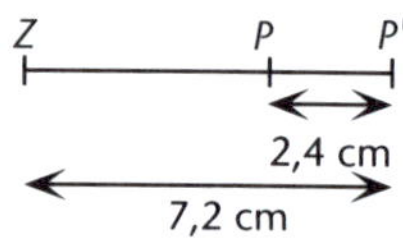

($\overline{ZP} = \overline{ZP'} - \overline{PP'} = 7{,}2\text{ cm} - 2{,}4\text{ cm} = 4{,}8\text{ cm}$)

2. Möglichkeit: $k = \frac{\overline{ZP'}}{\overline{ZP}} = \frac{7{,}2}{9{,}6} = 0{,}75$

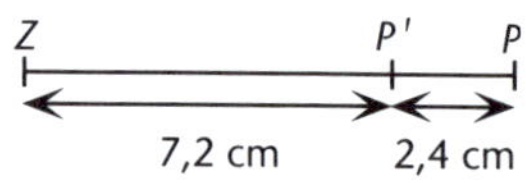

($\overline{ZP} = \overline{ZP'} + \overline{PP'} = 7{,}2\text{ cm} + 2{,}4\text{ cm} = 9{,}6\text{ cm}$)

Übung 4

Die Konstruktion ergibt zwei Punkte X_1 und X_2, die so auf der Geraden PQ liegen, dass gilt: $\overline{PX_1} = 3{,}6$ cm, $\overline{QX_1} = 2$ cm, $\overline{PX_2} = 12{,}6$ cm, $\overline{QX_2} = 7$ cm.

Übung 5

b) $1{,}6 \cdot \overline{ZA} = \overline{ZA'} = \overline{ZA} + \overline{AA'}$

$\Rightarrow \overline{AA'} = 0{,}6\ \overline{ZA}$

$\Rightarrow \overline{ZA} = \dfrac{\overline{AA'}}{0{,}6} = \dfrac{3{,}6}{0{,}6}\ \text{cm} = 6\ \text{cm}$

$\overline{AB} = \dfrac{\overline{A'B'}}{1{,}6} = \dfrac{8}{1{,}6}\ \text{cm} = 5\,\text{cm}$

$\overline{ZB'} = 1{,}6\ \overline{ZB} = 1{,}6 \cdot 7\,\text{cm} = 11{,}2\,\text{cm}$

$\overline{BB'} = \overline{ZB'} - \overline{ZB} = 11{,}2\,\text{cm} - 7\,\text{cm} = 4{,}2\,\text{cm}$

a)

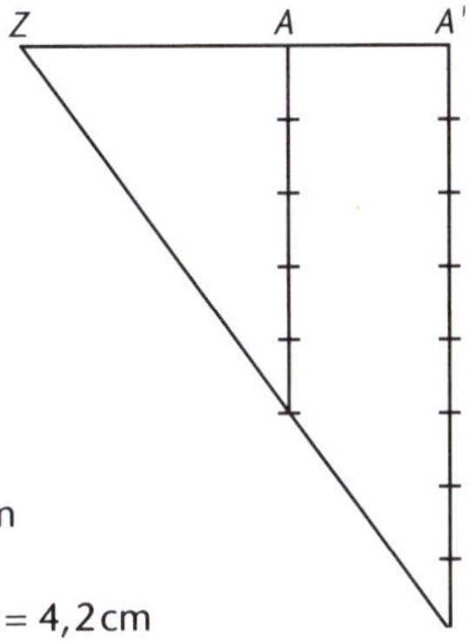

c) $A_{\triangle ZA'B'} = k^2 \cdot A_{\triangle ZAB} = 2{,}56 \cdot A_{\triangle ZAB}$

Übung 6

$a = \sqrt{A} = \sqrt{144}\ \text{cm} = 12\ \text{cm};\ U = 4\,a = 48\ \text{cm};\ U' = k \cdot U = \frac{5}{6} \cdot 48\ \text{cm} =$

$= 40\ \text{cm};\ a' = k \cdot a = \frac{5}{6} \cdot 12\ \text{cm} = 10\ \text{cm};\ A' = k^2 \cdot A = (10\ \text{cm})^2 = 100\ \text{cm}^2;$

oder: $A' = k^2 \cdot A = \left(\frac{5}{6}\right)^2 \cdot A = \left(\frac{5}{6}\right)^2 \cdot 144\ \text{cm}^2 = \frac{25}{36} \cdot 144\ \text{cm}^2 = 100\ \text{cm}^2$

Übung 7

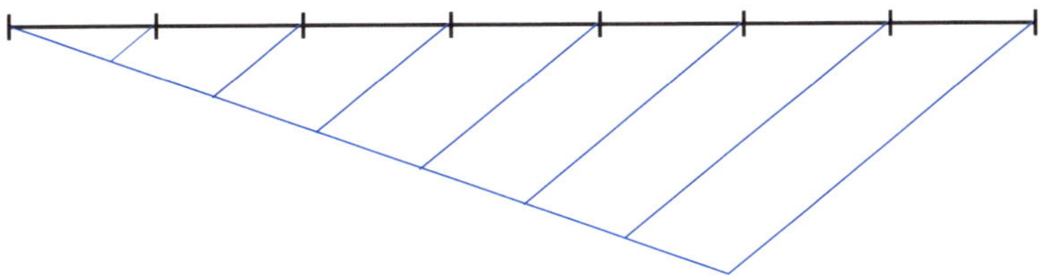

116 | 117

2. Strahlensätze

Übung 1

a) $\overline{ZA} : \overline{ZB} = \overline{ZX} : \overline{ZY} = \overline{ZP} : \overline{ZQ} = \overline{AX} : \overline{BY} = \overline{XP} : \overline{YQ} = \overline{AP} : \overline{BQ}$;

$\overline{ZA} : \overline{AB} = \overline{ZX} : \overline{XY} = \overline{ZP} : \overline{PQ}$

b) $\overline{ZP} = \frac{\overline{ZA}}{\overline{AB}} \cdot \overline{PQ} = \frac{4\,\text{cm}}{2\,\text{cm}} \cdot 3\text{ cm} = 6\text{ cm}$

$\overline{XP} = \frac{\overline{ZA}}{\overline{ZB}} \cdot \overline{YQ} = \frac{4\,\text{cm}}{(4+2)\,\text{cm}} \cdot 3\text{ cm} = 2\text{ cm}$

$\overline{AP} = \overline{AX} + \overline{XP} = 3\text{ cm} + 2\text{ cm} = 5\text{ cm}$

Übung 2

a) $\overline{FG} : \overline{CD} = \overline{EF} : \overline{EC}$

b) $\overline{FG} : \overline{CD} = \overline{BF} : \overline{BD}$

c) $\overline{AD} : \overline{CG} = \overline{DE} : \overline{EG} = \overline{DC} : \overline{GF}$

d) $\overline{BC} : \overline{AD} = \overline{BF} : \overline{DF} = \overline{BG} : \overline{CG}$

Übung 3

$\frac{x}{5\,\text{cm}} = \frac{x + 3{,}6\,\text{cm}}{8\,\text{cm}} \Rightarrow 8x = 5(x + 3{,}6\,\text{cm}) \Rightarrow 3x = 5 \cdot 3{,}6\,\text{cm} \Rightarrow x = 6\text{ cm}$

$\frac{y}{5\,\text{cm}} = \frac{11{,}2\,\text{cm}}{8\,\text{cm}} \Rightarrow y = \frac{5 \cdot 11{,}2}{8}\text{ cm} = 7\text{ cm}$

$z = 11{,}2\text{ cm} - y = (11{,}2 - 7)\text{ cm} = 4{,}2\text{ cm}$; $k = \frac{8}{5} = 1{,}6$

Übung 4

$\frac{\overline{BS}}{\overline{AS}} = \frac{\overline{ES}}{\overline{DS}} = \frac{\overline{ES}}{\overline{DE} + \overline{ES}} \Rightarrow \overline{BS} = \frac{\overline{AS} \cdot \overline{ES}}{\overline{DE} + \overline{ES}} = \frac{12\,\text{cm} \cdot 6\,\text{cm}}{(2+6)\,\text{cm}} = 9\text{ cm}$

$\frac{\overline{AD}}{\overline{BE}} = \frac{\overline{AS}}{\overline{BS}} \Rightarrow \overline{AD} = \frac{\overline{AS}}{\overline{BS}} \cdot \overline{BE} = \frac{12\,\text{cm}}{9\,\text{cm}} \cdot 5\text{ cm} = 6\tfrac{2}{3}\text{ cm}$

$\frac{\overline{FC}}{\overline{SC}} = \frac{\overline{AD}}{\overline{AS}} \Rightarrow \overline{FC} = \frac{\overline{AD}}{\overline{AS}} \cdot \overline{SC} = \frac{6\tfrac{2}{3}\,\text{cm}}{12\,\text{cm}} \cdot 8\,\text{cm} = 4\tfrac{4}{9}\text{ cm}$

$\frac{\overline{SF}}{\overline{SC}} = \frac{\overline{ES}}{\overline{BS}} \Rightarrow \overline{SF} = \frac{\overline{ES}}{\overline{BS}} \cdot \overline{SC} = \frac{6\,\text{cm}}{9\,\text{cm}} \cdot 8\text{ cm} = 5\tfrac{1}{3}\text{ cm}$

Übung 5

Sei x die Breite des Sees an der betreffenden Stelle.

$\frac{x}{8\,\text{m}} = \frac{x + 300\,\text{m}}{28\,\text{m}} \Rightarrow 28x = 8(x + 300\,\text{m}) \Rightarrow 20x = 8 \cdot 300\,\text{m} \Rightarrow x = 120\,\text{m}$

Übung 6

$$\frac{x}{h-(a+b)} = \frac{x+320\text{ m}}{H-(a+b)} \Rightarrow \frac{x}{[10-(1{,}7+5{,}3)]\text{ m}} = \frac{x+320\text{ m}}{[30-(1{,}7+5{,}3)]\text{ m}} \Rightarrow$$

$$\Rightarrow \frac{x}{3} = \frac{x+320\text{ m}}{23} \Rightarrow 23x = 3\cdot(x+320\text{ m}) \Rightarrow 20x = 3\cdot 320\text{ m} \Rightarrow x = 48\text{ m}$$

Skizze zu Übung 6:

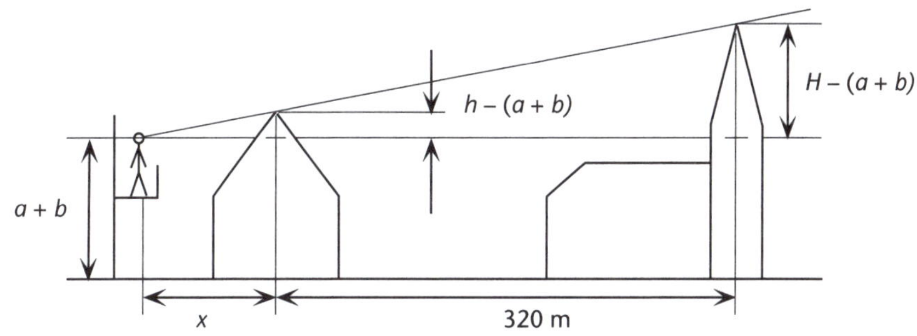

118 119

3. Schwerpunktsatz

Übung 1

a)

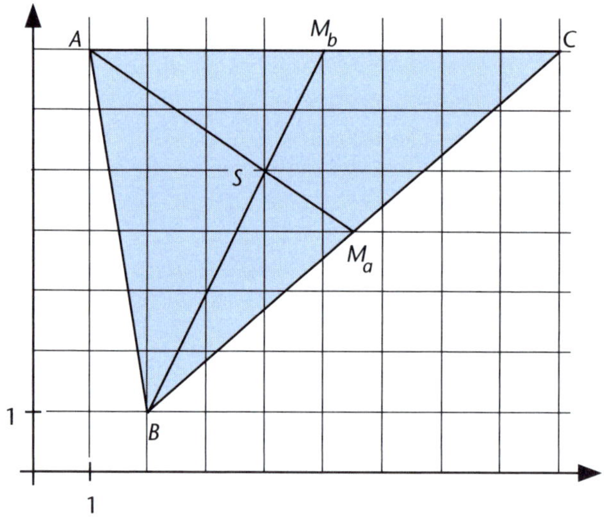

b)

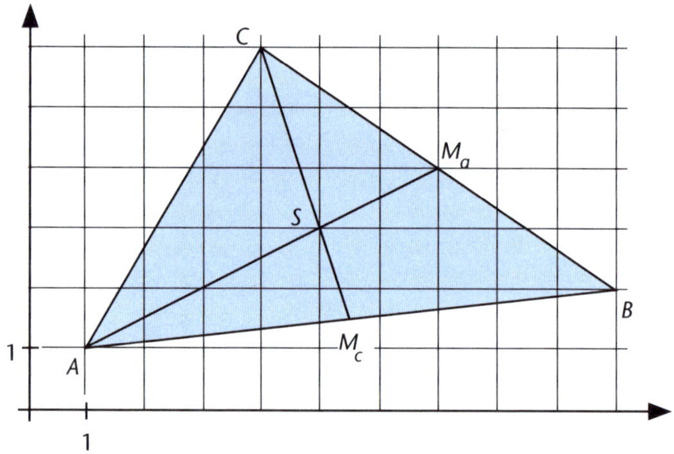

Übung 2

a)

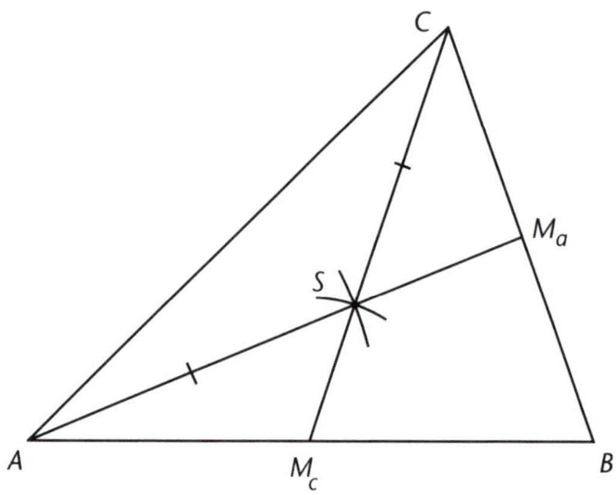

b)

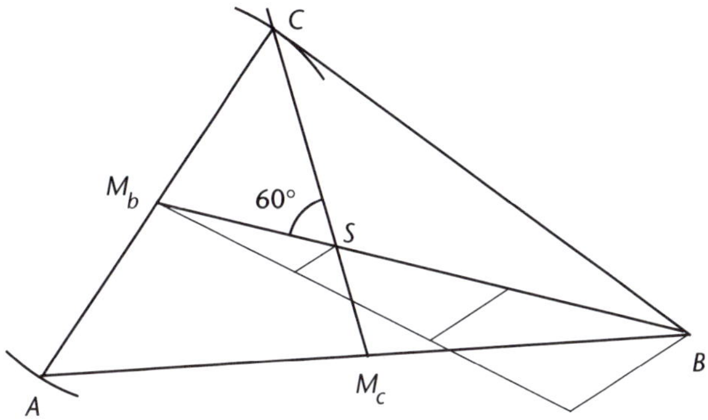

Übung 3

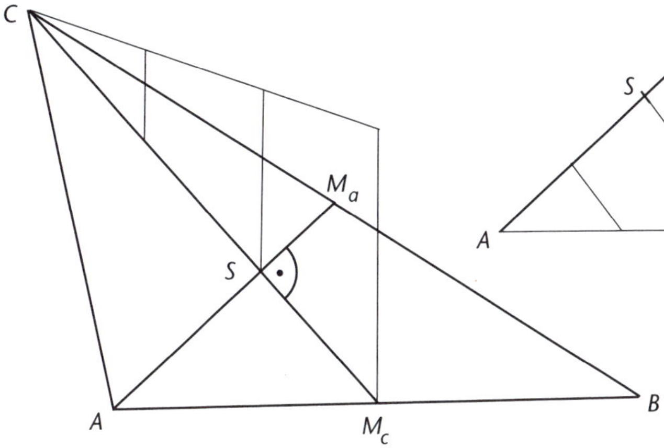

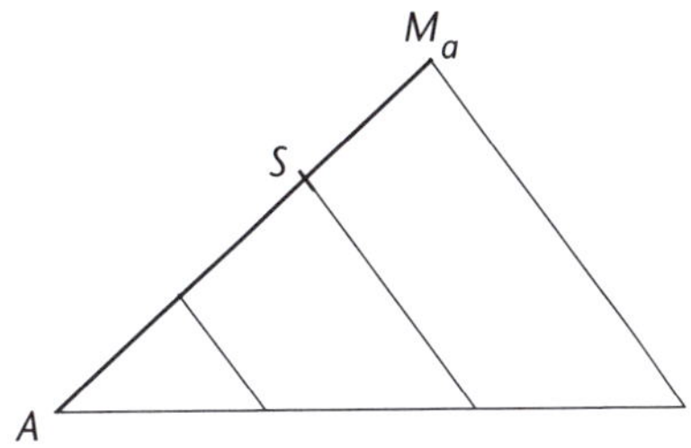

Übung 4

$\overline{PC} : \overline{PQ} = \overline{MC} : \overline{MM_c} = 1:1 \Rightarrow \overline{PC} = \overline{PQ}$

$\overline{AQ} : \overline{PQ} = \overline{AM_c} : \overline{BM_c} = 1:1 \Rightarrow \overline{AQ} = \overline{PQ}$

$\overline{AQ} = \overline{PQ} = \overline{PC} = \frac{1}{3}\,\overline{AC}\,;\ \overline{AP} = \frac{2}{3}\,\overline{AC}$

$\overline{AP} : \overline{PC} = \frac{2}{3} : \frac{1}{3} = 2:1$

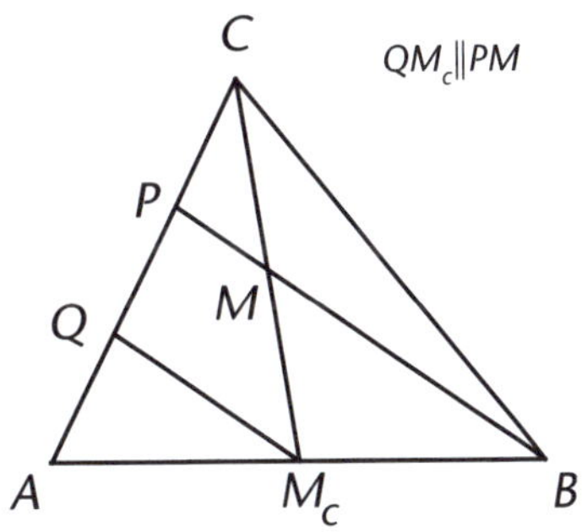

$QM_c \| PM$

Übung 5

a) $\overline{SX} = \frac{1}{3}\,\overline{XM_a} = \frac{1}{3} \cdot \frac{1}{2}\,\overline{AM_a} = \frac{1}{6}\,\overline{AM_a}$

b) $\overline{XY} = \frac{1}{2}\,\overline{M_b M_a} = \frac{1}{2} \cdot \frac{1}{2}\,\overline{AB} = \frac{1}{4}\,\overline{AB}$

c) $\frac{\overline{ST}}{\overline{M_c B}} = \frac{\overline{CS}}{\overline{CM_c}} = \frac{2}{3}\,;\ \overline{ST} = \frac{2}{3}\,\overline{M_c B} = \frac{2}{3}\,\overline{M_b M_a} = \frac{2}{3} \cdot 6\,\text{cm} = 4\,\text{cm}$

120 | 121

4. Ähnlichkeitssätze

Übung 1

a) Die beiden Dreiecke sind nach dem 1. Ähnlichkeitssatz auf jeden Fall ähnlich.
b) Die beiden Dreiecke sind nach dem 2. Ähnlichkeitssatz auf jeden Fall ähnlich.
c) Die beiden Dreiecke sind nach dem 3. Ähnlichkeitssatz auf jeden Fall ähnlich.
d) Die beiden Dreiecke sind nach dem 4. Ähnlichkeitssatz auf jeden Fall ähnlich.
e) Die beiden Dreiecke sind nicht in jedem Fall ähnlich; der gegebene Winkel liegt der kürzeren der beiden Seiten gegenüber, deren Verhältnis gegeben ist.

Übung 2

a) $\measuredangle CH_cA = \measuredangle ACB = 90° \wedge \measuredangle H_cAC = \measuredangle BAC = \alpha$
3. Ähnlichkeitssatz $\Rightarrow \Delta AH_cC \sim \Delta ACB$ (I)
$\measuredangle BH_cC = \measuredangle ACB = 90° \wedge \measuredangle CBH_c = \measuredangle CBA = \beta$
3. Ähnlichkeitssatz $\Rightarrow \Delta CH_cB \sim \Delta ACB$ (II)
(I) $\wedge$ (II) $\Rightarrow$ Behauptung

b) $\frac{\overline{CH_c}}{\overline{AH_c}} = \frac{\overline{BH_c}}{\overline{CH_c}} \Rightarrow \overline{CH_c}^2 = \overline{AH_c} \cdot \overline{BH_c} \Rightarrow \overline{CH_c} = \sqrt{\overline{AH_c} \cdot \overline{BH_c}} =$

$= \sqrt{6{,}4 \cdot 3{,}6}$ cm = 4,8 cm

Übung 3

$A = \frac{1}{2} a h_a = \frac{1}{2} \cdot 5{,}4 \cdot 3{,}5 \text{ cm}^2 = 9{,}45 \text{ cm}^2$

$A' = \frac{1}{2} b' h_b' = \frac{1}{2} \cdot 6{,}3 \cdot 6{,}0 \text{ cm}^2 = 18{,}9 \text{ cm}^2$

$m^2 = \frac{A'}{A} = \frac{18{,}9}{9{,}45} = 2 \Rightarrow |m| = \sqrt{2}$

andererseits: $|m| = \frac{b'}{b} = \frac{6{,}3}{4{,}5} = 1{,}4 < \sqrt{2}$

Die beiden Dreiecke sind nicht ähnlich zueinander.

Übung 4

$|m| = \frac{U'}{U} = \frac{\sqrt{13}}{2} \Rightarrow m^2 = \frac{13}{4} = 3{,}25 = \frac{A}{A'} = \frac{A + 18 \text{ cm}^2}{A} \Rightarrow$

$\Rightarrow 3{,}25\, A = A + 18 \text{ cm}^2 \Rightarrow 2{,}25\, A = 18 \text{ cm}^2 \Rightarrow A = 8 \text{ cm}^2$
$A' = A + 18 \text{ cm}^2 = 26 \text{ cm}^2$

Übung 5

a) $\measuredangle BAC = \measuredangle MAD$ (gemeinsamer Winkel) $\wedge \measuredangle ACB = \measuredangle DMA = 90°$
3. Ähnlichkeitssatz $\Rightarrow \triangle ABC \sim \triangle ADM$

b) $\frac{\overline{AD}}{\overline{AB}} = \frac{\overline{AM}}{\overline{AC}} = \frac{\frac{1}{2}\overline{AB}}{\overline{AC}} \Rightarrow \overline{AD} = \frac{\frac{1}{2}\overline{AB}^2}{\overline{AC}} = \frac{1}{2} \cdot \frac{15^2}{9}$ cm = 12,5 cm

Übung 6

$\sphericalangle\ CDA = \sphericalangle\ CBE = 90°$ (Thaleskreis!)
$\sphericalangle\ DAC = \sphericalangle\ BAC = \sphericalangle\ BEC$ (Umfangswinkel über der Sehne $[BC]$!)
3. Ähnlichkeitssatz $\Rightarrow \triangle\ ADC \sim \triangle\ EBC$

Übung 7

$\triangle\ ABC \sim \triangle\ DBC \Rightarrow \gamma_2 = 50°;\ \ \gamma_1 = 100° - \gamma_2 = 100° - 50° = 50°$
$\delta = 180° - 100° = 80°;\ \ \beta = 180° - 100° - 50° = 30°$

$$\frac{\overline{DB}}{\overline{BC}} = \frac{\overline{BC}}{\overline{AB}} \Rightarrow \overline{DB} = \frac{\overline{BC}^2}{\overline{AB}} \approx \frac{7^2}{9}\ \text{cm} \approx 5{,}4\ \text{cm}$$

$$\overline{DC} = \overline{DA} = \overline{AB} - \overline{DB} \approx 9\ \text{cm} - 5{,}4\ \text{cm} = 3{,}6\ \text{cm}$$

$$\frac{\overline{AC}}{\overline{AB}} = \frac{\overline{DC}}{\overline{BC}} \Rightarrow \overline{AC} = \overline{AB} \cdot \frac{\overline{DC}}{\overline{BC}} \approx 3{,}6 \cdot \frac{9}{7}\ \text{cm} \approx 4{,}6\ \text{cm}$$

Übung 8

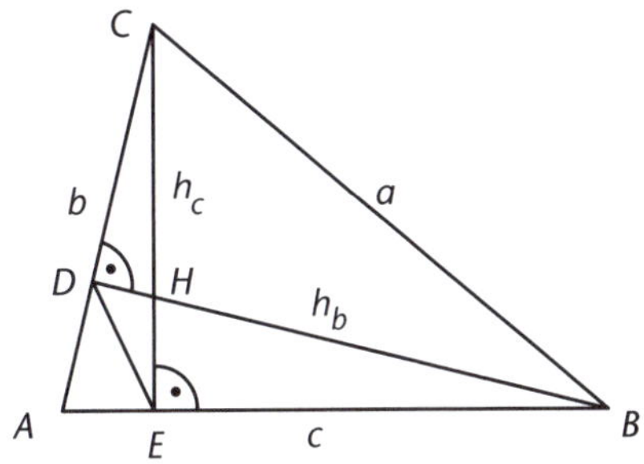

a) $\sphericalangle\ CEA = \sphericalangle\ ADB = 90°$
$\sphericalangle\ EAC = \sphericalangle\ BAD = \alpha$
3. Ähnlichkeitssatz $\Rightarrow \triangle AEC \sim \triangle\ ADB$

$$\overline{AE} : \overline{AD} = h_c : h_b = b : c$$

$$\frac{A_{\triangle\ AEC}}{A_{\triangle\ ADB}} = \frac{\frac{1}{2} \cdot \overline{AE} \cdot h_c}{\frac{1}{2} \cdot \overline{AD} \cdot h_b} = \frac{\overline{AE}}{\overline{AD}} \cdot \frac{h_c}{h_b} =$$

$$= \frac{b}{c} \cdot \frac{b}{c} = \frac{b^2}{c^2}$$

b) $\sphericalangle EAD = \sphericalangle BAC \wedge \overline{AD} : \overline{AE} = c : b = \overline{AB} : \overline{AE}$
2. Ähnlichkeitssatz $\Rightarrow \triangle\ ADE \approx \triangle\ ABC$

c) $\sphericalangle HDC = \sphericalangle BEH = 90° \wedge \sphericalangle CHD = \sphericalangle EHB$ (Scheitelwinkel)
3. Ähnlichkeitssatz $\Rightarrow \triangle\ CDH \approx \triangle\ BEH$

122 123

5. Ähnlichkeitskonstruktionen

Übung 1

a)

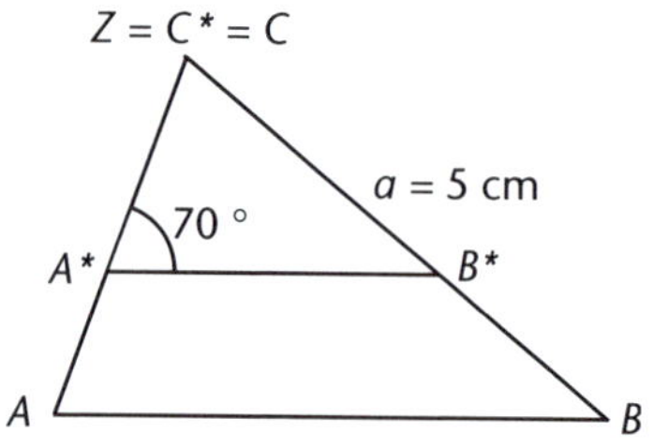

b) $a : b = 5 : 3 \wedge b : c = 1 : 2 = 3 : 6 \Rightarrow$
$\Rightarrow a : b : c = 5 : 3 : 6$

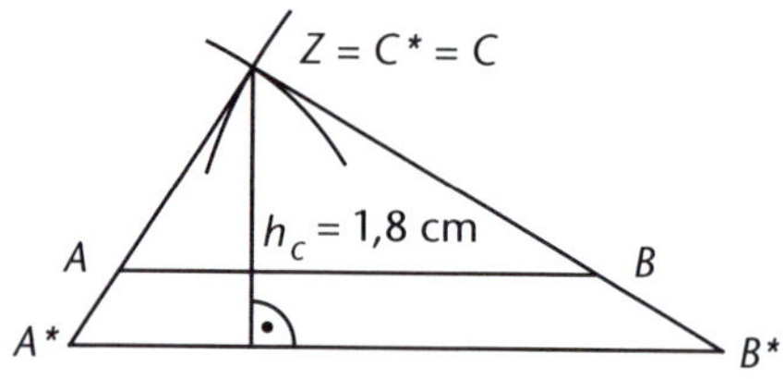

c)

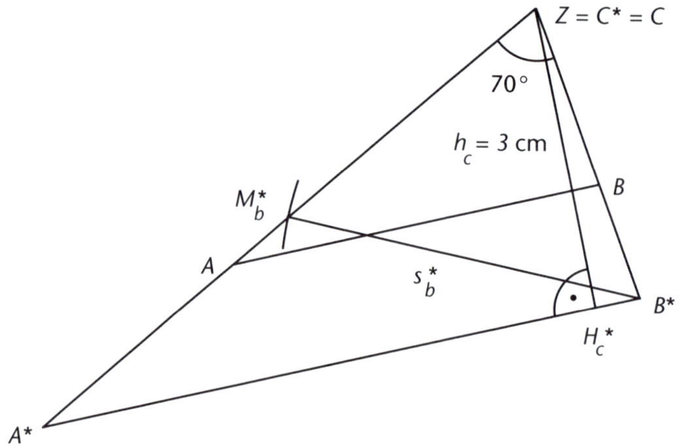

d)

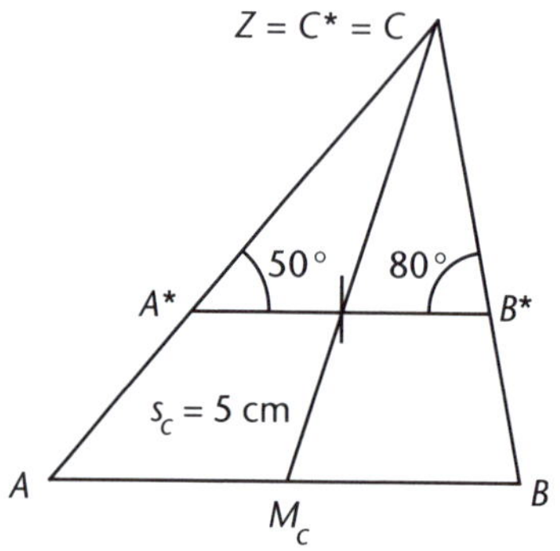

e) $a : b = 6 : 5 \wedge b = c \Rightarrow a : b : c = 6 : 5 : 5$

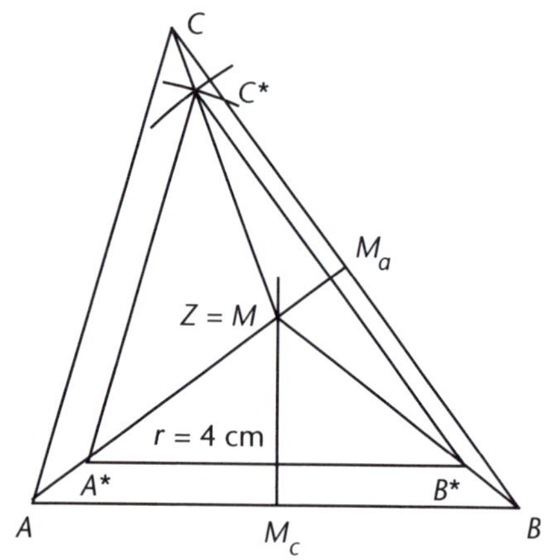

Übung 2

a)

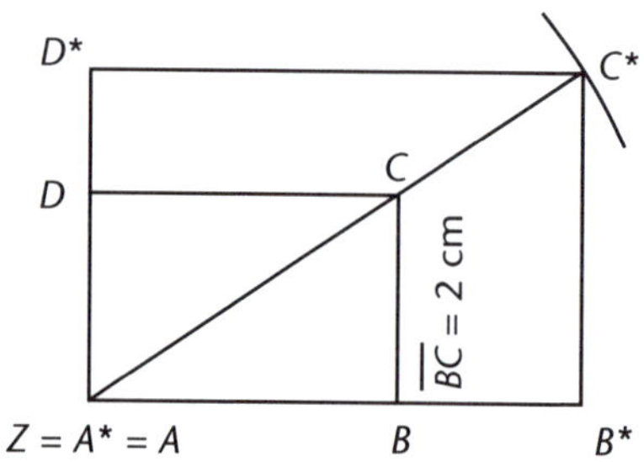

b)

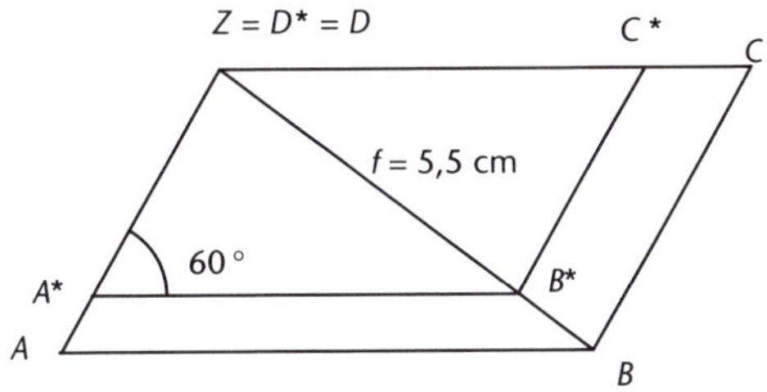

c)

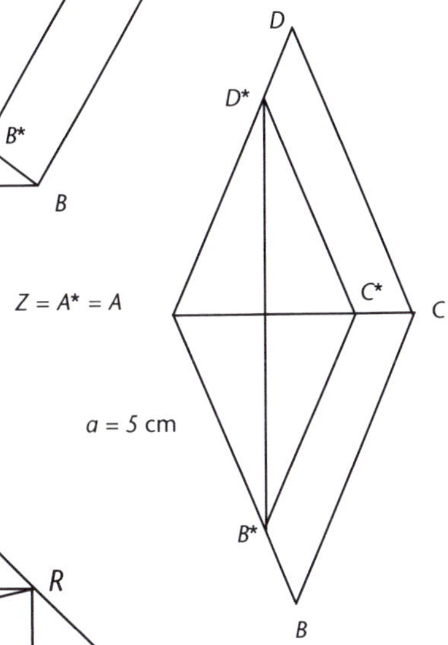

Übung 3

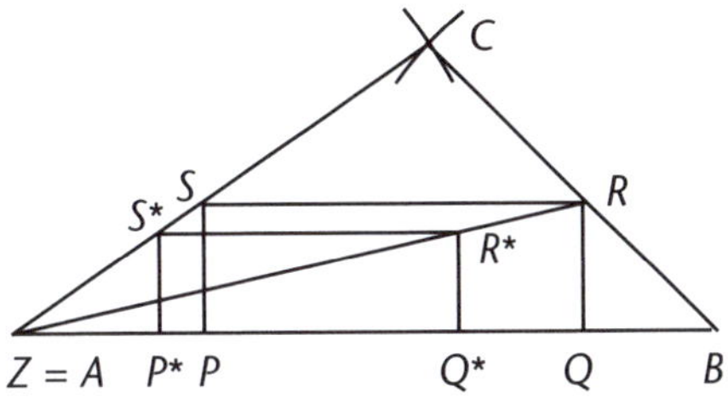

Übung 4

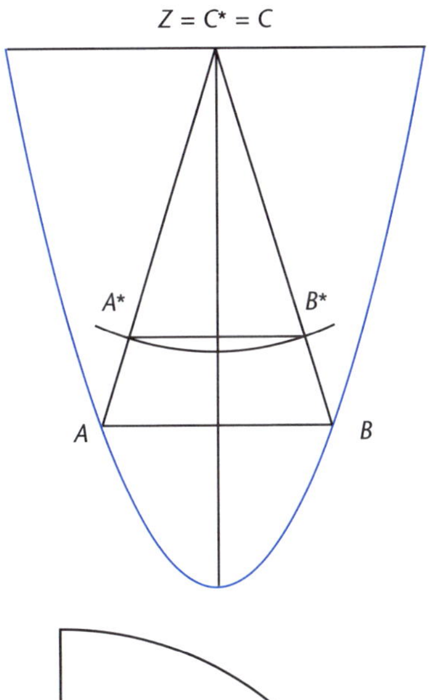

Übung 5

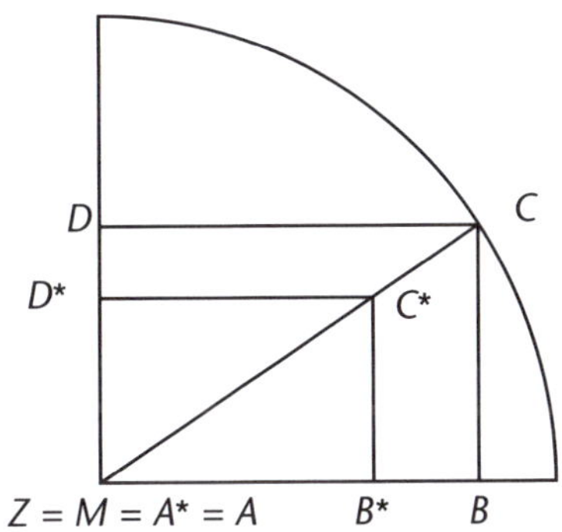

124 125

6. Die Satzgruppe des Pythagoras (I)

Übung 1

	a)	b)	c)	d)	e)	f)	g)
a	12 cm	$8\sqrt{5}$ cm	8 cm	$6\sqrt{3}$ cm	24 cm	8 cm	15 oder 20 cm
b	5 cm	$4\sqrt{5}$ cm	$8\sqrt{3}$ cm	6 cm	2 cm	$\frac{8}{3}\cdot\sqrt{3}$ cm	20 bzw. 15 cm
c	13 cm	20 cm	16 cm	12 cm	$2\sqrt{145}$ cm	$\frac{16}{3}\cdot\sqrt{3}$ cm	25 cm
p	$11\frac{1}{13}$ cm	16 cm	4 cm	9 cm	$\frac{288}{145}\cdot\sqrt{145}$ cm	$4\sqrt{3}$ cm	9 bzw. 16 cm
q	$1\frac{12}{13}$ cm	4 cm	12 cm	3 cm	$\frac{2}{145}\cdot\sqrt{145}$ cm	$\frac{4}{3}\cdot\sqrt{3}$ cm	16 bzw. 9 cm
h	$4\frac{8}{13}$ cm	8 cm	$4\sqrt{3}$ cm	$3\sqrt{3}$ cm	$\frac{24}{145}\cdot\sqrt{145}$ cm	4 cm	12 cm
A	30 cm	80 cm^2	$32\sqrt{3}$ cm^2	$18\sqrt{3}$ cm^2	24 cm^2	$\frac{32}{3}\cdot\sqrt{3}$ cm^2	1,5 dm^2

Übung 2

Sei b jeweils die Länge der kürzeren Kathete.

a) $p = b \Rightarrow p^2 = b^2 = cq = c(c-p) = 10\text{ cm}\cdot(10\text{ cm} - p)$

$\Rightarrow p^2 + 10\text{ cm}\cdot p - 100\text{ cm}^2 = 0$

$$b = p = \frac{-10\text{ cm} + \sqrt{100\text{ cm}^2 + 4\cdot 100\text{ cm}^2}}{2} = 5\left(\sqrt{5}-1\right)\text{cm} \approx 6{,}18\text{ cm}$$

$$a = \sqrt{c\,p} = \sqrt{10\cdot 5\cdot\left(\sqrt{5}-1\right)}\text{ cm} = 5\cdot\sqrt{2\cdot\left(\sqrt{5}-1\right)}\text{ cm} \approx 7{,}86\text{ cm}$$

b) $\left.\begin{aligned} &b : a = 3 : 4 \Rightarrow b = 0{,}75\,a \\ &a^2 + b^2 = c^2 = 7{,}5^2\text{ cm}^2 \end{aligned}\right\}\; a^2 + \frac{9}{16}a^2 = 7{,}5^2\text{ cm}^2 \Rightarrow \frac{25}{16}a^2 = \frac{225}{4}\text{cm}$

$\Rightarrow a = 6\text{ cm};\ b = 4{,}5\text{ cm}$

Übung 3

Sei b die Länge der kürzeren Kathete.

$a = b + 8{,}5\text{ cm} \wedge c = a + 0{,}5\text{ cm} = b + 9\text{ cm} \wedge a^2 + b^2 = c^2$

$\Rightarrow (b + 8{,}5\text{ cm})^2 + b^2 = (b + 9\text{ cm})^2$

$\Rightarrow b^2 + 17\text{ cm}\cdot b + 72{,}25\text{ cm}^2 + b^2 = b^2 + 18\text{ cm}\cdot b + 81\text{ cm}^2$

$\Rightarrow b^2 - 1\text{ cm}\cdot b - 8{,}75\text{ cm}^2 = 0$

$$b = \frac{1+\sqrt{1+4\cdot 8{,}75}}{2}\text{ cm} = 3{,}5\text{ cm};\quad a = 12\text{ cm};\quad c = 12{,}5\text{ cm}$$

Übung 4 $\overline{AB} = \sqrt{(9-2)^2 + (4-1)^2} = \sqrt{58}$; $\overline{BC} = \sqrt{(7-9)^2 + (9-4)^2} = \sqrt{29}$;

$\overline{AC} = \sqrt{(7-2)^2 + (9-1)^2} = \sqrt{89}$; $\overline{AB}^2 + \overline{BC}^2 = 58 + 29 = 87 \neq 89 = \overline{AC}^2$;

$\triangle$ *ABC* ist nicht rechtwinklig.

Übung 5 a)

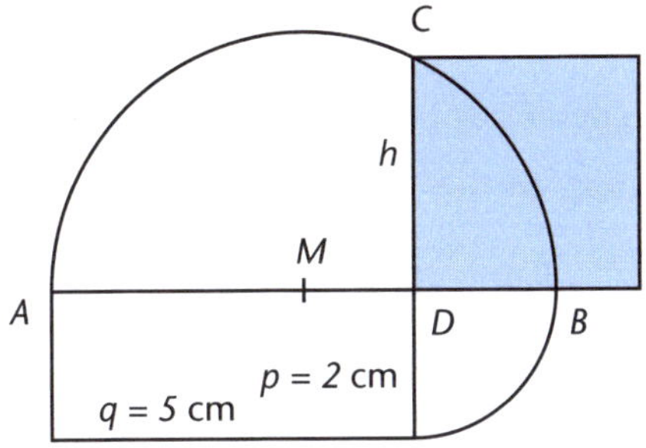

b)

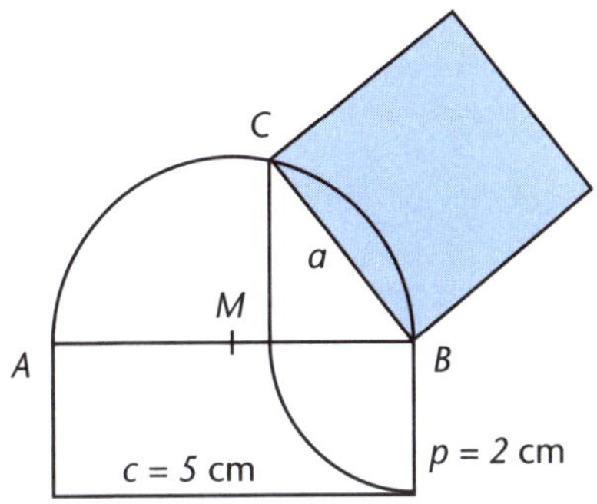

Übung 6 völlig analog zu *Übung 5*:

a) Konstruktion mit $q = 7$ cm, $p = 3$ cm ergibt $h = \sqrt{21}$ cm

b) Konstruktion mit $c = 7$ cm, $p = 3$ cm ergibt $a = \sqrt{21}$ cm

Übung 7 Konstruktion nach dem Satz von Pythagoras mit $c = 8$ cm, $b = 3$ cm ergibt

$a = \sqrt{c^2 - b^2} = \sqrt{t^2 - s^2} = \sqrt{8^2 - 3^2}\text{ cm} = \sqrt{55}\text{ cm}.$

Hinweis: Wesentliche Konstruktionslinie bei *Übung 5, 6 und 7* ist der Thaleskreis über der Hypotenuse!

Übung 8 Pythagoras in $\triangle$ *AED*: $\overline{AD} = \sqrt{\overline{AE}^2 + \overline{DE}^2} = \sqrt{4{,}8^2 + 3{,}6^2}\text{ cm} = 6\text{ cm}.$

Kathetensatz in $\triangle$ *ACD*: $\overline{EC} = \dfrac{\overline{DE}^2}{\overline{AE}} = \dfrac{3{,}6^2}{4{,}8}\text{ cm} = 2{,}7\text{ cm}$

$\overline{AC} = \overline{AE} + \overline{EC} = 4{,}8\text{ cm} + 2{,}7\text{ cm} = 7{,}5\text{ cm}$

Pythagoras in $\triangle$ *ABC*: $\overline{AB} = \sqrt{\overline{AC}^2 - \overline{BC}^2} =$

$= \sqrt{7{,}5^2 - 6^2}\text{ cm} = 4{,}5\text{ cm}$

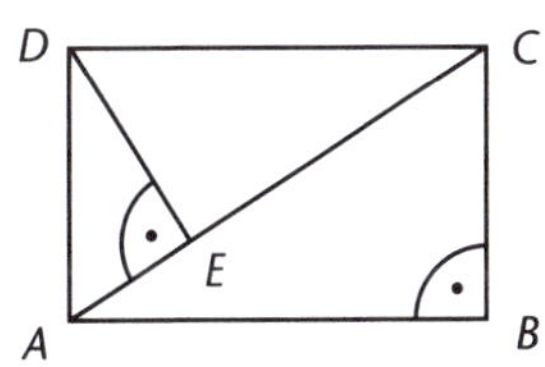

126 127

7. Die Satzgruppe des Pythagoras (II)

Übung 1 $b = \sqrt{d^2 - a^2} = \sqrt{18^2 - 15^2}\ \text{cm} = \sqrt{99}\ \text{cm} = 3\sqrt{11}\ \text{cm} \approx 9{,}95\ \text{cm}$

Übung 2 x sei die Länge der kürzesten Quaderkante in cm.

$$x^2 + (x+1)^2 + (x+1+3)^2 = D^2$$

$$x^2 + x^2 + 2x + 1 + x^2 + 8x + 16 = 17^2$$

$$3x^2 + 10x + 17 - 289 = 0;\ 3x^2 + 10x - 272 = 0;$$

$$x = \frac{-10 + \sqrt{100 - 4 \cdot 3 \cdot (-272)}}{2 \cdot 3} = \frac{-10 + \sqrt{3364}}{6} = \frac{-10 + 58}{6} = 8$$

$$x + 1 = 9;\ x + 1 + 3 = 12$$

Der Quader hat Kanten der Länge 8 cm, 9 cm und 12 cm.

Übung 3 a) $\left.\begin{array}{l} A = \frac{1}{2} a h \\ h = \frac{\sqrt{3}}{2} a \end{array}\right\} \Rightarrow A = \frac{\sqrt{3}}{4} a^2 = \frac{\sqrt{3}}{4} \cdot (6\,\text{cm})^2 = 9\sqrt{3}\,\text{cm}^2 \approx 15{,}6\ \text{cm}^2$

b) $A = \frac{1}{2} b h = \frac{1}{2} b \cdot \sqrt{s^2 - \left(\frac{b}{2}\right)^2} = \frac{1}{2} \cdot 3{,}2\ \text{cm} \cdot \sqrt{4{,}8^2 - 1{,}6^2}\ \text{cm} =$

$= 1{,}6 \cdot \sqrt{20{,}48}\ \text{cm}^2 = 1{,}6 \cdot \sqrt{2 \cdot 10{,}24}\ \text{cm}^2 = 1{,}6 \cdot 3{,}2 \cdot \sqrt{2}\ \text{cm}^2 =$

$= 5{,}12 \cdot \sqrt{2}\ \text{cm}^2 \approx 7{,}24\ \text{cm}^2$

c)

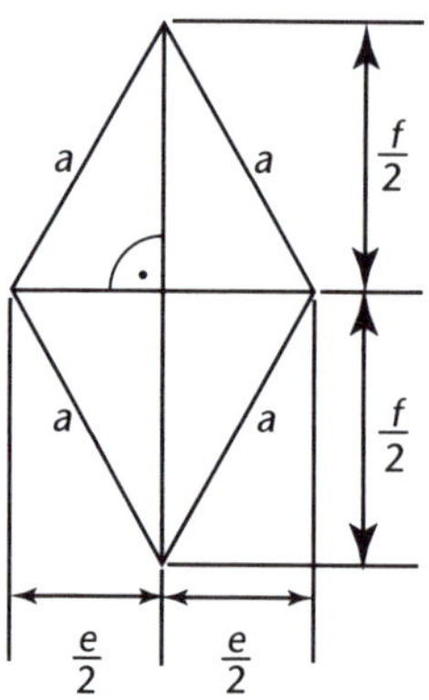

Die Diagonalen einer Raute halbieren sich gegenseitig und stehen senkrecht aufeinander.

$A = \frac{e f}{2} = e \cdot \frac{f}{2} = e \cdot \sqrt{a^2 - \left(\frac{e}{2}\right)^2} =$

$= 5\ \text{cm} \cdot \sqrt{3^2 - 2{,}5^2}\ \text{cm} =$

$= 5 \cdot \sqrt{\left(\frac{6}{2}\right)^2 - \left(\frac{5}{2}\right)^2}\ \text{cm}^2 =$

$= 5 \cdot \sqrt{\frac{36 - 25}{4}}\ \text{cm}^2 =$

$= 5 \cdot \frac{1}{2} \cdot \sqrt{11}\ \text{cm}^2$

$= 2{,}5 \cdot \sqrt{11}\ \text{cm}^2 \approx 8{,}3\ \text{cm}^2$

Übung 4

a) $2s + b = U = 16\,\text{cm} \Rightarrow b = 16\,\text{cm} - 2s \Rightarrow \frac{b}{2} = 8\,\text{cm} - s \quad \text{(I)}$

$h = \sqrt{s^2 - \left(\frac{b}{2}\right)^2} = 4\,\text{cm} \Rightarrow s^2 - \left(\frac{b}{2}\right)^2 = 16\,\text{cm}^2 \quad \text{(II)}$

(I) in (II): $s^2 - (8\,\text{cm} - s)^2 = 16\,\text{cm}^2$

$s^2 - 64\,\text{cm}^2 + 16\,\text{cm} \cdot s - s^2 = 16\,\text{cm}^2$

$16\,\text{cm} \cdot s = 80\,\text{cm}^2 \Rightarrow s = 5\,\text{cm}; \; b = 16\,\text{cm} - 2 \cdot 5\,\text{cm} = 6\,\text{cm}$

b)

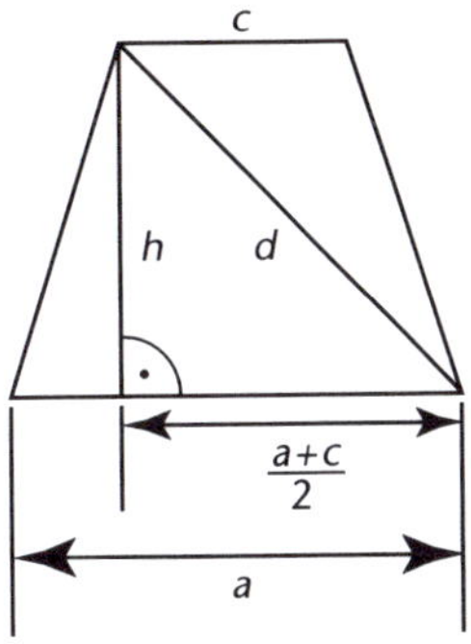

$d = \sqrt{h^2 + \left(\frac{a+c}{2}\right)^2} =$

$= \sqrt{2{,}5^2 + \left(\frac{6{,}4 + 3{,}6}{2}\right)^2}\,\text{cm} =$

$= \sqrt{2{,}5^2 + 5^2}\,\text{cm} = \sqrt{31{,}25}\,\text{cm} =$

$= \sqrt{\frac{125}{4}}\,\text{cm} = \frac{5}{2} \cdot \sqrt{5}\,\text{cm} \approx 5{,}6\,\text{cm}$

Übung 5

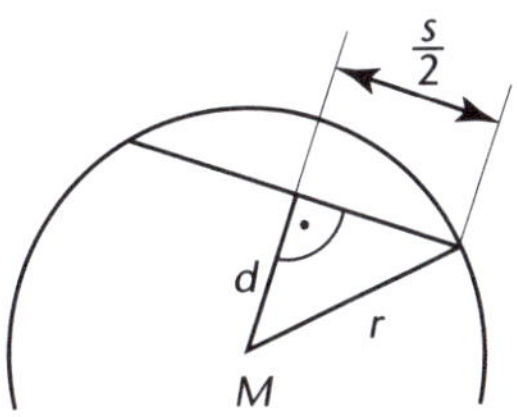

$d = \sqrt{r^2 - \left(\frac{s}{2}\right)^2} = \sqrt{3^2 - \left(\frac{4{,}8}{2}\right)^2}\,\text{cm} =$

$= \sqrt{9 - 5{,}76}\,\text{cm} = \sqrt{3{,}24}\,\text{cm} = 1{,}8\,\text{cm}$

Übung 6

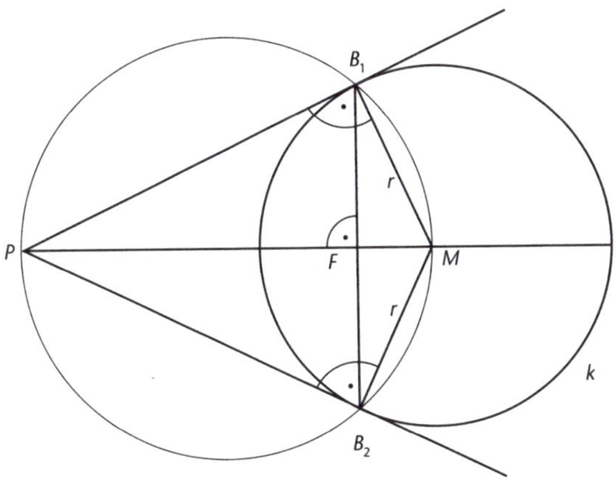

Im Berührpunkt steht die Tangente auf dem Radius senkrecht; wesentliche Konstruktionslinie ist der Thaleskreis über [PM]

Kathetensatz: $\overline{PM} \cdot \overline{FM} = r^2 \Rightarrow \overline{FM} = \frac{r^2}{\overline{PM}} = \frac{6^2}{10}\,\text{cm} = 3{,}6\,\text{cm}$

$\overline{B_1B_2} = 2 \cdot \overline{B_1F} = 2 \cdot \sqrt{r^2 - \overline{FM}^2} = 2 \cdot \sqrt{6^2 - 3{,}6^2}\,\text{cm} = 2 \cdot \sqrt{23{,}04}\,\text{cm} = 9{,}6\,\text{cm}$

oder Höhensatz: $\overline{B_1F} = \overline{FM} \cdot \overline{PF} = \overline{FM} \cdot (\overline{PM} - FM) \Rightarrow$

$\Rightarrow \overline{B_1B_2} = 2 \cdot \overline{B_1F} = 2 \cdot \sqrt{\overline{FM} \cdot \left(\overline{PM} - \overline{FM}\right)} =$

$= 2 \cdot \sqrt{3{,}6 \cdot (10 - 3{,}6)}\,\text{cm} = 2 \cdot \sqrt{23{,}04}\,\text{cm} = 9{,}6\,\text{cm}$

128 | 129

8. Pyramiden (Berechnungen)

Übung 1

a) $G=\frac{1}{2}a\cdot\frac{\sqrt{3}}{2}a=\frac{\sqrt{3}}{4}\cdot 2{,}8^2\,\text{m}^2=1{,}96\cdot\sqrt{3}\,\text{m}^2\approx 3{,}39\,\text{m}^2$

$$h=\sqrt{s^2-\left(\frac{2}{3}\cdot\frac{\sqrt{3}}{2}a\right)^2}=\sqrt{s^2-\frac{1}{3}\cdot a^2}=\sqrt{5{,}4^2-\frac{1}{3}\cdot 2{,}8^2}\,m=\frac{\sqrt{3\cdot 1991}}{15}\,m\approx$$

$$\approx 5{,}15\,\text{m}$$

$$V=\frac{1}{3}Gh=\frac{1}{3}\cdot 1{,}96\cdot\sqrt{3}\cdot\frac{\sqrt{3\cdot 1991}}{15}\,\text{m}^3=\frac{49}{375}\cdot\sqrt{1991}\,\text{m}^3\approx 5{,}83\,\text{m}^3$$

$$H=\sqrt{s^2-\left(\frac{1}{2}a\right)^2}=\sqrt{5{,}4^2-\frac{1}{4}\cdot 2{,}8^2}\,\text{m}=\sqrt{27{,}2}\,\text{m}=\frac{2}{5}\cdot\sqrt{170}\,\text{m}\approx 5{,}22\,\text{m}$$

$$M=3\cdot\frac{1}{2}\cdot a\cdot H=3\cdot\frac{1}{2}\cdot 2{,}8\cdot\frac{2}{5}\cdot\sqrt{170}\,\text{m}^2=1{,}68\cdot\sqrt{170}\,\text{m}^2\approx 21{,}90\,\text{m}^2$$

$$S=G+M=\left(1{,}96\cdot\sqrt{3}+1{,}68\cdot\sqrt{170}\right)\text{m}^2\approx 25{,}30\,\text{m}^2$$

b) $\frac{2}{3}\cdot\frac{\sqrt{3}}{2}a=\sqrt{s^2-h^2}\Rightarrow a=\sqrt{3}\cdot\sqrt{s^2-h^2}=\dots=6\sqrt{3}\,\text{cm}$

$$G=\frac{\sqrt{3}}{4}a^2=\dots=27\sqrt{3}\,\text{cm}^2;\quad V=\frac{1}{3}Gh=\dots=45\sqrt{3}\,\text{cm}^3$$

$$H=\sqrt{s^2-\left(\frac{1}{2}a\right)^2}=\dots=5\,\text{cm};\ M=3\cdot\frac{1}{2}\cdot a\cdot H=\dots=45\sqrt{3}\,\text{cm}^2$$

$$S=G+H=\left(27\sqrt{3}+45\sqrt{3}\right)\text{cm}^2=72\sqrt{3}\,\text{cm}^2$$

Übung 2

$$h=\sqrt{a^2-\left(\frac{2}{3}\cdot\frac{\sqrt{3}}{2}a\right)^2}=\sqrt{a^2-\frac{1}{3}\cdot a^2}=\sqrt{\frac{2}{3}\cdot a^2}=\frac{\sqrt{6}}{3}a;\quad G=\frac{\sqrt{3}}{4}a^2$$

$$V=\frac{1}{3}Gh=\frac{1}{3}\cdot\frac{\sqrt{3}}{4}a^2\cdot\frac{\sqrt{6}}{3}a=\frac{\sqrt{2}}{12}a^3;\quad S=G+M=G+3G=4G=\sqrt{3}\,a^2$$

a) $V=\frac{\sqrt{2}}{12}a^3=\dots=18\sqrt{2}\,\text{cm}^3;\ S=\sqrt{3}\,a^2=\dots=36\sqrt{3}\,\text{cm}^2$

b) $V=\frac{\sqrt{2}}{12}a^3\Rightarrow a^3=6\sqrt{2}\cdot V\Rightarrow a=\sqrt[3]{6\sqrt{2}\cdot V}=\sqrt[3]{1500\sqrt{2}}\,\text{cm}\approx 12{,}85\,\text{cm}$

Übung 3

Bei allen Teilaufgaben in dieser Übung benötigst du die folgenden Formeln:

$$V=\frac{1}{3}Gh=\frac{1}{3}a^2h;\quad S=G+M=a^2+4\cdot\frac{1}{2}aH=a^2+2aH$$

$$s=\sqrt{h^2+\left(\frac{1}{2}\cdot\sqrt{2}\,a\right)^2}=\sqrt{h^2+\frac{1}{2}a^2}$$

$$H=\sqrt{s^2-\left(\frac{1}{2}a\right)^2}=\sqrt{s^2-\frac{1}{4}a^2}\ \text{oder}\ H=\sqrt{h^2+\left(\frac{1}{2}a\right)^2}=\sqrt{h^2+\frac{1}{4}a^2}$$

Gegebenenfalls musst du diese Formeln noch äquivalent umformen; damit errechnen sich die folgenden Ergebnisse:

a) $V=72\,\text{cm}^3;\ s=3\sqrt{6}\,\text{cm};\ H=3\sqrt{5}\,\text{cm};\ S=36\left(1+\sqrt{5}\right)\text{cm}^2$

b) $h = 2\sqrt{14}\,\text{cm}$; $V = \frac{32}{3}\cdot\sqrt{14}\ \text{cm}^3$; $H = 2\sqrt{15}\ \text{cm}$; $S = 16\,(1+\sqrt{15})\ \text{cm}^2$

c) $h = 4\ \text{cm}$; $s = \sqrt{34}\ \text{cm}$; $V = 48\ \text{cm}^3$; $S = 96\ \text{cm}^2$

d) $a = 10\sqrt{3}\ \text{cm}$; $H = \frac{5}{2}\cdot\sqrt{37}\ \text{cm}$; $V = 1{,}25\ \text{dm}^3$; $S = 50\,(6+\sqrt{111})\ \text{cm}^2$

e) $a = \frac{5}{2}\cdot\sqrt{2}\ \text{cm}$; $s = 6{,}5\ \text{cm}$; $H = \frac{1}{4}\cdot\sqrt{626}\,\text{cm}$; $S = 2{,}5\,(5+\sqrt{313})\,\text{cm}^2$

Übung 4

Sei a die Länge der Grundkanten der sechsseitigen Pyramide und h die Höhe der quadratischen Pyramide; dann gilt:

$$\tfrac{1}{3}\cdot 6\cdot\tfrac{1}{2}\,a\cdot\frac{\sqrt{3}}{2}\,a\cdot\tfrac{1}{2}\,h = \tfrac{1}{3}\cdot(3\ \text{cm})^2\cdot h \;\Rightarrow\; \frac{\sqrt{3}}{4}\,a^2 = 3\ \text{cm}^2 \;\Rightarrow$$

$$a^2 = \frac{3\ \text{cm}^2\cdot 4}{\sqrt{3}} = 4\sqrt{3}\ \text{cm}^2 \;\Rightarrow\; a = 2\sqrt{\sqrt{3}} \approx 2{,}63\ \text{cm}$$

Übung 5

In *Kapitel 1* hast du gelernt, dass bei einer zentrischen Streckung mit Streckfaktor k der Flächeninhalt der Bildfläche das k^2-fache des Flächeninhalts der Originalfläche ist; in nebenstehender Skizze erkennst du, dass die Grundfläche der Gesamtpyramide durch zentrische Streckung mit dem Streckfaktor $k = \frac{h}{h^*}$ aus der Grundfläche der Ergänzungspyramide entsteht.
Also gilt:

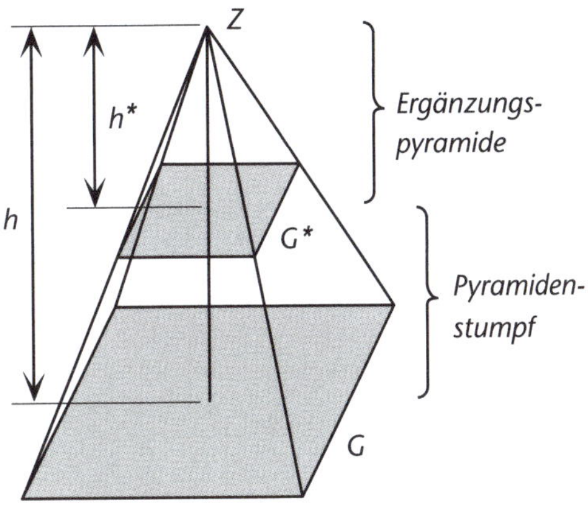

$$\frac{G}{G^*} = \left(\frac{h}{h^*}\right)^2 \;\Rightarrow\; G^* = \frac{(h^*)^2}{h^2}\cdot G \;\Rightarrow\; V^* = \tfrac{1}{3}\,G^*\,h^* = \tfrac{1}{3}\cdot\frac{(h^*)^2}{h^2}\cdot G\,h^* \;\Rightarrow$$

$$\Rightarrow\; V^* = \tfrac{1}{3}\cdot G\cdot\frac{(h^*)^3}{h^2}$$

$$V^* = \tfrac{1}{2}\,V \;\Rightarrow\; \tfrac{1}{3}\cdot G\cdot\frac{(h^*)^3}{h^2} = \tfrac{1}{2}\cdot\tfrac{1}{3}\,G\,h \;\Rightarrow\; (h^*)^3 = \tfrac{1}{2}\cdot h^3 \;\Rightarrow\; h^* = \sqrt[3]{\tfrac{1}{2}}\cdot h \approx 0{,}79\,h$$

Übung 6

$$\frac{G}{G^*} = \left(\frac{h}{h^*}\right)^2 \;\Rightarrow\; \left(\frac{a}{a^*}\right)^2 = \left(\frac{h}{h-9\ \text{dm}}\right)^2 \;\Rightarrow\; \frac{h}{h-9\ \text{dm}} = \frac{a}{a^*} = \frac{15\ \text{dm}}{6\ \text{dm}} = 2{,}5 \;\Rightarrow$$

$$\Rightarrow\; 2{,}5\,(h-9\ \text{dm}) = h \;\Rightarrow\; 1{,}5\,h = 22{,}5\ \text{dm} \;\Rightarrow\; h = 15\ \text{dm}\ ;\ h^* = h - 9\ \text{dm} = 6\ \text{dm}$$

$$V^* = \tfrac{1}{3}\,G^*\,h^* = \cdots = 72\ \text{dm}^3;\quad V = \tfrac{1}{3}\,G\,h = \cdots = 1125\ \text{dm}^3$$

$$V_{\text{Pyramidenstumpf}} = V - V^* = 1053\ \text{dm}^3 \approx 1{,}05\ \text{m}^3$$

9. Pyramiden (Konstruktionen)

Übung 1

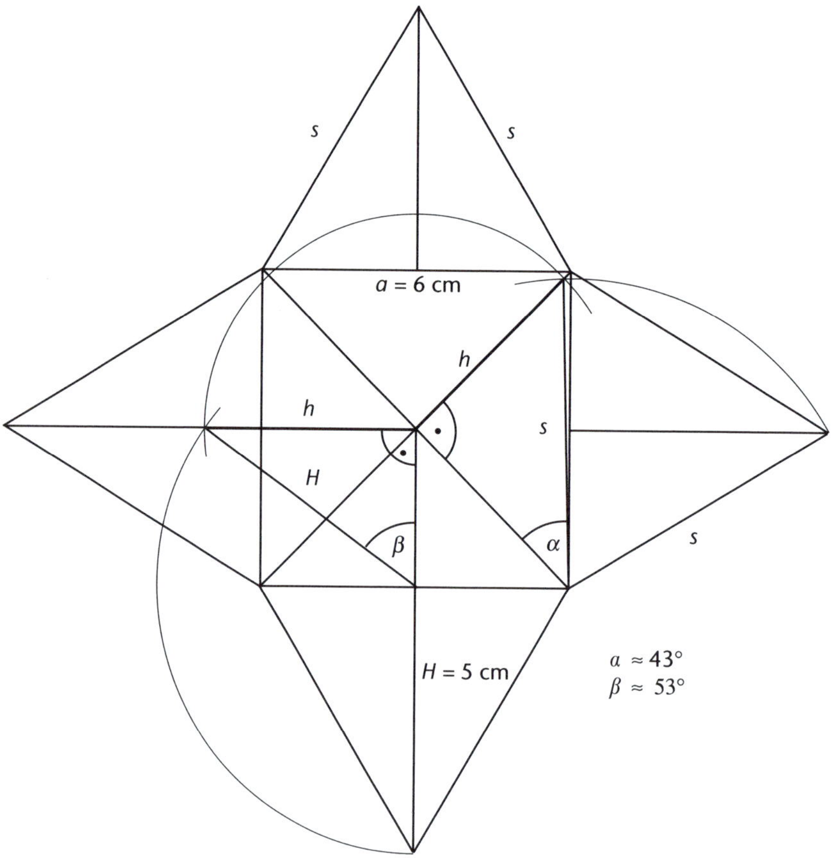

$\alpha \approx 43°$
$\beta \approx 53°$

Übung 2

Aus vier gleichseitigen Dreiecken der Seitenlänge *a* setzt sich ein gleichseitiges Dreieck der Seitenlänge 2*a* zusammen.

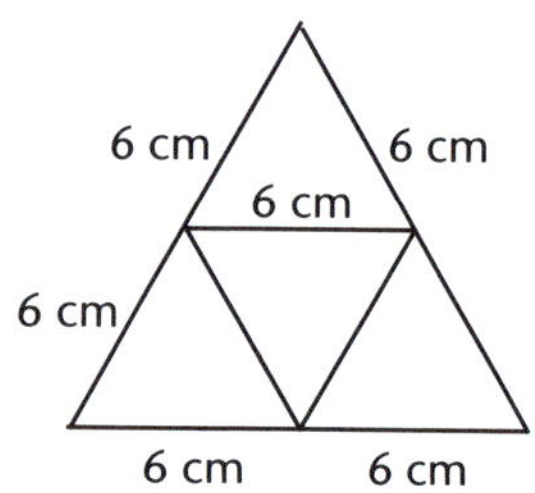

Übung 3

a) $\sqrt{2}\,a = 16\text{ cm} - 2 \cdot 4\text{ cm} = 8\text{ cm}$

$\Rightarrow a = \frac{8}{\sqrt{2}}\text{ cm} = 4\sqrt{2}\text{ cm}$

$s = \sqrt{\left(\frac{16}{2}\right)^2 + 4^2}\text{ cm} = \sqrt{64 + 16}\text{ cm} = \sqrt{80}\text{ cm} = 4\sqrt{5}\text{ cm}$

$H = \sqrt{s^2 - \left(\frac{a}{2}\right)^2} = \sqrt{80 - (2\sqrt{2})^2}\text{ cm} = \sqrt{72}\text{ cm} = 6\sqrt{2}\text{ cm}$

$h = \sqrt{H^2 - \left(\frac{a}{2}\right)^2} = \sqrt{72 - (2\sqrt{2})^2}\text{ cm} = \sqrt{64}\text{ cm} = 8\text{cm}$

$$S = a^2 + 4 \cdot \tfrac{1}{2}\, a\, H = a^2 + 2\, a\, H = \left((4\sqrt{2})^2 + 2 \cdot 4\sqrt{2} \cdot 6\sqrt{2} \right) \text{cm}^2$$
$$= (32 + 96)\,\text{cm}^2 = 128\ \text{cm}^2$$
$$V = \tfrac{1}{3}\, a^2 h = \tfrac{1}{3} \cdot (4\sqrt{2})^2 \cdot 8\ \text{cm}^3 = \tfrac{256}{3}\ \text{cm}^3 = 85\tfrac{1}{3}\ \text{cm}^3$$

b)

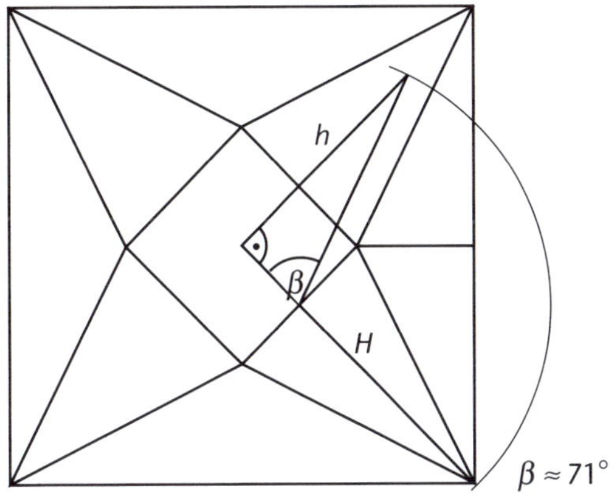

Übung 4

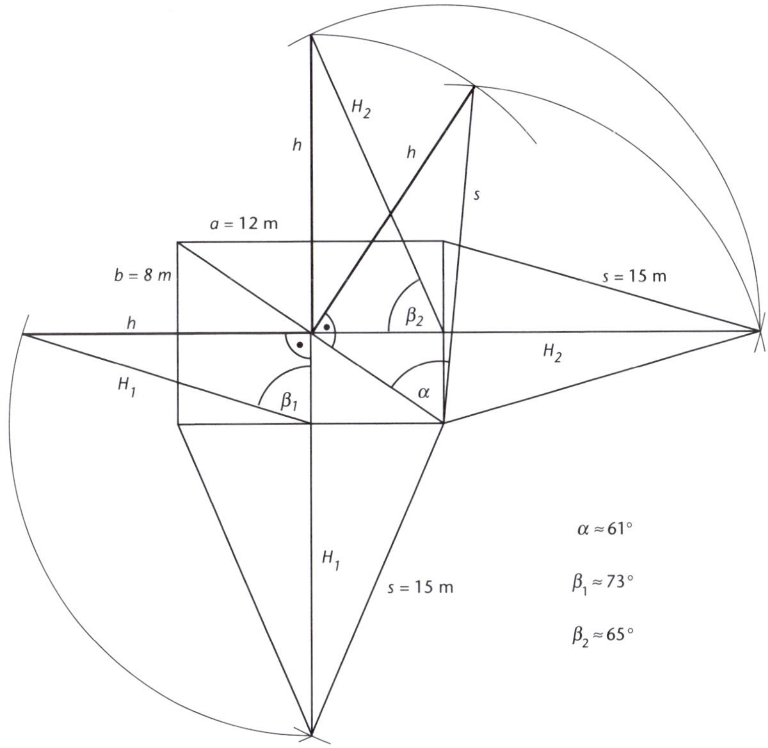

132 | 133

10. Kreisberechnung

Übung 1

a) $r' = n \cdot r \Rightarrow U' = 2\pi r' = 2\pi \cdot n \cdot r = n \cdot U; \quad A' = \pi \cdot (r')^2 = \pi \cdot n^2 \cdot r^2 = n^2 \cdot A$

b) $A' = n \cdot A \Rightarrow \pi \cdot (r')^2 = n \cdot \pi r^2 \Rightarrow (r')^2 = n \cdot r^2 \Rightarrow r' = \sqrt{n} \cdot r$

c) $U' = U + 3\,\text{m} \Rightarrow 2\pi r' = 2\pi r + 3\,\text{m} \Rightarrow r' = r + \frac{3}{2\pi}\,\text{m} \approx r + 0{,}48\,\text{m}$

d) $A_{\text{Ring}} = \pi r^2 - \pi \cdot \left(\frac{r}{3}\right)^2 = \pi r^2 - \frac{1}{9}\pi r^2 = \frac{8}{9}\pi r^2$

Sei x der gesuchte Kreisradius: $\pi x^2 = \frac{8}{9}\pi r^2 \Rightarrow x = \frac{2\sqrt{2}}{3} r \approx 0{,}94\, r$

Übung 2

Sei x der Radius des inneren Kreises: $\pi x^2 = \frac{1}{5}\pi r^2 \Rightarrow x = \frac{\sqrt{5}}{5} r \approx 0{,}45 r$

Übung 3

a) $U_1 + U_2 = 2\pi r_1 + 2\pi r_2 = 2\pi (r_1 + r_2) = 2\pi r = U$

b) Inhaltssumme für $r_1 = r_2 = \frac{r}{2}$: $A_1 + A_2 = 2 \cdot \pi \cdot \left(\frac{r}{2}\right)^2 = \frac{1}{2}\pi r^2 = \frac{1}{2} A$

Inhaltssumme für $r_1' = \frac{r}{2} + h,\; r_2' = \frac{r}{2} - h \;\; mit \;\; 0 < h < \frac{r}{2}$:

$$(A_1 + A_2)' = \pi \cdot \left(\frac{r}{2} + h\right)^2 + \pi \cdot \left(\frac{r}{2} - h\right)^2 = \pi \cdot \left(\frac{r^2}{4} + rh + h^2 + \frac{r^2}{4} - rh + h^2\right) =$$

$$= \pi \cdot \left(\frac{r^2}{2} + 2h^2\right) = \frac{1}{2}\pi \cdot \left(r^2 + 4h^2\right) > \frac{1}{2}\pi r^2 = \frac{1}{2} A$$

Übung 4

a) $A_1 := A_{\text{einbeschrieben}} = 6 \cdot \frac{1}{2} r \cdot \frac{\sqrt{3}}{2} r = \frac{3\sqrt{3}}{2} r^2 \approx 2{,}598\; r^2 < \pi r^2$

$A_2 := A_{\text{umbeschrieben}} = 6 \cdot \frac{1}{2} \cdot \frac{2\sqrt{3}}{3} r \cdot r = 2\sqrt{3}\, r^2 \approx 3{,}464\; r^2 > \pi r^2$

$\pi \in \left]1{,}5\sqrt{3}\,; 2\sqrt{3}\right[$

b) $\frac{A_2 - A_1}{A_1} = \frac{2\sqrt{3}\, r^2 - 1{,}5\sqrt{3}\, r^2}{1{,}5\sqrt{3}\, r^2} = \frac{1}{3} \approx 33{,}3\,\%$

$\frac{A_1}{A_{\text{Kreis}}} = \frac{1{,}5\sqrt{3}\, r^2}{\pi r^2} = \frac{3\sqrt{3}}{2\pi} \approx 0{,}827 = 82{,}7\,\%$

Übung 5 Sei a die Kantenlänge des Quadrats; dann ist $\frac{a}{2}$ der Radius des Inkreises und $\frac{\sqrt{2}}{2}\,a$ der Radius des Umkreises.

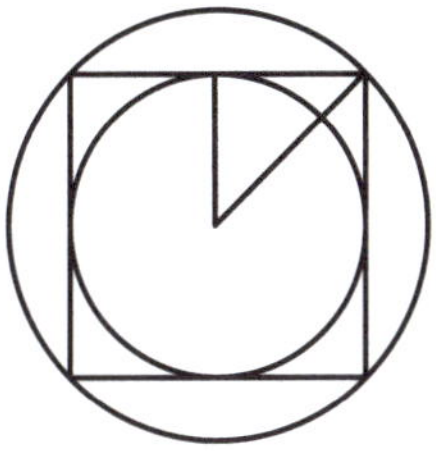

$$A_{\text{Umkreis}} - A_{\text{Inkreis}} = \pi \cdot \left(\frac{\sqrt{2}}{2}\,a\right)^2 - \pi \cdot \left(\frac{a}{2}\right)^2 = \pi \cdot \left(\frac{1}{2} - \frac{1}{4}\right) \cdot a^2 =$$

$$= \frac{1}{4}\,\pi\,a^2 = 9\pi\,\text{cm}^2 \Rightarrow a^2 = 36\,\text{cm}^2 \Rightarrow a = 6\,\text{cm}$$

Übung 6 Sei a die Kantenlänge des Quadrats.

$$2\,r_{\text{Dürer}} = \frac{4}{5} \cdot \sqrt{2}\,a \Rightarrow r_{\text{Dürer}} = \frac{2}{5} \cdot \sqrt{2}\,a \Rightarrow \pi_{\text{Dürer}} \cdot \left(\frac{2}{5} \cdot \sqrt{2}\,a\right)^2 = a^2 \Rightarrow$$

$$\Rightarrow \pi_{\text{Dürer}} \cdot \frac{8}{25}\,a^2 = a^2 \Rightarrow \pi_{\text{Dürer}} = \frac{25}{8} = 3\,\frac{1}{8} = 3{,}125$$

relativer Fehler: $\dfrac{\pi - \pi_{\text{Dürer}}}{\pi} = \dfrac{\pi - 3{,}125}{\pi} \approx 0{,}00528 \approx 0{,}53\,\%$

134 | 135

11. Kreisteile

Übung 1

a) $U_{MAC} = 3\,a\,;\; U_{MAB} = 2\,a + b = 2\,a + \dfrac{\alpha}{360^\circ} \cdot 2\,\pi\,a$

$$U_{MAC} = U_{MAB} \Rightarrow a = \frac{\alpha}{360^\circ} \cdot 2\,\pi\,a \Rightarrow \alpha = \frac{360^\circ}{2\,\pi} = \frac{180^\circ}{\pi} \approx 57{,}30^\circ$$

b) $A_{MAC} = \dfrac{1}{2}\,a \cdot \dfrac{\sqrt{3}}{2}\,a = \dfrac{\sqrt{3}}{4}\,a^2\;;\; A_{MAB} = \dfrac{\alpha}{360^\circ} \cdot \pi\,a^2$

$$A_{MAC} = A_{MAB} \Rightarrow \frac{\alpha}{360^\circ} \cdot \pi\,a^2 = \frac{\sqrt{3}}{4}\,a^2 \Rightarrow \alpha = 360^\circ \cdot \frac{\sqrt{3}}{4\,\pi} = 90^\circ \cdot \frac{\sqrt{3}}{\pi} \approx 49{,}62^\circ$$

Übung 2

$$A = a\,b + 2 \cdot \frac{1}{2} \cdot \pi \cdot \left(\frac{1}{2}\,a\right)^2 + 2 \cdot \frac{1}{2} \cdot \pi \cdot \left(\frac{1}{2}\,b\right)^2 - \pi \cdot \left(\frac{1}{2}\,d\right)^2 \wedge d = \sqrt{a^2 + b^2}$$

$$\Rightarrow A = a\,b + \frac{\pi}{4} \cdot a^2 + \frac{\pi}{4} \cdot b^2 - \frac{\pi}{4} \cdot (a^2 + b^2) = a\,b = A_{\text{Rechteck}}!$$

$$U = 2 \cdot \frac{1}{2} \cdot 2\,\pi \cdot \frac{1}{2}\,a + 2 \cdot \frac{1}{2} \cdot 2\,\pi \cdot \frac{1}{2}\,b + 2\,\pi \cdot \frac{1}{2}\,d = \pi\,(a + b + d) = \pi\left(a + b + \sqrt{a^2 + b^2}\right)$$

Übung 3

a) $U = \dfrac{1}{2} \cdot 2\,\pi \cdot \dfrac{1}{2}\,a + \dfrac{1}{4} \cdot 2\,\pi \cdot \dfrac{\sqrt{2}}{2}\,a = \left(\dfrac{1}{2} + \dfrac{\sqrt{2}}{4}\right) \cdot \pi\,a = \dfrac{2 + \sqrt{2}}{4} \cdot \pi\,a \approx 2{,}7\,a$

$$A = \frac{1}{2} \cdot \pi \cdot \left(\frac{1}{2}\,a\right)^2 + \frac{1}{4} \cdot \pi \cdot \left(\frac{\sqrt{2}}{2}\,a\right)^2 - \frac{1}{4}\,a^2 = \frac{1}{8}\,\pi\,a^2 + \frac{1}{8}\,\pi\,a^2 - \frac{1}{4}\,a^2 =$$

$$= \frac{\pi - 1}{4} \cdot a^2 \approx 0{,}54\,a^2$$

b) $U = 4\,a + 4 \cdot \dfrac{1}{2} \cdot 2\,\pi \cdot \dfrac{1}{2}\,a = 4\,a + 2\,\pi\,a = 2\,(2 + \pi) \cdot a \approx 10{,}3\,a$

$$A = a^2 - 8 \cdot \left(\frac{1}{4} \cdot \pi \cdot \left(\frac{1}{2}\,a\right)^2 - \frac{1}{2} \cdot \left(\frac{1}{2}\,a\right)^2\right) = a^2 - 8 \cdot \left(\frac{1}{16}\,\pi\,a^2 - \frac{1}{8}\,a^2\right) =$$

$$= a^2 - \frac{1}{2}\,\pi\,a^2 + a^2 = \left(2 - \frac{\pi}{2}\right) \cdot a^2 \approx 0{,}43\,a^2$$

c) $U = 6 \cdot \frac{1}{4}a + 2 \cdot \frac{1}{2} \cdot 2\pi \cdot \frac{\sqrt{2}}{2} \cdot \frac{1}{4}a + \frac{1}{2} \cdot 2\pi \cdot \frac{1}{4}a + 2 \cdot \sqrt{2} \cdot \frac{1}{4}a =$

$= \frac{3}{2}a + \frac{\sqrt{2}}{4} \cdot \pi a + \frac{1}{4}\pi a + \frac{\sqrt{2}}{2}a = \left(\frac{3+\sqrt{2}}{2} + \pi \cdot \frac{1+\sqrt{2}}{4} \right) \cdot a \approx 4{,}1a$

$A = a^2 - 4 \cdot \frac{1}{2} \cdot \left(\frac{1}{4}a \right)^2 - 2 \cdot \frac{1}{2} \cdot \pi \cdot \left(\frac{\sqrt{2}}{2} \cdot \frac{1}{4}a \right)^2 - \frac{1}{2} \cdot \pi \cdot \left(\frac{1}{4}a \right)^2 =$

$= a^2 - \frac{1}{8}a^2 - \frac{1}{32}\pi a^2 - \frac{1}{32}\pi a^2 = \frac{7}{8}a^2 - \frac{1}{16}\pi a^2 = \frac{14-\pi}{16} \cdot a^2 \approx 0{,}68\,a^2$

d) $U = 2 \cdot \frac{1}{2} \cdot 2\pi \cdot \frac{\sqrt{2}}{2} \cdot \frac{1}{2}a + \frac{1}{4} \cdot 2\pi \cdot \sqrt{2} \cdot \frac{1}{2}a = \left(\frac{\sqrt{2}}{2} + \frac{\sqrt{2}}{4} \right) \cdot \pi a = \frac{3\sqrt{2}}{4} \cdot \pi a \approx$

$\approx 3{,}3\,a$

$A = 2 \cdot \frac{1}{2} \cdot \pi \cdot \left(\frac{\sqrt{2}}{2} \cdot \frac{1}{2}a \right)^2 + \left(\sqrt{2} \cdot \frac{1}{2}a \right)^2 - \frac{1}{4} \cdot \pi \cdot \left(\sqrt{2} \cdot \frac{1}{2}a \right)^2 =$

$= \frac{1}{8}\pi a^2 + \frac{1}{2}a^2 - \frac{1}{8}\pi a^2 = \frac{1}{2}a^2$

Übung 4 $A = a^2 - 4 \cdot \frac{1}{2} \cdot \pi \cdot \left(\frac{1}{2} \cdot \sqrt{2} \cdot \frac{1}{2}a \right)^2 = a^2 - \frac{1}{4}\pi a^2 = \left(1 - \frac{\pi}{4} \right) \cdot a^2 \approx 0{,}21a^2$

Tipps:

- Du siehst, dass meist Winkel von 45°, 60° oder 90° vorkommen, dass es also sinnvoll ist, Folgendes auswendig zu wissen: Die Länge der Quadratdiagonale ist das $\sqrt{2}$-fache der Seitenlänge, und die Höhe im gleichseitigen Dreieck ist das $\frac{\sqrt{3}}{2}$-fache der Seitenlänge.
- Du siehst, dass es weiter sinnvoll ist, bei der Berechnung des Flächeninhalts wie des Umfangs möglichst mit Variablen zu rechnen und die entstehenden Terme zuerst zu vereinfachen und zusammenzufassen und erst am Schluss der Rechnung zu runden.

12. Zylinder, Kegel und Kugel

Übung 1

	a)	b)	c)	d)
r	5 cm	4 cm	4 cm	3 cm
h	$\frac{36}{\pi}$ cm	6 cm	$12\frac{1}{4}$ cm	$\frac{226}{3\pi}$ cm
G	$25\,\pi\ \text{cm}^2$	$16\,\pi\ \text{cm}^2$	$16\,\pi\ \text{cm}^2$	$9\,\pi\ \text{cm}^2$
M	$360\ \text{cm}^2$	$48\,\pi\ \text{cm}^2$	$98\,\pi\ \text{cm}^2$	$452\ \text{cm}^2$
S	$(50\,\pi + 360)\ \text{cm}^2$	$80\,\pi\ \text{cm}^2$	$130\,\pi\ \text{cm}^2$	$(18\,\pi + 452)\ \text{cm}^2$
V	$900\ \text{cm}^3$	$96\,\pi\ \text{cm}^3$	$196\,\pi\ \text{cm}^3$	$678\ \text{cm}^3$

Übung 2

	a)	b)	c)	d)	e)
r	3 cm	3 cm	4 cm	9 cm	3 cm
h	4 cm	6 cm	3 cm	12 cm	$\sqrt{55}$ cm
s	5 cm	$3\sqrt{5}$cm	5 cm	15 cm	8 cm
G	$9\,\pi\ \text{cm}^2$	$9\,\pi\ \text{cm}^2$	$16\,\pi\ \text{cm}^2$	$81\,\pi\ \text{cm}^2$	$9\,\pi\ \text{cm}^2$
M	$15\,\pi\ \text{cm}^2$	$9\sqrt{5}\,\pi\ \text{cm}^2$	$20\,\pi\ \text{cm}^2$	$135\,\pi\ \text{cm}^2$	$24\,\pi\ \text{cm}^2$
S	$24\,\pi\ \text{cm}^2$	$9\,\pi\,(1+\sqrt{5})\ \text{cm}^2$	$36\,\pi\ \text{cm}^2$	$216\,\pi\ \text{cm}^2$	$33\,\pi\ \text{cm}^2$
V	$12\,\pi\ \text{cm}^3$	$18\,\pi\ \text{cm}^3$	$16\,\pi\ \text{cm}^3$	$324\,\pi\ \text{cm}^3$	$3\sqrt{55}\,\pi\ \text{cm}^3$
α	216°	$(72\sqrt{5})^\circ$	288°	216°	135°

Übung 3

a) $r = \sqrt{\frac{S}{4\pi}} = \frac{1}{2}\cdot\sqrt{\frac{S}{\pi}\pi} = \cdots \approx 0{,}28\,\text{m}$

$$V = \frac{4}{3}\pi r^3 = \frac{4}{3}\pi\cdot\left(\frac{1}{2}\cdot\sqrt{\frac{S}{\pi}}\right)^3 = \frac{\sqrt{S}^3}{6\sqrt{\pi}} = \cdots \approx 0{,}094\,\text{m}^3 = 94\,\text{dm}^3$$

b) $r = \sqrt[3]{\frac{3V}{4\pi}} = \cdots \approx 0{,}62\,\text{m}$

$$S = 4\pi r^2 = 4\pi\cdot\left(\sqrt[3]{\frac{3V}{4\pi}}\right)^2 = \sqrt[3]{36\,\pi V^2} = \cdots \approx 4{,}84\,\text{m}^2$$

c) $r' = n\cdot r \Rightarrow S' = 4\pi\cdot(r')^2 = 4\pi\cdot n^2\cdot r^2 = n^2\cdot S$

$$V' = \frac{4}{3}\pi\cdot(r')^3 = \frac{4}{3}\pi\cdot n^3\cdot r^3 = n^3\cdot V$$

d) Ist r der Radius jeder der vier Kugeln und r' der Radius der einen neuen Kugel, so gilt:

$$4 \cdot \frac{4}{3} \pi r^3 = \frac{4}{3} \pi \cdot (r')^3 \Rightarrow r' = \sqrt[3]{4} \cdot r$$

$$S' = 4\pi \cdot (r')^2 = 4\pi \cdot \left(\sqrt[3]{4}\, r\right)^2 = 4\pi r^2 \cdot \sqrt[3]{16} = \sqrt[3]{16} \cdot S \approx 2{,}5 \cdot S$$

Übung 4

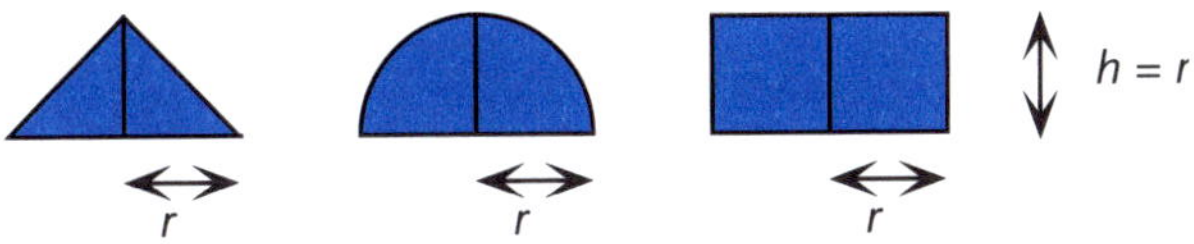

$$V_{\text{Kegel}} = \frac{1}{3}\pi r^2 \cdot r = \frac{1}{3}\pi r^3;\ V_{\text{Halbkugel}} = \frac{1}{2} \cdot \frac{4}{3}\pi r^3 = \frac{2}{3}\pi r^3;\ V_{\text{Zylinder}} = \pi r^2 \cdot r = \frac{3}{3}\pi r^3$$

$$V_{\text{Kegel}} : V_{\text{Halbkugel}} : V_{\text{Zylinder}} = 1 : 2 : 3$$

Übung 5

Sei x der Lochdurchmesser; dann gilt:

$$\pi \cdot \left(\frac{x}{2}\right)^2 \cdot a = \frac{1}{2} a^3 \Rightarrow x^2 = \frac{2}{\pi} \cdot a^2 \Rightarrow x = \sqrt{\frac{2}{\pi}} \cdot a \approx 0{,}8\, a$$

Übung 6

$$U = 2\pi r \approx 10\,\text{m} \Rightarrow r \approx \frac{5}{\pi}\text{m};\ s \approx 2\text{m};\ h = \sqrt{s^2 - r^2} \approx \frac{\sqrt{4\pi^2 - 25}}{\pi}\text{m};$$

$$V = \frac{1}{3}\pi \cdot \frac{25}{\pi^2} \cdot \frac{\sqrt{4\pi^2 - 25}}{\pi}\,\text{m}^3 \approx 3{,}2\,\text{m}^3$$: die Lieferung war korrekt!

Übung 7

$$\alpha = \frac{r}{s} \cdot 360^\circ = 180^\circ \Rightarrow 2r = s$$

Der Grundkreisdurchmesser hat also die gleiche Länge wie die Mantellinien. Ein Dreieck aus einem Grundkreisdurchmesser und den beiden zugehörigen Mantellinien ist somit gleichseitig, und der gesuchte Winkel misst 60°.

Übung 8

$$r = \overline{AB} = \sqrt{(2a)^2 - a^2} = \sqrt{3}\, a$$

a) $V = \pi r^2 a + \frac{1}{3}\pi r^2 a = \frac{4}{3}\pi r^2 a = \frac{4}{3}\pi \cdot 3a^2 \cdot a = 4\pi a^3$

$$S = \pi r^2 + 2\pi r a + \pi r \cdot 2a = \pi \cdot 3a^2 + 4\pi \cdot \sqrt{3}\, a \cdot a = (3 + 4\sqrt{3})\,\pi a^2$$

b) $V = \pi r^2 \cdot 2a - \frac{1}{3}\pi r^2 a = \frac{5}{3}\pi r^2 a = \frac{5}{3}\pi \cdot 3a^2 \cdot a = 5\pi a^3$

$$S = \pi r^2 + 2\pi r \cdot 2a + \pi r \cdot 2a = \pi \cdot 3a^2 + 6\pi \cdot \sqrt{3}\, a \cdot a = (1 + 2\sqrt{3}) \cdot 3\pi a^2$$

Übung 9

Kegel: $S = 1\frac{1}{2} M \Rightarrow \pi r^2 + \pi r s = \frac{3}{2}\pi r s \Rightarrow \pi r^2 = \frac{1}{2}\pi r s \Rightarrow s = 2r$

$$h = \sqrt{s^2 - r^2} = \sqrt{(2r)^2 - r^2} = \sqrt{3}\, r$$

$$V_{\text{Kegel}} = \frac{1}{3}\pi r^2 h = \frac{1}{3}\pi r^2 \cdot \sqrt{3}\, r = \frac{\sqrt{3}}{3}\pi r^3 \approx 1{,}81\, r^3$$

136 139

Zylinder:

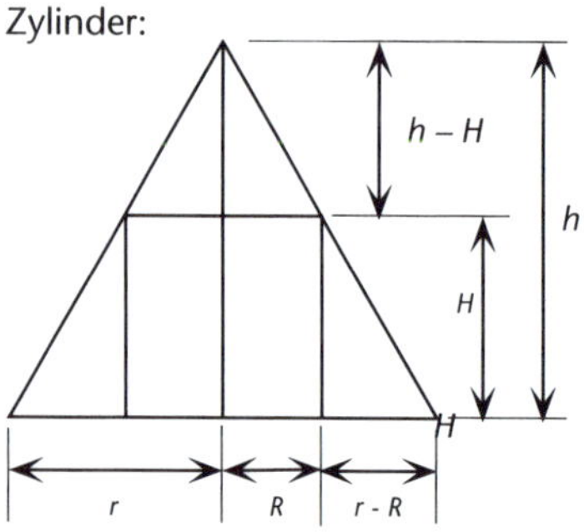

Strahlensatz: $\frac{H}{r-R} = \frac{h}{r} = \frac{\sqrt{3}\,r}{r} = \sqrt{3}$

Zusammen mit $H = 2R$ folgt:

$$\frac{2R}{r-R} = \sqrt{3} \Rightarrow 2R = \sqrt{3}\,(r-R)$$

$$\Rightarrow (2+\sqrt{3})\,R = \sqrt{3}\,r \Rightarrow R = \frac{\sqrt{3}}{2+\sqrt{3}}\,r$$

$$\Rightarrow R = (2\sqrt{3}-3)\,r$$

Damit ergibt sich für das Volumen des Zylinders:

$$V_{\text{Zylinder}} = \pi R^2 h = \pi R^2 \cdot 2R = 2\pi R^3 = 2\pi r^3 \cdot (2\sqrt{3}-3)^3 = \cdots =$$

$$= (26\sqrt{3}-45)\cdot 6\pi r^3 \approx 0{,}63 r^3$$

Übung 10

Strahlensatz: $\frac{r}{h} = \frac{3\text{ cm}}{14\text{ cm}} \Rightarrow r = \frac{3}{14}h$

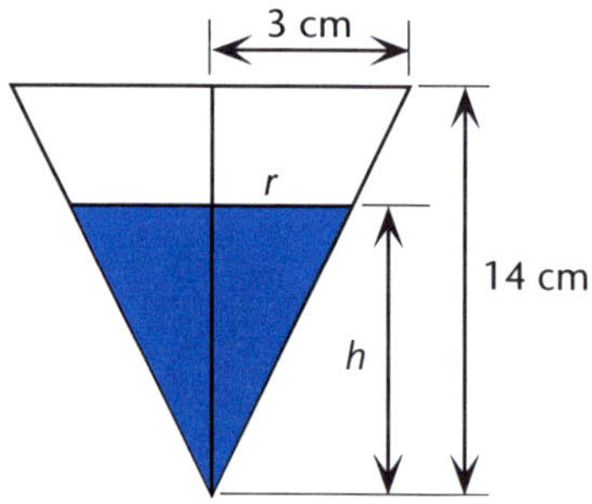

a) $h = 7\text{ cm};\; r = \frac{3}{14}\cdot 7\text{ cm} = 1{,}5\text{ cm}$

$$V_{\text{Sekt}} = \frac{1}{3}\pi r^2 h = \frac{1}{3}\pi \cdot 1{,}5^2 \cdot 7\text{ cm}^3 =$$

$$= 5{,}25\,\pi\text{ cm}^3 \approx 16{,}5\text{ cm}^3$$

Überlege dir, dass gilt: $V_{\text{Sekt}} = \frac{1}{8}V_{\text{Glas}}$!

b) $V_{\text{Sekt}} = \frac{1}{2}V_{\text{Glas}} \Rightarrow \frac{1}{3}\pi r^2 h = \frac{1}{2}\cdot\frac{1}{3}\pi\cdot 3^2 \cdot 14\text{ cm}^3$

$$\Rightarrow r^2 h = 63\text{cm}^3 \Rightarrow \left(\frac{3}{14}h\right)^2 \cdot h = 63\text{cm}^3 \Rightarrow h^3 = 1372\text{ cm}^3$$

$$\Rightarrow h = \sqrt[3]{1372}\text{ cm} \approx 11{,}1\text{cm}$$

Übung 11

a) Der Kugeldurchmesser ist so lang wie die Raumdiagonale des Würfels:

$$\sqrt{3}\,a = 2r \Rightarrow a = \frac{2\sqrt{3}}{3}r$$

b) $$\frac{V_{\text{Würfel}}}{V_{\text{Kugel}}} = \frac{a^3}{\frac{4}{3}\pi r^3} = \frac{\left(\frac{2\sqrt{3}}{3}\right)^3 r^3}{\frac{4}{3}\pi r^3} = \cdots = \frac{2\sqrt{3}}{3\pi} \approx 0{,}37 = 37\%$$

Übung 12

Sei R der Radius und H die Höhe des Zylinders.

$$\left.\begin{aligned} \frac{2\pi RH}{4\pi r^2} = \frac{12}{25} &\Rightarrow RH = \frac{24}{25}r^2 \\ r^2 = R^2 + \left(\frac{H}{2}\right)^2 &= R^2 + \frac{H^2}{4} \end{aligned}\right\} \Rightarrow$$

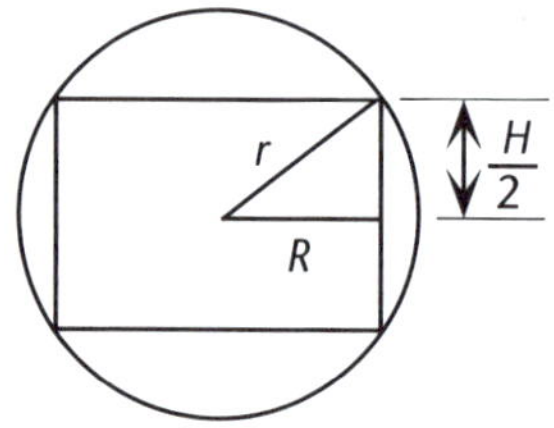

$$\Rightarrow RH = \frac{24}{25} \cdot \left(R^2 + \frac{H^2}{4} \right) \Rightarrow 24\,R^2 - 25\,R\,H + 6\,H^2 = 0$$

$$\Rightarrow R = \frac{25\,H \pm \sqrt{625\,H^2 - 4 \cdot 24 \cdot 6\,H^2}}{2 \cdot 24} = \frac{25\,H \pm \sqrt{49\,H^2}}{48} = \frac{25\,H \pm 7\,H}{48}$$

$$\Rightarrow R_1 = \frac{32}{48} H_1 = \frac{2}{3} H_1 ; \; R_2 = \frac{18}{48} H_2 = \frac{3}{8} H_2$$

$$R_1 \cdot H_1 = \frac{2}{3} H_1^2 = \frac{24}{25} r^2 \Rightarrow H_1 = \frac{6}{5} r , \; R_1 = \frac{4}{5} r$$

$$R_2 \cdot H_2 = \frac{3}{8} H_2^2 = \frac{24}{25} r^2 \Rightarrow H_2 = \frac{8}{5} r , \; R_2 = \frac{3}{5} r$$

$$V_{\text{Zylinder 1}} = \pi\,R_1^2\,H_1 = \pi \cdot \frac{16}{25} r^2 \cdot \frac{6}{5} r = \frac{96}{125} \pi\,r^3$$

$$V_{\text{Zylinder 2}} = \pi\,R_2^2\,H_2 = \pi \cdot \frac{9}{25} r^2 \cdot \frac{8}{5} r = \frac{72}{125} \pi\,r^3$$

Übung 13 Sei r der Radius der Kugel, R der Grundkreisradius und H die Höhe des Kegels.

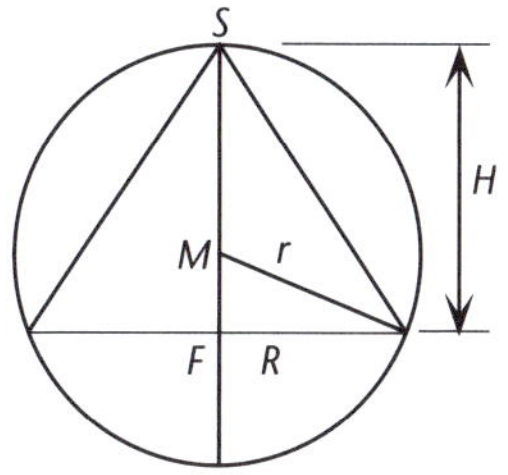

$$H = \frac{2}{3} \cdot 2\,r = \frac{4}{3} r = \overline{SF} ; \; \overline{MF} = \frac{1}{3} r$$

$$R^2 = r^2 - \overline{MF}^2 = r^2 - \frac{1}{9} r^2 = \frac{8}{9} r^2$$

$$V_{\text{Kegel}} = \frac{1}{3} \pi\,R^2\,H = \frac{1}{3} \pi \cdot \frac{8}{9} r^2 \cdot \frac{4}{3} r = \frac{32}{81} \pi\,r^3$$

$$V_{\text{Kegel}} : V_{\text{Kugel}} = \left(\frac{32}{81} \pi\,r^3 \right) : \left(\frac{4}{3} \pi\,r^3 \right) = 8 : 27 \approx 29{,}6\,\%$$

Übung 14

$$\frac{1}{2} \cdot \frac{4}{3} \pi \cdot \left(\frac{d}{2} \right)^3 = \frac{1}{3} \pi\,r^2 h + \pi\,r^2 \cdot (H - h) \Leftrightarrow \frac{2}{3} \cdot \frac{d^3}{8} = \frac{1}{3} r^2 h + r^2 H - r^2 h \Leftrightarrow$$

$$\Leftrightarrow \frac{1}{12} \cdot d^3 = r^2 H - \frac{2}{3} r^2 h = r^2 (H - \frac{2}{3} h) \Leftrightarrow H = \frac{d^3}{12\,r^2} + \frac{2}{3} h = \cdots \approx 16{,}1\,\text{cm}$$

Übung 15 Sei r der äußere Radius der Glaskugel und d ihre Wandstärke.

a) $V = \frac{4}{3} \pi\,r^3 - \frac{4}{3} \pi\,(r - d)^3 = \frac{4}{3} \pi \cdot (4{,}0^3 - 3{,}95^3)\ \text{cm}^3 = \frac{9{,}4805\,\pi}{3}\ \text{cm}^3 \approx$
$\approx 9{,}93\ \text{cm}^3$

b) $\tilde{V} \approx 4\,\pi\,r^2 \cdot d = 4\,\pi \cdot 4{,}0^2 \cdot 0{,}05\ \text{cm}^3 = 3{,}2\,\pi\ \text{cm}^3 \approx 10{,}05\ \text{cm}^3$

c) relativer Fehler: $\frac{\tilde{V} - V}{V} = \frac{3{,}2\,\pi - \frac{9{,}4805\,\pi}{3}}{\frac{9{,}4805\,\pi}{3}} = \frac{9{,}6 - 9{,}4805}{9{,}4805} \approx 0{,}0126 \approx 1{,}3\,\%$

Übung 16

a) $\frac{4}{3} \pi\,r^3 = 12{,}3\ \text{dm}^3 \Rightarrow r = \sqrt[3]{\frac{3 \cdot 12{,}3}{4\,\pi}}\ \text{dm} \approx 14{,}32\ \text{cm}$

b) $4\,\pi\,r^2 \cdot d \approx \frac{4}{3} \pi\,R^3 \Rightarrow d \approx \frac{R^3}{3\,r^2} \approx \frac{4{,}5^3}{3 \cdot 14{,}32^2}\ \text{cm} \approx 0{,}148\ \text{cm} \approx 1{,}5\ \text{mm}$

140 141

13. Sinus, Kosinus und Tangens

Vorweg ein Tipp:
Einige Werte der Winkelfunktionen solltest du dir am besten auswendig merken:

α	0°	30°	45°	60°	90°
$\sin\alpha$	$\frac{\sqrt{0}}{2}=0$	$\frac{\sqrt{1}}{2}=\frac{1}{2}$	$\frac{\sqrt{2}}{2}$	$\frac{\sqrt{3}}{2}$	$\frac{\sqrt{4}}{2}=1$
$\cos\alpha$	$\frac{\sqrt{4}}{2}=1$	$\frac{\sqrt{3}}{2}$	$\frac{\sqrt{2}}{2}$	$\frac{\sqrt{1}}{2}=\frac{1}{2}$	$\frac{\sqrt{0}}{2}=0$
$\tan\alpha$	0	$\frac{\sqrt{3}}{3}$	1	$\sqrt{3}$	nicht definiert

Für alle weiteren Winkel bestimmst du die Werte der Winkelfunktionen mithilfe des Taschenrechners; umgekehrt lässt sich die Größe eines Winkels ebenfalls mit dem Taschenrechner ermitteln, wenn der Wert einer Winkelfunktion bekannt ist.
Beispiel: $\sin 48°\,37' \approx 0{,}7503$; $\cos\alpha = 0{,}36 \wedge 0° < \alpha < 90° \Rightarrow \alpha \approx 68{,}90° \approx 68°\,54'$

Übung 1

a) $\sin 43° \approx 0{,}6820$
b) $\cos 31°\,47'\,18'' \approx 0{,}8500$
c) $\tan 18°\,26'\,5'' \approx 0{,}3333$
d) $\sin(-27°\,3'') \approx -0{,}4540$
e) $\cos 154{,}1° \approx -0{,}8996$
f) $\tan 394{,}2° \approx 0{,}6796$

Übung 2

a) $\alpha \approx 25{,}29°$
b) $\alpha \approx 53{,}13°$
c) $\alpha \approx 43{,}09°$
d) $\alpha = 45°$
e) $\alpha \approx 54{,}74°$
f) $\alpha \approx 89{,}43°$

Übung 3

a) $\alpha = 60° \vee \alpha = 120°$
b) $\alpha = 135° \vee \alpha = 225°$
c) $\alpha = 60° \vee \alpha = 240°$
d) $\alpha = 150°$
e) $\alpha \approx 323{,}13°$
f) $\alpha \approx 116{,}57°$
g) $\alpha \approx 140{,}90°$

Übung 4

a) $\sin\alpha = 0{,}6 \wedge \alpha$ ist spitz $\Rightarrow \alpha \approx 36{,}87°$

$$\cos\alpha = \sqrt{1-\sin^2\alpha} = \sqrt{1-0{,}6^2} = 0{,}8;\ \tan\alpha = \frac{\sin\alpha}{\cos\alpha} = \frac{0{,}6}{0{,}8} = 0{,}75$$

b) $\cos\alpha = \frac{1}{2} \wedge \alpha$ ist überstumpf $\Rightarrow \alpha = 300°$; $\sin\alpha = -\frac{\sqrt{3}}{2}$; $\tan\alpha = -\sqrt{3}$

c) $\tan\alpha = -0{,}75 \wedge \alpha$ ist stumpf $\Rightarrow \alpha \approx 143{,}13°$; $\sin\alpha = 0{,}6$; $\cos\alpha = -0{,}8$

Übung 5

a) $\sin(90° + \alpha) = \sin(90° - \alpha) = \cos\alpha$

b) $\cos(90° + \alpha) = -\cos(90° - \alpha) = -\sin\alpha$

c) $\tan(90° + \alpha) = \frac{\sin(90° + \alpha)}{\cos(90° + \alpha)} = \frac{\cos\alpha}{-\sin\alpha} = -\frac{1}{\tan\alpha}$

d) $\sin(270° + \alpha) = -\sin(90° - \alpha) = -\cos\alpha$

e) $\cos(270° - \alpha) = -\cos(90° - \alpha) = -\sin\alpha$

f) $\dfrac{1}{\tan(90° - \alpha)} = \dfrac{\cos(90° - \alpha)}{\sin(90° - \alpha)} = \dfrac{\sin\alpha}{\cos\alpha} = \tan\alpha$

g) $\dfrac{\sin\alpha}{\tan\alpha} = \dfrac{\sin\alpha}{\dfrac{\sin\alpha}{\cos\alpha}} = \cos\alpha$

h) $\dfrac{\sin\alpha - \cos\alpha}{\tan\alpha - 1} = \dfrac{\sin\alpha - \cos\alpha}{\dfrac{\sin\alpha}{\cos\alpha} - 1} = \dfrac{\sin\alpha - \cos\alpha}{\dfrac{\sin\alpha - \cos\alpha}{\cos\alpha}} = \cos\alpha$

i) $\dfrac{1}{1 + \tan^2\alpha} = \dfrac{1}{1 + \dfrac{\sin^2\alpha}{\cos^2\alpha}} = \dfrac{1}{\dfrac{\cos^2\alpha + \sin^2\alpha}{\cos^2\alpha}} = \dfrac{1}{\dfrac{1}{\cos^2\alpha}} = \cos^2\alpha$

j) $\sin^2\alpha \cdot \cos\alpha + \cos^3\alpha = \cos\alpha\,(\sin^2\alpha + \cos^2\alpha) = \cos\alpha \cdot 1 = \cos\alpha$

k) $\sin\alpha \cdot \tan\alpha + \cos\alpha = \sin\alpha \cdot \dfrac{\sin\alpha}{\cos\alpha} + \cos\alpha = \dfrac{\sin^2\alpha + \cos^2\alpha}{\cos\alpha} = \dfrac{1}{\cos\alpha}$

l) $\cos^4\alpha - \sin^4\alpha = (\cos^2\alpha + \sin^2\alpha) \cdot (\cos^2\alpha - \sin^2\alpha) = \cos^2\alpha - \sin^2\alpha$

m) $\cos^2\alpha - 2 \cdot (1 + \sin\alpha) = 1 - \sin^2\alpha - 2 - 2\sin\alpha = -1 - 2\sin\alpha - \sin^2\alpha =$

$= -(1 + 2\sin\alpha + \sin^2\alpha) = -(1 + \sin\alpha)^2$

n) $\dfrac{1 - \cos^4\alpha}{\cos^2\alpha} - \sin^2\alpha = \dfrac{(1 + \cos^2\alpha)(1 - \cos^2\alpha)}{\cos^2\alpha} - \sin^2\alpha =$

$= \dfrac{(1 + \cos^2\alpha) \cdot \sin^2\alpha}{\cos^2\alpha} - \sin^2\alpha = \left(\dfrac{1 + \cos^2\alpha}{\cos^2\alpha} - 1\right) \cdot \sin^2\alpha =$

$= \dfrac{1}{\cos^2\alpha} \cdot \sin^2\alpha = \tan^2\alpha$

o) $\dfrac{1 + \sin\alpha}{1 - \cos\alpha} + \dfrac{\sin(180° + \alpha)}{1 + \cos\alpha} - \dfrac{1 + \cos\alpha}{\sin^2\alpha} = \dfrac{1 + \sin\alpha}{1 - \cos\alpha} - \dfrac{\sin\alpha}{1 + \cos\alpha} - \dfrac{1 + \cos\alpha}{\sin^2\alpha} =$

$= \dfrac{(1 + \sin\alpha) \cdot (1 + \cos\alpha) - \sin\alpha \cdot (1 - \cos\alpha) - (1 + \cos\alpha)}{\sin^2\alpha} =$

$= \dfrac{2\sin\alpha \cdot \cos\alpha}{\sin^2\alpha} = \dfrac{2\cos\alpha}{\sin\alpha} = \dfrac{2}{\tan\alpha}$

p) $\left[1 - \cos^2(90° - \alpha)\right] \cdot (1 + \tan^2\alpha) - 1 = (1 - \sin^2\alpha) \cdot (1 + \dfrac{\sin^2\alpha}{\cos^2\alpha}) - 1 =$

$= \cos^2\alpha \cdot (1 + \dfrac{\sin^2\alpha}{\cos^2\alpha}) - 1 = \cos^2\alpha + \sin^2\alpha - 1 = 1 - 1 = 0$

142 143

14. Bogenmaß

Übung 1

a) $90° = \frac{\pi}{2}$ b) $20° = \frac{\pi}{9}$ c) $15° = \frac{\pi}{12}$

d) $75° = \frac{5\pi}{12}$ e) $135° = \frac{3\pi}{4}$ f) $315° = \frac{7\pi}{4}$

g) $345° = \frac{23\pi}{12}$ h) $240° = \frac{4\pi}{3}$ i) $255° = \frac{17\pi}{12}$

j) $32° = \frac{8\pi}{45}$ k) $84° = \frac{7\pi}{15}$ l) $540° = 3\pi$

m) $22°\,30' = \frac{\pi}{8}$ n) $124°\,48' = \frac{52\pi}{75} \approx 2{,}1782$ o) $6°\,40' = \frac{\pi}{27}$

Übung 2

a) $\frac{\pi}{6} = 30°$ b) $\frac{\pi}{5} = 36°$ c) $\frac{5\pi}{4} = 225°$

d) $\frac{5\pi}{8} = 112{,}5°$ e) $\frac{7\pi}{12} = 105°$ f) $0{,}8\,\pi = 144°$

g) $2{,}\overline{3}\pi = 420°$ h) $-1{,}25\,\pi = -225°$

Übung 3

a) $\sin\frac{\pi}{2} = 1$ b) $\cos\frac{\pi}{4} = \frac{\sqrt{2}}{2}$ c) $\tan\frac{\pi}{3} = \sqrt{3}$

d) $\sin\frac{5\pi}{6} = 0{,}5$ e) $\cos 3\pi = -1$ f) $\tan\left(-\frac{5\pi}{4}\right) = -1$

g) $\sin 0{,}72 \approx 0{,}6594$ h) $\sin 0{,}72° \approx 0{,}0126$ i) $\sin(-2{,}8\overline{3}) \approx -0{,}3034$

j) $\cos 2{,}5 \approx -0{,}8011$ k) $\cos 2{,}5° \approx 0{,}9990$ l) $\tan 5{,}83 \approx -0{,}4870$

Übung 4

a) $\sin x = 0{,}5 \Rightarrow x = \frac{\pi}{6}$ b) $2\cos x = \sqrt{3} \Rightarrow x = \frac{\pi}{6}$

c) $\tan x = 0{,}9316 \Rightarrow x \approx 0{,}75$ d) $\sin x = 0{,}8 \Rightarrow x \approx 0{,}9273$

e) $\cos x = \frac{2}{3} \Rightarrow x \approx 0{,}8411$

Übung 5

a) $\sin x = \frac{\sqrt{2}}{2} \Rightarrow x = \frac{\pi}{4} \vee x = \frac{3\pi}{4}$

b) $\cos x = 0{,}5 \Rightarrow x = \frac{\pi}{3} \vee x = \frac{5\pi}{3}$

c) $\tan x = -1 \Rightarrow x = \frac{3\pi}{4} \vee x = \frac{7\pi}{4}$

d) $\sin x = 0{,}3986 \Rightarrow x \approx 0{,}4100 \vee x \approx \pi - 0{,}4100 \approx 2{,}7316$

e) $\cos x = 0{,}6895 \Rightarrow x \approx 0{,}8100 \vee x \approx 2\pi - 0{,}8100 \approx 5{,}4732$

f) $\tan x = 3 \Rightarrow x \approx 1{,}2490 \vee x \approx \pi + 1{,}2490 \approx 4{,}3906$

g) $\sin x = -0{,}75 \Rightarrow x \approx \pi + 0{,}8481 \approx 3{,}9897 \vee x \approx 2\pi - 0{,}8481 \approx 5{,}4351$

h) $\cos x = -0{,}9397 \Rightarrow x \approx 2{,}7925 \vee x \approx 2\pi - 2{,}7925 \approx 3{,}4907$

i) $\tan x = -1{,}2345 \Rightarrow x \approx \pi - 0{,}8900 \approx 2{,}2516 \vee x \approx 2\pi - 0{,}8900 \approx 5{,}3932$

Übung 6

a) $\sin\left(\frac{\pi}{2} - x\right) = \cos x$

b) $\cos(\pi - x) = -\cos x$

c) $\tan(\pi + x) = \tan x$

d) $\sin(2\pi - x) = -\sin x$

e) $\frac{\sin^2 x}{1-\cos x} = \frac{1-\cos^2 x}{1-\cos x} = \frac{(1+\cos x)(1-\cos x)}{1-\cos x} = 1+\cos x$

f) $\sin^2 x - 2\cdot(1+\cos x) = 1-\cos^2 x - 2 - 2\cos x = -1 - 2\cos x - \cos^2 x =$
$= -(1+2\cos x + \cos^2 x) = -(1+\cos x)^2$

g) $\frac{1}{1-\cos x} - \frac{\cos x}{\sin^2 x} = \frac{1+\cos x}{(1-\cos x)(1+\cos x)} - \frac{\cos x}{\sin^2 x} =$
$= \frac{1+\cos x}{1-\cos^2 x} - \frac{\cos x}{\sin^2 x} = \frac{1+\cos x - \cos x}{\sin^2 x} = \frac{1}{\sin^2 x}$

h) $\tan x \cdot \tan\left(\frac{\pi}{2} - x\right) = \tan x \cdot \frac{\sin\left(\frac{\pi}{2} - x\right)}{\cos\left(\frac{\pi}{2} - x\right)} = \frac{\sin x}{\cos x} \cdot \frac{\cos x}{\sin x} = 1$

144 | 145

15. Trigonometrie im rechtwinkligen Dreieck

Übung 1

Verwendet werden neben den Beziehungen aus der Satzgruppe des Pythagoras die folgenden Gleichungen, ggf. äquivalent umgeformt:

$$\sin\alpha = \cos\beta = \frac{a}{c} = \frac{p}{a} = \frac{h}{b};\ \sin\beta = \cos\alpha = \frac{b}{c} = \frac{q}{b} = \frac{h}{a};$$

$$\tan\alpha = \frac{1}{\tan\beta} = \frac{a}{b} = \frac{p}{h} = \frac{h}{q};\ A = \frac{1}{2}\,c\,h = \frac{1}{2}\,a\,b;$$

damit errechnen sich die folgenden Ergebnisse:

a) $\beta = 48°$ $\quad b \approx 11{,}1$ cm $\quad c \approx 14{,}9$ cm $\quad p \approx 6{,}7$ cm
$q \approx 8{,}3$ cm $\quad h \approx 7{,}4$ cm $\quad A \approx 55{,}5\ \text{cm}^2$

b) $a = 6$ cm $\quad \alpha \approx 36{,}9°$ $\quad \beta \approx 53{,}1°$ $\quad p = 3{,}6$ cm
$q = 6{,}4$ cm $\quad h = 4{,}8$ cm $\quad A = 24\ \text{cm}^2$

Übung 2

$$\sin\frac{\gamma}{2} = \frac{\frac{b}{2}}{s} \Rightarrow s = \frac{b}{2\cdot\sin\frac{\gamma}{2}} = \frac{4}{2\cdot\sin 30{,}65°}\,\text{cm} \approx 3{,}9\,\text{cm}$$

$$\tan\frac{\gamma}{2} = \frac{\frac{b}{2}}{h} \Rightarrow h = \frac{b}{2\cdot\tan\frac{\gamma}{2}} = \frac{4}{2\cdot\tan 30{,}65°}\,\text{cm} \approx 3{,}4\ \text{cm}$$

$$A = \frac{1}{2}\,b\,h \approx 6{,}8\ \text{cm}^2$$

Übung 3

$$\beta = 135° \Rightarrow \alpha = 45°$$

$$\sin\alpha = \frac{h_a}{d} = \frac{h_a}{b} \Rightarrow h_a = b\cdot\sin\alpha = 8\ \text{cm}\cdot\sin 45° = 8\ \text{cm}\cdot\frac{\sqrt{2}}{2} = 4\sqrt{2}\ \text{cm}$$

$$A = a\cdot h_a = 9\cdot 4\sqrt{2}\ \text{cm}^2 = 36\sqrt{2}\,\text{cm}^2$$

Übung 4

$$b = e\cdot\sin\alpha_1 = 7{,}2\ \text{cm}\cdot\sin 35° \approx 4{,}1\ \text{cm}$$

$$a = e\cdot\cos\alpha_1 = 7{,}2\ \text{cm}\cdot\cos 35° \approx 5{,}9\ \text{cm}$$

$$\sin\alpha = \frac{b}{d} \Rightarrow \alpha \approx 54{,}1°;\ \sin(90° - \alpha) = \frac{a-c}{d} \Rightarrow c = a - d\cdot\sin(90° - \alpha) \approx 2{,}9\ \text{cm};$$

$$A = m\,h = \frac{a+c}{2}\cdot h = \cdots \approx 18{,}2\ \text{cm}^2$$

Übung 5

$$\tan\alpha = m = 8\,\% = 0{,}08 \Rightarrow \alpha \approx 4{,}6°;$$

$$\sin\alpha = \frac{\Delta y}{l} \Rightarrow l = \frac{\Delta y}{\sin\alpha} = \cdots \approx 3762\ \text{m}$$

$$\Delta x = \frac{\Delta y}{m} = \frac{300\ \text{m}}{0{,}08} = 3750\ \text{m};\ 3750\ \text{m} \mathrel{\hat{=}} \frac{3750\ \text{m}}{800\ \frac{\text{m}}{\text{cm}}} \approx 4{,}7\ \text{cm}$$

Übung 6 $\tan\alpha = \dfrac{h-a}{75\text{ m}} \Rightarrow h = a + 75\text{ m}\cdot\tan\alpha \approx 46{,}8\text{ m}$

$$\tan\beta = \frac{h-a}{b+75\text{ m}} = \frac{a+75\text{ m}\cdot\tan\alpha - a}{b+75\text{ m}} = \frac{75\text{ m}\cdot\tan\alpha}{(99+75)\text{ m}} = \frac{75}{174}\cdot\tan\alpha = \frac{25}{58}\cdot\tan 31^\circ \approx$$
$$\approx 0{,}2590 \Rightarrow \beta \approx 14{,}5^\circ$$

Übung 7 $\overline{BM} = \sqrt{a^2 + a^2 + \left(\dfrac{a}{2}\right)^2} = \sqrt{\dfrac{9a^2}{4}} = \dfrac{3}{2}a$

a) $\sin\dfrac{\delta}{2} = \dfrac{\frac{a}{2}}{\overline{BM}} = \dfrac{\frac{a}{2}}{\frac{3a}{2}} = \dfrac{1}{3} \Rightarrow \delta \approx 38^\circ 57'$

b) $\sin\varepsilon = \dfrac{a}{\overline{BM}} = \dfrac{a}{\frac{3a}{2}} = \dfrac{2}{3} \Rightarrow \varepsilon \approx 41^\circ 49'$

146 | 147

16. Trigonometrie im beliebigen Dreieck: Sinus- und Kosinussatz

Übung 1

a) Ist etwa g = 90°, so gilt

$$\frac{b}{c} = \frac{\sin\beta}{\sin\gamma} = \frac{\sin\beta}{1} = \sin\beta;\ \frac{a}{c} = \cdots = \sin\alpha;\frac{a}{b} = \frac{\sin\alpha}{\sin\beta} = \frac{\sin\alpha}{\cos\alpha} = \tan\alpha;$$

aus dem Sinussatz ergeben sich also die Definitionen der Winkelfunktionen als Seitenverhältnisse im rechtwinkligen Dreieck.

b) Ist etwa $\gamma = 90°$, so gilt:

$$c^2 = a^2 + b^2 - 2\,a\,b \cdot \cos 90° = a^2 + b^2 - 2\,a\,b \cdot 0 = a^2 + b^2$$

Übung 2

a) Nach Kongruenzsatz (SsW) ist die Lösung eindeutig bestimmt.

$$\sin\beta = \frac{b}{a}\cdot\sin\alpha = \frac{6}{9}\,\sin 50° = \frac{2}{3}\cdot\sin 50° \Rightarrow \beta \approx 30{,}7°$$

($\beta \approx 149{,}3°$ scheidet als Lösung aus [Winkelsumme!])

$$\gamma \approx 99{,}3°;\ c = a \cdot \frac{\sin\gamma}{\sin\alpha} = \cdots \approx 11{,}6\ \text{cm}$$

b) $\sin\alpha = \frac{a}{b}\cdot\sin\beta = \frac{9}{6}\cdot\sin 50° = \frac{3}{2}\cdot\sin 50° > 1$

Ein Dreieck mit den angegebenen Eigenschaften existiert nicht.

c) $\sin\ \alpha = \frac{a}{b}\cdot\ \sin\beta = \frac{9}{8}\cdot\sin\ 50° \Rightarrow \alpha_1 \approx 59{,}5° \vee \alpha_2 \approx 120{,}5°$

(beide Lösungen sind möglich); $\gamma_1 \approx 70{,}5°$, $\gamma_2 \approx 9{,}5°$

$$c_1 = b \cdot \frac{\sin\ \gamma_1}{\sin\ \beta} = \cdots \approx 9{,}8\ \text{cm},\ c_2 = b \cdot \frac{\sin\ \gamma_2}{\sin\ \beta} = \cdots \approx 1{,}7\ \text{cm}$$

d) Nach Kongruenzsatz (sww) ist die Lösung eindeutig bestimmt.

$$b = a \cdot \frac{\sin\beta}{\sin\alpha} = 9\ \text{cm} \cdot \frac{\sin 30°}{\sin 70°} \approx 4{,}8\ \text{cm};\ \gamma = 180° - \alpha - \beta = 80°$$

$$c = a \cdot \frac{\sin\gamma}{\sin\alpha} = 9\ \text{cm} \cdot \frac{\sin 80°}{\sin 70°} \approx 9{,}4\ \text{cm}$$

e) Nach Kongruenzsatz (sss) ist die Lösung eindeutig bestimmt.

$$c^2 = a^2 + b^2 - 2ab \cdot \cos\gamma \Rightarrow \cos\gamma = \frac{a^2 + b^2 - c^2}{2\,a\,b} = \frac{81 + 36 - 64}{2 \cdot 9 \cdot 6} = \frac{53}{108} \Rightarrow$$

$$\Rightarrow \gamma \approx 60{,}6°;\ \sin\alpha = \frac{a}{c}\cdot\sin\gamma = \cdots \approx 0{,}9802 \Rightarrow \alpha \approx 78{,}6°$$

($\alpha \approx 101{,}4°$ scheidet als Lösung aus [Winkelsumme!])
$\beta = 180° - \alpha - \gamma \approx 40{,}8°$

f) Nach Kongruenzsatz (sws) ist die Lösung eindeutig bestimmt.

$$c = \sqrt{a^2 + b^2 - 2ab \cdot \cos\gamma} = \sqrt{81 + 36 - 2 \cdot 9 \cdot 6 \cdot \cos 50^\circ}\ \text{cm} \approx 6{,}9\ \text{cm}$$

$$\sin\beta = \frac{b}{c} \cdot \sin\gamma \approx \cdots \approx 0{,}6663 \Rightarrow \beta \approx 41{,}8^\circ\ \left(\beta \approx 138{,}2^\circ\ \text{scheidet aus}\right)$$

$$\alpha = 180^\circ - \beta - \gamma \approx 88{,}2^\circ$$

Übung 3

$$\overline{AC} = \sqrt{a^2 + b^2 - 2ab \cdot \cos\beta} = \sqrt{81 + 64 - 2 \cdot 9 \cdot 8 \cdot \cos 135^\circ} \approx 15{,}7\,\text{cm}$$

$$\overline{BD} = \sqrt{a^2 + b^2 - 2ab \cdot \cos(180^\circ - \beta)} = \sqrt{81 + 64 - 2 \cdot 9 \cdot 8 \cdot \cos 45^\circ} \approx 6{,}6\,\text{cm}$$

Übung 4

a) $f = \sqrt{b^2 + c^2 - 2bc \cdot \cos\gamma} = \cdots = \sqrt{61}\ \text{cm} \approx 7{,}8\,\text{cm}$

$$\cos\alpha = \frac{a^2 + d^2 - f^2}{2ad} = \frac{49 + 49 - 61}{2 \cdot 7 \cdot 7} = \frac{37}{98} \Rightarrow \alpha \approx 67{,}8^\circ$$

$\beta_1 := \measuredangle DBA;\ \sin\beta_1 = \frac{d}{f} \cdot \sin\alpha \approx \ldots \approx 0{,}8299 \Rightarrow \beta_1 \approx 56{,}1^\circ$

$\beta_2 := \measuredangle CBD;\ \sin\beta_2 = \frac{c}{f} \cdot \sin\gamma \approx \ldots \approx 0{,}4435 \Rightarrow \beta_2 \approx 26{,}3^\circ$

$\beta = \beta_1 + \beta_2 \approx 82{,}4^\circ;\ \delta = 360^\circ - \alpha - \beta - \gamma \approx 89{,}8^\circ$

$e = \sqrt{a^2 + b^2 - 2ab \cdot \cos\beta} = \cdots \approx 8{,}0\ \text{cm}$

b) analog zu a) errechnen sich folgende Ergebnisse: $\alpha \approx 77{,}4^\circ;\ \gamma \approx 112{,}4^\circ;$
$\beta_1 \approx 51{,}3^\circ;\ \beta_2 \approx 29{,}5^\circ;\ \beta \approx 80{,}9^\circ;\ \delta \approx 89{,}4^\circ;\ e \approx 7{,}2\ \text{cm}$

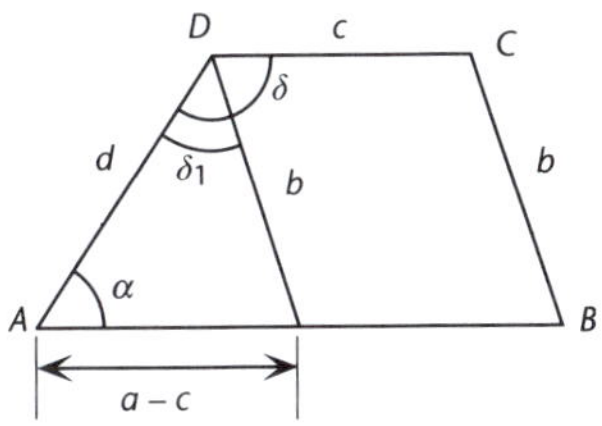

$\alpha = 180^\circ - \delta = 180^\circ - 130^\circ = 50^\circ$

$\sin\delta_1 = \frac{a - c}{b} \cdot \sin\alpha = \cdots = \frac{6}{5} \cdot \sin 50^\circ$

$\Rightarrow \delta_1 \approx 66{,}8^\circ$

$\beta = 180^\circ - \alpha - \delta_1 \approx 63{,}2^\circ$

$d = b \cdot \frac{\sin\beta}{\sin\alpha} \approx \cdots \approx 5{,}8\ \text{cm}$

$\gamma = 180^\circ - \beta \approx 116{,}8^\circ$

Übung 5

a) $\beta = 180^\circ - \alpha = 124^\circ; \sin\varepsilon = \frac{\overline{AB}}{\overline{AE}} \cdot \sin\beta = \cdots \approx 0{,}75 \Rightarrow \varepsilon \approx 48{,}6^\circ$

b) $\alpha_1 := \measuredangle EAD = \varepsilon; \overline{DE} = \sqrt{\overline{AE}^2 + \overline{AD}^2 - 2\,\overline{AE} \cdot \overline{AD} \cdot \cos\alpha_1} = \cdots \approx 6{,}4\ \text{cm}$

Übung 6

a) $2r = \sqrt{52^2 + 25^2 - 2 \cdot 52 \cdot 25 \cdot \cos 104{,}25^\circ} \approx 63\ \text{cm}$

b) Für den Neigungswinkel α der kürzesten Mantellinie gilt:

$\sin\alpha = \frac{52}{63} \cdot \sin 104{,}25^\circ \Rightarrow \alpha \approx 53{,}1^\circ;\ h = 25\ \text{cm} \cdot \sin\alpha \approx 20\ \text{cm}$

$V = \frac{1}{3}\pi r^2 h \approx \cdots \approx 6615\pi\,\text{cm}^3 \approx 20{,}8\,\text{dm}^3$

17. Trigonometrische Gleichungen

148 149

Übung 1

a) $x = \frac{3\pi}{2} + k \cdot 2\pi\ ;\ k \in \mathbb{Z}$

b) $x_1 = \frac{\pi}{3} + k \cdot 2\pi,\ x_2 = \frac{5\pi}{3} + k \cdot 2\pi;\ k \in \mathbb{Z}$

c) $x = \frac{\pi}{4} + k \cdot \pi\ ;\ k \in \mathbb{Z}$

d) $x_1 \approx 3{,}8713 + k \cdot 2\pi,\ x_2 \approx 5{,}5535 + k \cdot 2\pi;\ k \in \mathbb{Z}$

Übung 2

a) $x_1 \approx 23{,}58° \approx 0{,}4115;\ x_2 \approx 156{,}42° \approx 2{,}7301$

b) $x_1 = 135° = \frac{3\pi}{4};\ x_2 = 225° = \frac{5\pi}{4}$

c) $x_1 \approx 73{,}30° \approx 1{,}2793;\ x_2 \approx 253{,}30° \approx 4{,}4209$

Übung 3

a) $\sin x = \frac{5}{3} > 1\ ;\ L = \{\ \}$

b) $\tan x = -\frac{7}{4}\ ;\ x_1 \approx 2{,}0899;\ x_2 \approx 5{,}2315$

c) $\cos^2 x = -\frac{1}{4} < 0\ ;\ L = \{\ \}$

d) $\cos x = \frac{-0{,}75}{0{,}5} = -1{,}5 < -1\ ;\ L = \{\ \}$

Übung 4

a) $2\sin x + 4\sin x \cos x = 0 \iff 2\sin x(1 + 2\cos x) = 0$

$\sin x = 0 \vee \cos x = -\frac{1}{2};\ x = 0 \vee x = \pi \vee x = \frac{2\pi}{3} \vee x = \frac{4\pi}{3}$

b) $\cos x - \sin^2 x \cdot \cos x = 0 \iff \cos x\left(1 - 2\sin^2 x\right) = 0 \iff \cos x \cdot \cos^2 x = 0$

$\cos x = 0;\ x = \frac{\pi}{2} \vee x = \frac{3\pi}{2}$

c) $3\sin^2 x + 5\sin x + 2 = 0;\ \sin x = \frac{-5 \pm \sqrt{25 - 4 \cdot 3 \cdot 2}}{2 \cdot 3} = \frac{-5 \pm 1}{6}$

$\sin x = -1 \vee \sin x = -\frac{2}{3};\ x = \frac{3\pi}{2} \vee x \approx 3{,}8713 \vee x \approx 5{,}5535$

d) $2\cos^2 - 7\cos x + 5 = 0;\ \cos x = \frac{7 \pm \sqrt{49 - 4 \cdot 2 \cdot 5}}{2 \cdot 2} = \frac{7 \pm 3}{4}$

$\cos x = 1 \vee \cos x = 2{,}5 > 1;\ x = 0$

e) $6\sin^2 x - 1 = 3\cos^2 x \iff 6\left(1 - \cos^2 x\right) - 1 = 3\cos^2 x \iff$

$\iff 6 - 6\cos^2 x - 1 - 3\cos^2 x = 0 \iff 9\cos^2 x - 5 = 0 \iff \cos^2 x = \frac{5}{9}$

$\cos x = \pm\frac{\sqrt{5}}{3};\ x \approx 0{,}7297 \vee x \approx 5{,}5535 \vee x \approx 2{,}4119 \vee x \approx 3{,}8713$

f) $7 + 3\sin x = 9\cos^2 x \iff 7 + 3\sin x = 9\left(1 - \sin^2 x\right) \iff$

$\iff 9\sin^2 x + 3\sin x - 2 = 0;\ \sin x = \frac{-3 \pm \sqrt{9 + 4 \cdot 9 \cdot 2}}{2 \cdot 9} = \frac{-3 \pm 9}{18} = \frac{-1 \pm 3}{6}$

$\sin x = -\frac{2}{3} \vee \sin x = \frac{1}{3};$

$x \approx 3{,}8713 \vee x \approx 5{,}5535 \vee x \approx 0{,}3398 \vee x \approx 2{,}8018$

g) $3\cos x = 4\sin x;\quad \tan x \frac{3}{4}; x \approx 0{,}6435 \vee x \approx 3{,}7851$

h) $3\sin x + \tan x = 0 \Leftrightarrow 3\sin x + \frac{\sin x}{\cos x} = 0 \Leftrightarrow \sin x(3\cos x + 1) = 0$

$\sin x = 0 \vee \cos x = -\frac{1}{3};\quad x = 0 \vee x = \pi \vee x \approx 1{,}9106 \vee x \approx 4{,}3726$

i) $3\cos x - 4{,}5\tan x = 0 \Leftrightarrow \cos x - 1{,}5\frac{\sin x}{\cos x} = 0 \Leftrightarrow \cos^2 x - 1{,}5\sin x = 0 \Leftrightarrow$

$\Leftrightarrow 1 - \sin^2 x - 1{,}5\sin x = 0 \Leftrightarrow \sin^2 x + 1{,}5\sin x - 1 = 0$

$$\sin x = \frac{-1{,}5 \pm \sqrt{2{,}25 + 4}}{2} = \frac{-1{,}5 \pm 2{,}5}{2}$$

$\sin x = -2 < -1 \vee \sin x = \frac{1}{2};\quad x = \frac{\pi}{6} \vee x = \frac{5\pi}{6}$

j) $2\cos x = 1 + \sin x;\quad 2\cos x - 1 = \sqrt{1 - \cos^2 x}\quad |$ quadrieren

$4\cos^2 x - 4\cos x + 1 = 1 - \cos^2 x \Leftrightarrow 5\cos^2 x - 4\cos x = 0 \Leftrightarrow$

$\Leftrightarrow \cos x(5\cos x - 4) = 0$

$\cos x = 0 \vee \cos x = \frac{4}{5};\quad x = \frac{\pi}{2} \vee x = \frac{3\pi}{2} \vee x \approx 0{,}6435 \vee x \approx 5{,}6397$

Probe ergibt: $x = \frac{\pi}{2}$ und $x \approx 5{,}6397$ sind keine Lösungen.

k) $2\sin x = 4\cos x - 3;\quad 2\sqrt{1 - \cos^2 x} = 4\cos x - 3\quad |$ quadrieren

$4 - 4\cos^2 x = 16\cos^2 x - 24\cos x + 9 \Leftrightarrow 20\cos^2 x - 24\cos x + 5 = 0$

$\cos x \approx 0{,}9317 \vee \cos x \approx 0{,}2683$

$$\cos x = \frac{24 \pm \sqrt{576 - 4 \cdot 20 \cdot 5}}{2 \cdot 20} = \frac{24 \pm \sqrt{176}}{40} = \frac{6 \pm \sqrt{11}}{10}$$

$x \approx 0{,}3718 \vee x \approx 5{,}9114 \vee x \approx 1{,}2991 \vee x \approx 4{,}9841$

Probe ergibt: $x \approx 5{,}9114$ und $x \approx 1{,}2991$ sind keine Lösungen

l) $2\sin 2x = 1 \Leftrightarrow \sin 2x = \frac{1}{2}$

$2x = \frac{\pi}{6} \vee 2x = \frac{5\pi}{6} \vee 2x = \frac{13\pi}{6} \vee 2x = \frac{17\pi}{6}$

$x = \frac{\pi}{12} \vee x = \frac{5\pi}{12} \vee x = \frac{13\pi}{12} \vee x = \frac{17\pi}{12}$

m) $3\cos 2x = -1 \Leftrightarrow \cos 2x = -\frac{1}{3}$

$2x \approx 1{,}9106 \vee 2x \approx 4{,}3726 \vee 2x \approx 8{,}1938 \vee 2x \approx 10{,}6557$

$x \approx 0{,}9553 \vee x \approx 2{,}1863 \vee x \approx 4{,}0969 \vee x \approx 5{,}3279$

Teil IV:
Englisch

If-Sätze und Futurformen

Lösungen mit thematischem Wortschatz

154 155

A Warming up
1. Die Zeiten: Simple Present, Simple Past, Past Perfect

Übung 1

Air Force One:
In this thriller Harrison Ford plays the US President who finds himself trapped on board a hijacked plane.
The Full Monty:
This smash hit movie is about a group of unemployed Sheffield steel workers who turn to stripping to escape the poverty trap.
McLeod's Daughters:
Set in the Australian outback, this drama traces the fortunes of a daughter who returns to the family farm when her father dies.
One Fine Day:
George Clooney and Michelle Pfeiffer star as two single parents who get through a series of chaotic events.

Übung 2

A million female hearts broke when they came out last year with the news that Dr Doug Ross (George Clooney) would be quitting County General Hospital at the end of the fifth serial. Clooney decided to concentrate on his big screen career.
When the British actress Alex Kingston was offered a role in *Emergency Room*, she didn't find it easy to move to America. While Alex was unsure, *Emergency Room's* producers were not/weren't. "When she walked in, she showed such intelligence and humour that we didn't hesitate one minute." At first Alex didn't like Los Angeles. "But my colleagues really helped me. They are wonderful actors and there's a lot of laughter around the set. They made me feel at home."

Übung 3

She had already bought some ice-cream.
She had already written an essay for school.
She hadn't learned the German words yet.
She hadn't tidied up her room yet.
She had already made a cake.

Hier ein paar nützliche Vokabeln zum Themenbereich *Film und Fernsehen:*

director	Regisseur(in)	character	Figur, Gestalt
viewer	Fernsehzuschauer(in)	plot	Handlung
channel	Programm, Kanal	rating	Einschaltquote
commercial	Werbespot	shot	Aufnahme
feature film	Spielfilm	to shoot a film	einen Film drehen
animated film, cartoon	Zeichentrickfilm	to star somebody	jemanden in einer Hauptrolle zeigen
script	Drehbuch	to go to the pictures (BE)/ movies (AE)	ins Kino gehen
subtitle	Untertitel		
screen	Bildschirm		
programme	Sendung		

156 157

2. Regelmäßige und unregelmäßige Verben

Übung 1

Simple Present	Simple Past	Past Perfect
he solves	he solved	he had solved
we don't take	we didn't take	we hadn't taken
they think	they thought	they had thought
you empty	you emptied	you had emptied
she doesn't give	she didn't give	she hadn't given
I don't stop	I didn't stop	I hadn't stopped
he helps	he helped	he had helped
she sees	she saw	she had seen
we move	we moved	we had moved

Übung 2

After they had picked up their luggage, a bus took them to their hotel. They had rooms with a beautiful view of the sea.
After they had spent their first day on the beach, they realized that they all had turned quite red in the hot summer sun. They hadn't used any sunscreen product for their skin – a mistake they didn't make again!
Mrs Northam loves going to museums. On Sunday they visited Malta's capital Valetta. Kevin and Fiona didn't want to spend hours at the National Museum with their parents, so they went to a café instead.
Fiona doesn't like history at school very much, but she was very impressed by the prehistoric temples of Tarxien and Ggantija. She hadn't seen anything like that before.
Kevin and Fiona were very proud of the bargains they had got at the street market in Valetta. Kevin had bought some coins for his collection and Fiona had found a beautiful orange blouse there.

Übung 3

1. Kevin collects all sorts of coins.
2. Mr Northam forgot to leave the key at the hotel reception.
3. Mrs Northam had enjoyed looking at the beautiful sunset.
4. Fiona doesn't understand the language of the Maltese people.

Hier ein paar nützliche Vokabeln zum Thema *Reisen:*

journey, trip	Reise, Fahrt	abroad	im/ins Ausland
package tour	Pauschalreise	to leave for	aufbrechen nach
by car/bus/train	mit dem Auto/Bus/Zug	to pack	(ein)packen
board	Verpflegung	to unpack	auspacken
sights	Sehenswürdigkeiten	to travel	reisen
passport	Reisepass	to hitchhike	per Anhalter fahren
suitcase	Koffer	to book, to reserve	reservieren
return ticket	Rückfahrkarte	to check in	einchecken, ankommen
tourist office	Fremdenverkehrsbüro		
guide	Reiseführer		

158 159

3. Zwei Kreuzworträtsel … und noch mehr unregelmäßige Verben

Übung 1

Simple Past

ACROSS 2. blew, 5. came, 6. brought, 7. thought, 9. began, 10. bet, 13. heard, 14. shut, 15. slept, 16. got, 18. fell, 20. swam, 22. threw, 23. spent, 24. fed, 26. lost, 28. found, 29. sent, 30. met

DOWN 1. understood, 2. bought, 3. broke, 4. caught, 6. became, 8. went, 9. built, 11. wrote, 12. spelt, spelled, 13. had, 14. spoke ,17. beat, 19. left, 20. stood, 21. ate, 23. shone, 25. drove, 27. sang

Übung 2

Past Participles

ACROSS: 2. made, 3. thrown, 7. forgotten, 9. brought, 11. caught, 12. eaten, 14. run, 16. chosen, 17. frozen, 18. stood, 19. kept, 21. bitten, 23. bled, 25. slept, 26. fought, 28. built, 30. torn, 31. given, 32. got, 33. known, 35. begun, 37. driven, 39. found

DOWN: 1. understood, 2. met, 4. won, 5. bought, 6. beaten, 8. fallen, 9. thrown, 10. heard, 13. stolen, 15. spent, 16. cut, 20. dug, 21. broken, 22. been, 24. flown, 25. shown, 27. hidden, 28. blown, 29. hit, 34. worn, 36. drawn, 38. shot

Hier einige wichtige unregelmäßige Verben:

be, was (were), been	sein	give, gave, given	geben
become, became, become	werden	hear, heard, heard	hören
begin, began, begun	beginnen	hold, held, held	halten
bite, bit, bitten	beißen	hurt, hurt, hurt	verletzen, schmerzen
blow, blew, blown	blasen, wehen	know, knew, known	wissen
break, broke, broken	(zer)brechen	learn, learnt, learnt	lernen
bring, brought, brought	(her)bringen	learned, learned	
build, built, built	bauen	leave, left, left	(ver)lassen
buy, bought, bought	kaufen	lend, lent, lent	leihen
catch, caught, caught	fangen	lose, lost, lost	verlieren
choose, chose, chosen	(aus)wählen	mean, meant, meant	bedeuten, meinen
come, came, come	kommen	meet, met, met	(sich) treffen
cost, cost, cost	kosten	pay, paid, paid	bezahlen
cut, cut, cut	schneiden	say, said, said	sagen
do, did, done	tun	see, saw, seen	sehen
dream, dreamt, dreamt	träumen	sell, sold, sold	verkaufen
dreamed, dreamed		show, showed, shown	zeigen
drink, drank, drunk	trinken	smell, smelt, smelt	riechen
drive, drove, driven	fahren	spend, spent, spent	verbringen, ausgeben
eat, ate, eaten	essen	tear, tore, torn	(zer)reißen
feel, felt, felt	(sich) fühlen	think, thought, thought	denken, glauben
find, found, found	finden	throw, threw, thrown	werfen
fly, flew, flown	fliegen	wear, wore, worn	tragen (Kleidung)

B If-Sätze
1. If-Sätze: Grundtypen

161

Übung 1

1. If my friend in Scotland had a computer, I would send her e-mails instead of ringing her every few days.
2. Kevin would have come to Julia's birthday party in time if his bike hadn't had a puncture.
3. If those cool trousers are still there tomorrow, I'll buy them.
4. Vivian would go to the late show at the cinema if she didn't have a test tomorrow.
5. If Jomo hadn't sprained his ankle, he would have taken part in the skateboard competition last weekend.

Übung 2

1. If my friend in Scotland had a computer ...	type II
2. Kevin would have come to Julia's birthday party in time ...	type III
3. If those cool trousers are still there tomorrow ...	type I
4. Vivian would go to the late show at the cinema ...	type II
5. If Jomo hadn't sprained his ankle ...	type III

Übung 3

1. If I work at the sports shop, I will get a new pair of trainers at a cheaper price.
2. Alicia will get good tips if the manager of the golf club employs her as a waitress.
3. If Pete had a motorbike, he would apply for a job at Safeway's supermarket. It's definitely too far to go by bike.
4. I would work at the take-away if they paid a little more.
5. If Kevin hadn't broken his leg last summer, he would have worked at the car wash.
6. I certainly wouldn't have minded the Sullivans' kids if I had known that they never went to bed before eleven o'clock!

Hier ein paar nützliche Vokabeln zum Thema *Arbeit und Beruf:*

apprentice	Auszubildende(r)	full-time	Vollzeit-, Ganztags-
employer	Arbeitgeber(in)	part-time	Teilzeit-
employee	Arbeitnehmer(in)	out of work, unemployed	arbeitslos
boss	Chef(in), Arbeitgeber(in)		
working hours	Arbeitszeit	temporary	vorübergehend
pay	Bezahlung	to have a day off	einen Tag frei haben
department	Abteilung	to apply	sich bewerben
office	Büro, Amt	to earn one's living	seinen Lebensunterhalt verdienen
job interview	Vorstellungsgespräch		
flexitime	gleitende Arbeitszeit	to afford	sich leisten (können)

162 | 163

2. *If you need any help …*
If-Sätze – Typ I

Übung 1

1. If you are interested in theatre and acting, you can/might join the drama group.
2. If you are ill, you or your parents must inform the school.
3. If you like music and dancing, you can/might come to one of our school discos.
4. If your parents take you to school by car, they shouldn't drive into the school grounds because there isn't much parking space there.
5. If you are keen on earrings, don't wear more than one in one ear! Nose or eye brow studs aren't allowed, either!
6. If you and your parents want to know more about the school, you will/can/might find lots of interesting pieces of information in the "Broughton Bulletin" – that's our quarterly newsletter.

Übung 2

1. If we don't find any sponsors, we won't have any prizes for the song contest.
2. We could hold a skateboard competition if it doesn't rain.
3. If there aren't any refreshments, the visitors won't stay long.
4. My uncle will lend us his stereo equipment if we don't let anybody else get near it.
5. If we offer a number of different activities, people won't have to queue up all the time.

Übung 3

1. My sister will lend you her bike if we want to go on a bike trip.
2. If you don't like bike trips, we can go swimming.
3. One other thing: We'll go to an open air concert if my friend gets tickets.
4. If you've got enough space in your suitcase, bring your roller skates!
5. If Dad doesn't have time / If Dad hasn't got time, Mum will go to a theme park with us.

Hier ein paar nützliche Vokabeln zum Thema *Aussehen:*

beauty	Schönheit	pretty	hübsch
appearance	Aussehen	fair	blond
figure	Figur	dark	dunkel(haarig)
haircut	Haarschnitt	slender, slim	schlank
suntan	Sonnenbräune	fat	dick, fettleibig
necklace	Halsband	pale	blass
earring	Ohrring	smart	schick, elegant
stud	(Ohr-)Stecker, Piercing	neat	ordentlich, gepflegt
handsome	gutaussehend	to put on	anziehen
beautiful	schön, hübsch	to get ready	(sich) fertig machen
attractive	attraktiv	to try on	anprobieren

164 | 165

3. *If a fairy granted me one wish …* If-Sätze – Typ II

Übung 1

1. John wouldn't be so successful if he didn't train three or four times a week.
2. If John and Vivian had tickets for Wimbledon, they might/could/would watch André Agassi live for the first time.
3. If the firm John's father works for didn't sponsor his son, John's sport would be too expensive for the Websters.
4. John would finish school even if he earned a lot of money as a professional tennis player.
5. His girlfriend Vivian would love him even if he didn't win every match.

Übung 2

Vivian: If you went out with your brother and his boyfriend, and if your brother pretended to be tired and went home, "he" might give you a lift.
Sheila: If I were you, I'd/would wear that terrific blue top!
Jennifer: If I didn't have those braces, I'd/would be more self-confident.
Vivian: Honestly – if I had your looks, I wouldn't worry about braces!

Übung 3

Chris (16): If I had a motorbike, it wouldn't take hours to get to school.
Judy (14): If we didn't have school in the afternoon, I could / would meet my friends more often.
Sarah (15): If I became a Hollywood star, I would have dinner with Leonardo di Caprio.
Richard (15): If I won a free trip to the moon, I would send my geography teacher a postcard.

Hier ein paar nützliche Vokabeln zum Wortfeld *Gefühle und Beziehungen:*

feelings	Gefühle	to get to know	kennenlernen
a good sense of humour	Sinn für Humor	to be fond of	gern, lieb haben
trust	Vertrauen	to be in a good/bad mood	gute/schlechte Laune haben
happy	glücklich	to miss	vermissen
sad	traurig	to quarrel	streiten
glad	froh	to lie	lügen
upset	durcheinander, aufgeregt	to chat	plaudern
excited	aufgeregt	to apologize	sich entschuldigen
angry (about)	ärgerlich, verärgert (über)	to trust	vertrauen
mad (about)	wütend (über)	I can't stand …	ich kann … nicht ertragen
jealous	eifersüchtig		
disappointed	enttäuscht	to fancy	mögen

166 167

4. *If or when?* Bedingung oder Zeitpunkt?

Übung 1

1. Nebensatz der Zeit
2. Bedingungssatz
3. Nebensatz der Zeit
4. Nebensatz der Zeit
5. Bedingungssatz
6. Nebensatz der Zeit

Übung 2

1. When Sheila got an invitation from her aunt in Boston, she was very excited.
2. She wrote: "If you don't miss your parents and your friends, I would suggest that you stay for four weeks."
3. "When you arrive, I will pick you up at the airport."
4. "Of course you can call your parents immediately when we get to my place.
5. If Sheila's aunt didn't have internet access, Sheila's boyfriend couldn't send her any e-mails.
6. When Sheila is at the airport, she will have enough time for drinking a cup of coffee before the departure.

Übung 3

1. Chris calls Sheila almost every day when she comes/gets home from school.
2. When she told him about her trip to America, he was not very enthusiastic.
3. Chris asked: "If you got to know a nice boy in Boston, would you fall in love with him?".
4. Sheila's answer: "If you don't stop asking such silly/stupid questions, I'll send you a photo of me and Leonardo di Caprio!".
5. Chris laughed. "O.K.! When I come back from basketball practice, I'll pick you up and we'll go to the cinema – 'The Beach' with Leonardo di Caprio is on at the moment!".

Hier ein paar nützliche Vokabeln zum Wortfeld *Flughafen:*

arrival	Ankunft	to take off	starten, abheben
departure	Abflug	to land	landen
hand luggage (BE) hand baggage (AE)	Handgepäck	plane, aircraft	Flugzeug
		wing	Tragfläche
baggage claim	Gepäckausgabe	flight attendant	Flugbegleiter(in)
customs	Zoll	runway	Start-/Landebahn
passport control	Passkontrolle	delayed	verspätet
announcement	Durchsage	cancelled	abgesagt, storniert

5. *Mixed exercises:* If-Sätze – Typ I und Typ II

168 | 169

Übung 1

1. If I were you, I'd join a cycling club. That's great fun and you can learn a lot!
2. If you want to buy a second-hand bike, check the main mountain bike magazines for classified ads.
3. If you haven't got a helmet, you should look for a good one that fits perfectly.
4. If I didn't have to study for that maths test, I'd go to the bike shop with you.
5. If you intend to ride regularly, cycling shorts are a must. They have a padded insert and make cycling much more comfortable.

Übung 2

Sheila:	If you allow me to go out tonight, I'll/I will be back at midnight, I promise.
Mrs Ragunathan:	If you didn't go out so often, you could have much better marks at school.
Sheila:	But Mum! If I only stayed at home, life would be terribly boring and I wouldn't study more than I do now! I promise – if you let me go out tonight, I won't go out tomorrow.
Mrs Ragunathan:	If you showed just a little more enthusiasm for your school subjects, I wouldn't have anything to worry about.
Sheila:	If Sheila Ragunathan doesn't get an A or a B in her next test, she won't go out for a whole month. Is that a deal?
Mrs Ragunathan:	That sounds fine.

Übung 3

1. John: If somebody has got today's newspaper, we can/could/might have a look what's on at the cinema.
2. Alison: If the new James Bond film is on, don't count me in! I hate James Bond!
3. Chris: If we lived in London, we would be able to go to the fairground at the Millennium Dome.
4. Sheila: The Escape Club would be a nice place to go to if they didn't play such terrible music!
5. Alison: If you are hungry, we can have a snack first. There's a new Italian pasta bar in Lancaster Road.
6. Sheila: I can only go there if somebody lends me five pounds.
7. John: O.K. – if we all hurry up, we 'll catch/will catch the bus!

Hier ein paar nützliche Vokabeln zum Themenbereich *Erholung, Spiel, Sport:*

recreation	Erholung	to score	(Punkte) erzielen
leisure, spare time	Freizeit		(Tore) schießen
pleasure	Vergnügen	to take part in	teilnehmen an
athlete	Sportler(in), Athlet(in)	to hit	schlagen, treffen
event	Ereignis, Veranstaltung	to run	laufen
gymnasium	Turnhalle	to jump	springen, hüpfen
rule	Regel	to have fun	Spaß haben
tournament	Turnier	indoors	drinnen
spectator	Zuschauer(in)	outdoor games	Spiele im Freien

170 171

6. *If things had been different …*
If-Sätze – Typ III

Übung 1

1. If Anakin Skywalker had been a girl in "Star Wars: Episode I", she would have been the first female Jedi knight.
2. Fewer hankies would have become soaked with tears if Leonardo di Caprio had survived in "Titanic".
3. If Shakespeare hadn't fallen in love, his career as a playwright would/might/could have come to a quick end.
4. Mr Bean's American host family wouldn't have protested if he had moved out of their house.
5. If Arnold Schwarzenegger hadn't shown his muscles in his latest film, it might have become a flop.
6. Julia Roberts wouldn't have fallen in love with Hugh Grant in *Notting Hill* if he hadn't spilled his orange juice on her T-shirt.
7. If Rhett Butler hadn't looked so handsome, Scarlett O'Hara mightn't have fallen for him.

Übung 2

If I hadn't missed the bus, I wouldn't have got my motorbike out of the garden-shed. If I hadn't got my motorbike out of the garden-shed, I wouldn't have torn my new jacket. If I hadn't torn my new jacket, I wouldn't have been so furious and I wouldn't have kicked my motorbike. If I hadn't kicked my motorbike, it wouldn't have fallen on my foot. If my motorbike hadn't fallen on my foot, I wouldn't have played badly at the football match. If I hadn't played badly at the football match, my team wouldn't have lost the match."

Übung 3

If John had studied harder, he wouldn't have made so many mistakes.
If he had not been partying all night, he would have kept a clear head.
If he hadn't forgotten his watch, time wouldn't have run out for him.
John's father would have studied with him if he had asked him.

Hier ein paar nützliche Vokabeln zum Wortfeld *Schule:*

education	Erziehung, Bildung	blackboard	Wandtafel
elementary school	Grundschule	subject	Unterrichtsfach
public school (BE)	Privatschule mit Internat	break	Pause
comprehensive school	Gesamtschule	staff room	Lehrerzimmer
boarding school	Internat	to attend	besuchen (Schule)
high school, grammar school	weiterführende Schule	to cheat	mogeln
		to pass	schaffen, bestehen
exam	Prüfung	to fail	nicht bestehen, durchfallen
report	Zeugnis		
mark (BE), grade (AE)	Note	to mark	zensieren, bewerten

7. *Mixed exercises* – Typ I, II und III

Übung 1

1. Even if John and his father didn't catch any fish, they would have a lot of fun together.
2. They will go on a fishing holiday next summer if it doesn't cost a fortune.
3. They would have gone last spring if John hadn't caught a bad cold.
4. If John didn't have to be out at the crack of dawn, he would enjoy their fishing trips even more.
5. If they had a boat, they could go out onto the river and fish in different areas.
6. John's father wouldn't have become soaking wet last weekend if he hadn't slipped and fallen into the water.

Übung 2

Type I: John's father can't go fishing with his son in the holidays if he doesn't get a day off from work.
Type II: John's father couldn't go fishing with his son in the holidays if he didn't get a day off from work.
Type III: John's father couldn't have gone fishing with his son in the holidays if he hadn't got a day off from work.

Type I: If Fiona finds a well-paid summer job, she will buy a new stereo.
Type II: If Fiona found a well-paid summer job, she would buy a new stereo.
Type III: If Fiona had found a well-paid summer job, she would have bought a new stereo.

Type I: John will bring us some pizzas if the take-away round the corner is open.
Type II: John would bring us some pizzas if the take-away round the corner was open.
Type III: John would have brought us some pizzas if the take-away round the corner had been open.

Type I: If it doesn't rain, the Hendersons will go camping.
Type II: If it didn't rain, the Hendersons would go camping.
Type III: If it hadn't rained, the Hendersons would have gone camping.

Übung 3

On the top of a high mountain in the Austrian Alps there is a sign warning climbers: "Be careful not to fall. It's a dangerous place. But if you fall, look to the right. The Alps are beautiful!"
A young lady is standing in front of her wardrobe complaining to her husband: "Just look at my clothes. If anyone came they might think I was a cook. Her husband replies calmly: "If they stayed for dinner they wouldn't!"

174 175

8. *More mixed exercises* – Typ I, II und III

Übung 1

If Britney Spears hadn't been such a talented young girl, she wouldn't have become a TV star at 11. Her music videos wouldn't have earned so much praise if she hadn't taken dance classes for years. If her single and album sales continue to break records, she will become a big star.
Robbie Williams would be an actor now if he hadn't responded to the newspaper ad of a band some years ago. If Robbie hadn't drunk too much, he wouldn't have dived into the fountain of a hotel and he wouldn't have a scar just above his eyes now.

Übung 2

If Jeremy hadn't joined the local cycling club two years ago, he wouldn't be so good at this sport now. If he trains hard, he can win the cross-country course next month. And if Jeremy wins the competition, a local helmet manufacturer will sponsor him for two years.
Jeremy and his friends usually ride in the Forest Enterprise woodlands where there are marked trails for cyclists. If they didn't have good cycling equipment, their parents wouldn't let them do this sport. Last year Jeremy fell off his bike and would have hurt himself badly if he hadn't had such a good helmet.
When Jeremy visits his cousin Greg next weekend, Greg will show him the most exciting trails in the area.

Übung 3

Sharon: I heard that you can be an au pair if you are between 18 and 30 years old – is that right?
Vivian: Yes, that's true. And you don't have to be a girl! If I had enough money, I would go to the United States for a holiday. But if I work as an au pair, I will get pocket money and I won't have to pay anything for room and board.
Sharon: Can you switch families if you don't get along with your host family?
Vivian: Yes, you can. Your au pair agency will help you. That's why it's important to find an agency that belongs to an international au pair organization.
By the way – if I didn't have any childcare experience, I wouldn't be accepted by some agencies.
Sharon: If my sister's friend had gathered more information about being an au pair, I'm sure she wouldn't have had such a negative experience.
Vivian: If I like the States, maybe I 'll stay there!
Sharon: If I didn't have such a fear of flying, I would come with you.

Übung 4

1. If you don't like children and housework, you shouldn't work as an au pair.
2. Many au pairs would not be so surprised if they had chosen their host family more carefully.
3. If I had been under 21, it would have been much more difficult for me in the USA to go out in the evening.

9. *If only* … – Irreale Wunschsätze

176 177

Übung 1

1. I wish I didn't have a temperature.
2. If only my throat didn't hurt so much.
3. I wish Sheila were/was here.
4. Wasn't that the doorbell? If only someone came to visit me.
5. I wish I felt better. I can't even read a book.
6. If only the hours passed a little more quickly.
7. If only those church bells didn't ring every quarter of an hour.

Übung 2

1. If only I had made more sandwiches.
2. I wish Pete hadn't talked so much.
3. If only Jomo hadn't dropped a full bottle of coke.
4. I wish Susan had played a few songs on the guitar.
5. If only I had asked Karen to bring some of her CDs.
6. I wish Steve had complimented me on my new dress.

Übung 3

Alison: If only the rain stopped.
Roger: I wish we had packed our raincoats.
Kevin: If only we had watched the weather forecast.
Sheila: I wish I didn't have wet feet.
Jomo: If only I found my cards. Then we could play a game of rummy.
John: I wish you didn't complain about everything.

Hier ein paar nützliche Vokabeln zum Wortfeld *Gesundheit und Krankheit:*

health	Gesundheit	painful	schmerzhaft
illness, disease	Krankheit	contagious	ansteckend
injury	Verletzung	severe	schlimm, stark
pain	Schmerz	to suffer from	leiden an
bandage	Verband	to recover	sich erholen, gesund werden
prescription	Rezept		
medical treatment	medizin. Versorgung	I feel sick.	Mir ist übel.
recovery	Genesung	to bleed	bluten
breakdown	Zusammenbruch	to faint	ohnmächtig werden
flu	Grippe	to catch (a) cold	sich erkälten
headache	Kopfschmerzen	to hurt	schmerzen, wehtun

178 179

10. *Had it stopped raining …* Verdrehte Bedingungssätze

Übung 1

1. If you should want to watch a bilingual programme, you can select the language.
2. If the remote control unit shouldn't operate, change the batteries.
3. If there should be any recording trouble, the clock time might not be set correctly.
4. If the sound quality should be poor, the tape might be defective.

Übung 2

Mr Webster: Had the boy's father not gone for a walk with his son in such stormy weather, this wouldn't have happened.
Mrs Webster: Had they not walked so close to the edge of the cliff, it wouldn't have been so dangerous.
John: Had the boy fallen into the water, he might have drowned.
Mrs Webster: Had it taken longer to call for help, the boy might have died.
Sarah: Had the RAF helicopter crew not been so excellent, they might not have been able to rescue the boy from the bottom of the cliffs.

Übung 3

1. Had he practised with his new skateboard a little longer, this wouldn't have happened.
2. Had he not jumped into the air, he wouldn't have fallen.
3. Should he try to skate with his broken arm, his mother would hide his skateboard.

Hier ein paar nützliche Vokabeln zum Wortfeld *Wetter und Klima:*

weather	Wetter	fine, beautiful, fair	schön
storm	Sturm	bad, nasty	schlecht, garstig
thunderstorm	Gewitter	cool	kühl
lightning	Blitz	chilly	frostig
blizzard	Schneesturm	hot	heiß
hurricane	Orkan	foggy	neblig
cold	Kälte	cloudy	bewölkt
warmth	Wärme	it is clearing up	es hellt sich auf
sunny spells	sonnige Abschnitte	to rain	regnen
(weather) forecast	Wetterbericht	to pour	schütten

C Futurformen
1. Spontane Absichtserklärung: will-Future

180 181

Übung 1

1. John: I'll go to the information desk over there.
2. Jomo: I'll have a look at the timetable.
3. John: I think I'll buy one of those T-shirts.
   Jomo: I don't think I'll get one.
4. John: I'll be right back.

Übung 2

1. I'll return the books for you.
2. I think I'll go to the dentist's.
3. I don't think I'll invite 20 guests to my party. / I won't invite 20 guests to my party.
4. I'll ring Robert and ask him if he wants to come along.
5. I don't think I'll ride again. / I won't ride again.

Übung 3

1. John: The first thing that I'll do – I'll take a shower.
2. Kevin: I'll put up our certificate in the classroom.
3. Samantha: I think I'll eat three portions of spaghetti.
4. Sheila: I don't think I'll touch a ball again today. / I don't think I'll touch another ball today.
5. Jomo: I'll go home and watch the Star Wars video.
6. Vivian: I'll put ice on my thumb. It's pretty swollen.

Hier ein paar nützliche Vokabeln zum Thema *Fußball:*

team	Mannschaft, Team	forward	Stürmer
captain	Mannschaftskapitän	defender	Verteidiger
coach	Trainer	goalkeeper (goalie)	Torwart
championship	Meisterschaft		
Cup Final	Pokalendspiel	penalty kick	Elfmeter
fan, supporter	Fan, Anhänger	to score a goal	ein Tor schießen
hooligan	Fußballrowdy	scoreboard	Anzeigetafel
referee	Schiedsrichter	goal line	Torlinie
linesman	Linienrichter	result	Ergebnis, Resultat

182 183

2. Geplantes Vorhaben: going-to-Future

Übung 1

10	12	14	16
The Taylors	The Hendersons	The O'Sullivans	The Campbells
are going to have a barbecue party.	are going to paint their kitchen.	are going to visit friends in York.	are going to buy a new computer.

Übung 2

1. Alison is going to work at Safeway's supermarket.
2. Greg and Laura are going to go to an open-air concert.
3. Steve is going to take part in a kite festival in Coventry.
4. Gloria is going to attend a language course in France.
5. Patrick is going to spend two weeks in a summer camp in Wales.

Übung 3

1. I'm not going to start studying the last day before the exam.
2. I'm going to learn words for a quarter of an hour every day.
3. I'm going to buy a book with exercises and I'm going to do a few exercises every weekend.
4. On Saturday I'm not going to sleep till 11 o'clock, but I'm going to get up at 8.
5. I'm going to give my German teacher an essay to correct every week.

Hier ein paar nützliche Vokabeln zum Wortfeld *Familie:*

family	Familie	relative	Verwandter
child (pl. children)	Kind	parent	Elternteil (Vater o. Mutter)
wife (pl. wives)	Ehefrau	single parent	alleinerziehender Elternteil
husband	Ehemann	grandmother	Großmutter
mother	Mutter	grandchild	Enkel
daughter	Tochter	marital status	Familienstand
son	Sohn	single	ledig
grandparents	Großeltern	married	verheiratet
grandfather	Großvater	divorced	geschieden
aunt	Tante	to get engaged	sich verloben
uncle	Onkel	to get married	heiraten
niece	Nichte	to bring up/ to raise	erziehen, aufziehen
nephew	Neffe		

3. Allgemeine Vorhersage oder Vermutung: will-Future

184 185

Übung 1

1. Tomorrow there will be some heavy rain showers in the north of Scotland. The temperature will fall below 8°C and you will need warm clothes.
2. Strong winds will come from the east. They will blow away the clouds in the late afternoon.
3. The sun won't find any clouds to hide behind on Saturday. The winds will calm down and the temperature will rise to 18°C.
4. Sunday will bring excellent weather for all kinds of outdoor activities. It will be sunny and warm all day with temperatures rising to 22°C.

Übung 2

1. I'm sure you will be impressed by the castle.
2. You will probably taste a whisky at the Scotch Whisky Heritage Centre.
3. I expect you will spend some time at the waterfront.
4. I'm sure you will try out lots of excellent restaurants, bistros and pubs.
5. I expect you will visit The Tavern, the oldest pub in Scotland.
6. I hope you will have lots of fun.

Übung 3

1. Next week you will be surprised by a dear friend.
2. The next weekend/Next weekend will be very exciting for you.
3. You will get a letter which will change your life.
4. Between the 14th and the 18th you will meet an old friend.
5. Your dream partner will step into your life, but you won't see him at first.
6. In the summer one of your dreams will come true.
7. Your purse/wallet won't stay empty for long.

Hier ein paar nützliche Begriffe zum Thema *Horoskop:*

sign of the Zodiac star sign	Sternzeichen	libra	Waage
		scorpio	Skorpion
celestial bodies	Himmelskörper	sagittarius	Schütze
taurus	Stier	capricorn	Steinbock
gemini	Zwillinge	aquarius	Wassermann
cancer	Krebs	pisces	Fische
leo	Löwe	aries	Widder
virgo	Jungfrau		

186 | 187

4. Es bahnt sich etwas an: going-to-Future

Übung 1

1. Vivian feels terrible. She thinks she's going to be sick.
2. Look at James Bond's sports car! It's going to explode in a second.
3. Take an umbrella with you. It's going to rain soon.
4. Today there is more traffic in the streets than usual. I think I'm going to be late for work.
5. Those football players look very tired. The other team is going to score a goal any minute.
6. There was an accident in Preston Road. The ambulance is going to arrive soon.
7. Don't park your car here. You are going to get a ticket.
8. John is running round the corner. He's going to catch the bus.

Übung 2

Claire: This is going to be a really trendy area.
Peter: You are going to fall into the water!
Claire: And you are going to rescue me, aren't you?
Peter: I'm hungry – and I 'm not going to look at another seafood restaurant without going in.

Übung 3

Claire: You are going to feel cold pretty soon.
Peter: I'm going to sit very close to you.
Claire: They are going to have fantastic prices in the shops.
Peter: It is going to look terrific on you!

Übung 4

1. A helicopter is going to come and rescue him.
2. We are going to hear a terrible scream.
3. The car is going to overturn.
4. They are going to fall in love with each other.

Hier ein paar nützliche Vokabeln zum Thema *Umweltschutz:*

ecology	Umweltforschung	environment	Umwelt
pollution	Verschmutzung	poison	Gift, Schadstoff
noise	Lärm	harm	Schaden
recycling	Wiederverwertung	survival	Überleben
litter, rubbish, garbage, waste	Abfall, Müll	to protect	(be)schützen
		to pollute	verschmutzen

5. Will-Future oder going-to-Future?

188 189

Übung 1

Samantha: I'm going to visit my German pen-friend in August. Maybe I'll find a nice present for her.

Sheila: You will speak German fluently when you come back. Look, they sell power bead bracelets over there. I'll get a pink one for myself – that's for love and romance.

Samantha: That's a nice cardigan. I'll try it on.

Sheila: Give me your bag. I'll hold it for you. Be careful – that pile of T-shirts is going to fall.

Samantha: What are you going to wear at Jill's birthday next week?

Sheila: I don't know yet. I hope I'll find something nice here on the market.

Übung 2

1. I'm going to do a course in computer programming.
2. Do you think I'll be able to make my own Internet homepage soon?
3. Why don't we start our own Internet business? I'm sure we'll make a lot of money.
4. My dad is going to contact a business partner in California.
5. I'm pretty sure he'll offer me a holiday job.
6. There will be a growing demand for web designers in the future.

Übung 3

Jeff: Kevin and I have already decided what we are going to do. Kevin is going to send an e-mail to the World Land Trust and ask for material. I'm going to collect articles about the rainforest in Brazil.

Jennifer: I'm sure people will want to get information about environmental projects in Britain, too.

Eve: That's a good idea. My uncle is a ranger. I'll phone him and interview him about his job. I expect he'll know about projects in the area.

Oliver: I've collected some walkabout leaflets for discovering the local countryside. I'm going to cut out the pictures and maps and make a poster.

Jennifer: By the way – Ms Leigh is going to let us use some geography lessons for preparing the project.

190 | 191

6. Das Simple Present bei Fahrplänen und Öffnungszeiten

Übung 1

1. The plane leaves/takes off at 6 o'clock in the morning.
2. We don't have to change/We needn't change, it's a direct flight.
3. The flight takes 13 hours.
4. We arrive at the hotel at about 10 o'clock local time.
5. The first day of our stay is a bank holiday in the USA.
6. It's a pity that the theatre festival doesn't start a week earlier.

Übung 2

1. When does the Tate Gallery open tomorrow morning?
2. Do the sightseeing buses go every hour this afternoon?
3. Does the 11.15 train to Windsor leave from Victoria station?
4. When does the train arrive at Windsor?
5. What time does the football match Arsenal vs. Leeds start?
6. When do the big department stores close tonight?

Übung 3

Susanne: Harry, when do your summer holidays end?
Harry: On September the first school starts again – and I'm already looking forward to it.
Susanne: How do you get back to Hogwarts Castle? By magic power?
Harry: No, by train. The Hogwarts Express leaves at 11 o'clock from platform nine and three-quarters and arrives at Hogwarts Castle in the evening.
Susanne: Are you allowed to stay up longer on the first evening?
Harry: No, the light is switched/turned off at 11 p.m.

Hier ein paar nützliche Vokabeln zum Thema *Wohnen:*

home	Wohnung, Zuhause	flat	(Etagen-)Wohnung
rent	Miete	to rent	mieten, pachten
landlord	Vermieter	gate	Tor
landlady	Vermieterin	ceiling	Zimmerdecke
floor	Fußboden	hall	Diele, Flur
cellar	Keller	basement	Untergeschoss
view	Aussicht	heating	Heizung
furniture	Möbel	carpet	Teppich
furnished	möbliert	terraced house	Reihenhaus
downstairs	unten, hinunter	semi-detached house	Doppelhaus
upstairs	oben, hinauf		

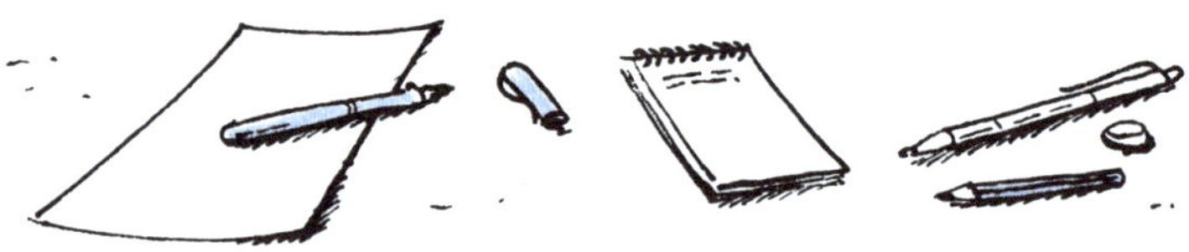

7. Feste Vereinbarung: Present Progressive

192 193

Übung 1

1. Jomo is playing golf with Gerald and Steve on Sunday afternoon.
2. He is meeting Vivian in town on Monday afternoon.
3. He is watching a football match on Tuesday evening.
4. He is going to the dentist's on Wednesday afternoon.
5. He is having a driving lesson on Thursday afternoon.
6. He is helping John repair his motorbike on Friday evening.

Übung 2

1. Mum, Dad and I are flying to Majorca in August.
2. My brother Jim isn't coming with us.
3. He's going camping in Wales with some friends.
4. Some friends of ours are joining us in the second week.
5. What are you doing in the summer holidays?

Übung 3

1.	Mrs O'Brien:	Vivian, the Tylers are having a barbecue party next Saturday. Would you like to come along?
	Vivian:	Yes, I'd love to. What time does it start?
2.	Geena:	Hi, Steve. Jack and I are playing crazy golf this afternoon. Are you coming with us?
	Steve:	Sorry, I'm helping Brian paint his room.
3.	Samantha:	Dad, we are going on an excursion on Tuesday. Could you give me and Sheila a lift to the station? The train leaves at 7.30 a.m.
	Mr Henderson:	OK. Tell Sheila that we are picking her up at 7.
4.	Kevin:	What time does school start tomorrow?
	Jomo:	It starts at 9.45.
5.	Announcement:	Due to reconstruction work in progress the 9.30 train to Manchester does not leave from platform 3 today, but from platform 8.

Hier ein paar nützliche Vokabeln zum Thema *Denken, Verstand:*

mind	Geist, Verstand	conscience	Gewissen
reason	Verstand, Vernunft	truth	Wahrheit
meaning	Bedeutung	sense	Sinn
nonsense	Unsinn	joke	Witz
wisdom	Weisheit	experience	Erfahrung
knowledge	Wissen	basic knowledge	Grundwissen
misunderstanding	Missverständnis	confusion	Verwirrung
dull	dumm, langweilig	stupid	dumm, blöd
bright	intelligent	clever	begabt, gescheit
wise	weise	crazy	verrückt
mad	irre, verrückt	silly	albern
sensible, reasonable	vernünftig	to realize	wahrnehmen

194 195

8. Nebensätze mit *if, when, as soon as, before, until* und *while*

Übung 1

1. b) I'll come to see you before you leave.
2. a) I can't wait till he comes.
3. b) Mr Jackson will complain about his neighbour's dog if it doesn't stop barking.
4. a) Mrs Burnes will be very angry when she sees that her children have smashed her favourite flower pot.
5. a) As soon as we go to bed there will be this strange noise coming from the attic.
6. b) We'll have to stay up until the last guest leaves the house.
7. a) I 'll let you know as soon as I hear from my boyfriend.
8. b) Don't say anything before you know the whole story.
9. b) I'm going to bake a cake for Mum while she is in town.
10. a) Sheila wants to visit her cousin before the summer holidays are over.

Übung 2

1. As soon as my dad comes back from his trip, I'll tell him to give you a ring.
2. I'll be waiting for you at the information desk when you arrive.
3. We have to clean our rooms before Mum gets home.
4. John is going to sell his motorbike as soon as he finds a better one.
5. If you answer this question correctly, you will get a good mark.

Übung 3

1. As soon as I have enough money I'll travel around the world.
2. When I arrive in San Francisco, I'll (I'm going to) visit the Shakespeare Garden at Golden Gate Park.
3. If I run out of money, I'll work as a waitress at the Moscone Center.
4. Before I leave California, I'll (I'm going to) fly to Los Angeles and visit the new Getty Museum.
5. When I leave Munich, my mother will ask me: "Don't forget to send me a mail every day before you go to bed.
6. I'll be homesick until I find new friends.
7. I'm going to send a lot of letters, mails and postcards to my friends while I'm away.

Hier ein paar nützliche Vokabeln zum Wortfeld *Länder, Sprache:*

country	Land	continent	Erdteil
nationality	Nationalität	language	Sprache
Europe	Europa	Asia	Asien
Australia	Australien	Africa	Afrika
North America	Nordamerika	Central America	Mittelamerika
South America	Südamerika	New Zealand	Neuseeland

9. Future Perfect und Future Progressive

196 197

Übung 1

1. This time next year Tom will be reading the sixth volume of *"Harry Potter"*.
2. John will be working in his father's shop.
3. This time next year Ted will be repairing the used car he got from his grandfather.
4. My sister Caroline will be babysitting as an au pair in the USA.
5. Our teacher will be correcting our English test-papers.
6. Will you still be learning English?

Übung 2

1. Tonight you will have removed the spiders from our bathroom.
2. Otherwise we will have left before you can count to three.
3. Tina and Sarah also hope that somebody will have repaired the central heating when they come back.
4. By the end of the week they will have written a letter of complaint.

Übung 3

Mrs O'Brien: Vivian, I'll be working tomorrow afternoon. Can you go for a walk with Mr Bean?

Vivian: I think so. I'll be playing squash with Sheila, but we 'll have finished by three o'clock. Then I can take him for a walk. I hope Mr Bean will not/won't have eaten one of my shoes again when I come home!

Mr O'Brien: By the way, who will be looking after Mr Bean when we are away for a week in the summer?

Mrs O'Brien: That's all settled. Mrs Croft will be coming to our house twice a day and she'll be taking Mr Bean for walks regularly.

Mr O'Brien: I hope he will have learned/learnt not to dig up the flowers in the garden by then. Otherwise Mrs Croft will be having the time of her life!

Vivian: I'll be going to the dogs' school with him twice a week, starting next Thursday. By August he will have become a well-behaved dog!

Mr O'Brien: But my hair will have turned grey by then! Maybe we shouldn't have named him Mr Bean!

Hier ein paar nützliche *Phrasal Verbs:*

get along	vorankommen, auskommen	put off	verschieben
get off	aussteigen aus (Bus, Zug)	put on	anziehen, einschalten
get on	einsteigen	put out	löschen, abschalten
get together	sich treffen	put through	(am Telefon) jemanden verbinden
get up	aufstehen	put up	aufstellen, aufhängen
look after	aufpassen auf	put up with	sich abfinden mit
look ahead	nach vorne blicken	run across s. o.	jemanden zufällig treffen
look for	suchen	run against	sich stoßen an, (politisch:) kandidieren gegen
look up	hinaufblicken, nachschlagen (im Wörterbuch)	run off with	durchbrennen mit
		I've run out of money	Mir ist das Geld ausgegangen.

198 199

10. Alle Zukunftsformen im Überblick

Übung 1

	Sprechabsicht	Futurform im Englischen
1. Nächste Woche um diese Zeit werde ich die Prüfung schon geschrieben haben.	Etwas wird zu einem best. Zeitpunkt geschehen sein.	Future Perfect
2. Sarah sieht ziemlich müde aus. Sie schläft jede Minute ein.	Etwas bahnt sich bereits an.	going-to-Future
3. Morgen zwischen drei und fünf Uhr? Da lerne ich für die Prüfung!	Andauernde Handlung in der Zukunft	Future Progressive
4. Ich mache mir jetzt eine Tasse Kaffee.	Spontane Absichtserklärung	will-Future
5. Ich bin sicher, wir werden nicht durchfallen.	Allg. Vorhersage	will-Future
6. Nach der Prüfung verbringen Kevin und John eine Woche am Meer.	Geplantes Vorhaben Getroffene Vereinbarung	going-to-Future Present Progressive
7. Wann fängt die Prüfung am Montag an?	Von anderen festgelegter Termin	Simple Present
8. Sheila besucht im August ihre Großmutter in Indien.	Geplantes Vorhaben Getroffene Vereinbarung	going-to-Future Present Progressive

Übung 2

1. This time next week I will already have written the exam.
2. Sarah looks pretty tired. She's going to fall asleep any minute.
3. Tomorrow between three and five o'clock? I'll be studying for the exam!
4. I'll make myself a cup of coffee now.
5. I'm sure we won't fail the exam.
6. After the exam Kevin and John are going to spend a week at the seaside.
   Or: After the exam Kevin and John are spending a week at the seaside.
7. When does the exam start/begin on Monday?
8. Sheila is going to visit her grandmother in India in August.
   Or: Sheila is visiting her grandmother in India in August.

11. Übungen zu allen Futurformen

200 201

Übung 1

Pat: I've got some good news for you. Tim and I are going to go to Berkeley as exchange students for a year. And one other thing: Before we leave we are going to get married/we are getting married – on August 21st.

Pamela: That's wonderful! I'll be your bridesmaid. That is – if you want me.

Pat: Of course I do! You can be sure that I won't say "Yes" if my best friend is not at my side. The wedding won't be a big one. Nevertheless, there are lots of things that have to be arranged.

Pamela: You can count on me if you need any help.

Pat: Thanks a lot. My mother is going to write the invitations. And my brother's band is going to play at the wedding party. By the way, my 93-year-old great-grandmother is coming / is going to come, too.

Pamela: When does the semester start at Berkeley?

Pat: It starts exactly one week after our wedding. So we won't have much of a honeymoon!

Pamela: Are you going to stay on campus? Or: Will you be staying on campus?

Pat: Yes, that will make things a lot easier. By the time all our friends come visiting us we will have found places where they can stay without paying a fortune.

Pamela: I'll miss you terribly during that year.

Pat: So will I. But I'll be sending / 'm going to send you hundreds of postcards and e-mails.

Pamela: When you come back, you will have got an American accent.

Pat: Oh, no – we won't. But, listen: If you don't visit us in Berkeley, I'll be really disappointed. Oh God, it's late. I'm meeting Tim at four o'clock.

Pamela: Well, then you'd better hurry up! Give him a kiss from me.

Übung 2

1. Nobody will have to leave the house to buy food or clothes.
2. Everything will be ordered online and delivered immediately.
3. Statements like: "Next week we are going to make / are making a trip to the moon" won't be unusual.
4. "How long will you be staying?" / "How long are you going to stay?"
5. "We are going to spend / are spending / 'll be spending three nights at the space resort. From there we are going to make / 'll be making several day trips to the moon."
6. "Excuse me, when does the next space shuttle leave?"
7. On earth the water in rivers will have become drinkable again.
8. Every pupil/student will bring his pocket computer to class. Maybe the classroom will have become a virtual one.

Register